Hans-Georg Harnisch
Gerhard Schälicke
Dieter Muhs
Michael Berdelsmann

Maschinenelemente

Berechnen mit dem Tabellenkalkulationsprogramm EXCEL

Aus dem Programm Konstruktion

AutoSketch – Zeichenkurs
von H.-G. Harnisch und V. Küch

AutoCAD – Grundkurs
von H.-G. Harnisch, J. Kretzschmer und Th. Wesseloh

AutoCAD – Aufbaukurs
von H.-G. Harnisch und J. Neuberger

Maschinenelemente – Berechnen mit dem Tabellenkalkulationsprogramm EXCEL
von H.-G. Harnisch, G. Schälicke, D. Muhs und M. Berdelsmann

Lehr- und Lernsystem Roloff/Matek Maschinenelemente
von W. Matek, D. Muhs, H. Wittel und M. Becker

Toleranzen und Passungen
von S. Szyminski

AutoCAD – LT Zeichenkurs
von H.-G. Harnisch und V. Küch

Arbeitshilfen und Formeln für das technische Studium Band 2: Konstruktion
von A. Böge (Hrsg.)

Vieweg

Hans-Georg Harnisch
Gerhard Schälicke
Dieter Muhs
Michael Berdelsmann

Maschinenelemente – Berechnen mit dem Tabellenkalkulations-programm EXCEL

2., vollständig überarbeitete Auflage

Das Buch erschien in der ersten Auflage unter dem Titel:
Maschinenelemente · Berechnen mit einer Tabellenkalkulation

1. Auflage 1993
2., vollständig überarbeitete Auflage 1996

ISBN 978-3-528-14927-7 ISBN 978-3-663-12232-6 (eBook)
DOI 10.1007/978-3-663-12232-6

Vorwort

Zu der am weitesten verbreiteten Standardsoftware gehören Tabellenkalkulationsprogramme, wie beispielsweise EXCEL© und LOTUS© und hierzu kompatible Systeme. Beide Programme sind in ihrem Leistungsumfang wohl etwa gleichwertig. Am Beispiel des Tabellenkalkulationsprammes EXCEL© sollen die hier besprochenen Befehle und Beispiele besprochen werden.

In der Regel besitzt ein Tabellenkalkulationsprogramm die folgenden vier Komponenten:

- Erstellen und Bearbeiten von Tabellen bzw. Arbeitsmappen
- Erstellen von Grafiken
- Arbeiten mit Datenbanken
- Erstellen und Arbeiten mit Makros

Ein solches System findet in der Praxis vielfältigen Einsatz, wobei kommerzielle Anwendungen, wie z.B. das Auswerten von Umsatztabellen und das Erstellen zugehöriger Geschäftsgrafiken, überwiegen. Mit diesem Buch soll das Augenmerk auf die Anwendung von Tabellenkalkulationen bei der Lösung mathematisch-technischer Aufgabenstellungen gelenkt werden. Hierzu werden für dir Berechnung von Maschinenelementen geeignete Tabellen zur Verfügung gestellt. Diese Tabellen bauen auf dem im gleichen Verlag erschienen Lehr- und Lernsystem ROLOFF/MATEK: MASCHINENELEMENTE auf und ergänzen es gleichzeitig, da sie zum Bearbeiten und Lösen der dort gestellten Beispiel- und Übungsaufgaben benutzt werden können.

Das Durchführen von technischen Berechnungen mit Hilfe von Tabellenkalkulationen bietet gegenüber der bisher meist üblichen Programmierung mit einer sogenannten Hochsprache, wie z.B. Pascal oder Fortran, wesentliche Vorteile. Beispielsweise kann man ohne größeren Programmieraufwand mehrere Lösungsvarianten ermitteln und zum Vergleich einander gegenüber stellen. Die grafische Darstellung der Ergebnisse ist sehr einfach zu realisieren. Ferner ist ein flexibleres Arbeiten als mit einem herkömmlichen Berechnungsprogramm möglich.

Das vorliegende Buch gliedert sich in drei Kapitel. Im Kapitel 1 werden die für das Arbeiten mit EXCEL© und damit für das Arbeiten mit einer beliebigen kompatiblen Tabellenkalkulation erforderlichen Befehle und Funktionen behandelt. Dies erfolgt beispielorientiert und wird durch das Stellen zusätzlicher Aufgaben ergänzt.

Auf weiterführende Befehle, Funktionen und allgemeine Vorgehensweisen, wie z.B. das Erstellen von Funktionsgrafiken, das Arbeiten mit Makros und das Auswerten technischer Tabellen, wird im Kapitel 2 näher eingegangen. Dies erfolgt anhand von Beispielen für typische Anwendungsfälle aus dem mathematisch- technischen Bereich. Zu diesen Beispielen liegen ebenfalls geeignete Tabellen auf der Diskette vor.

Nach dem Durcharbeiten der Kapitel 1 und 2 und dem Lösen der dort gestellten Aufgaben sollte der Leser in der Lage sein, selbst Tabellen für mathematisch-technische Aufgabenstellungen zu entwickeln. Die in diesen beiden Kapiteln vermittelten Kenntnisse sind ferner Voraussetzung zum besseren Verständnis der im abschließenden Kapitel behandelten Tabellen.

Im Kapitel 3 wird näher auf die Tabellen zur Berechnung von Maschinenelementen eingegangen. Es handelt sich hierbei um die Auslegung zylindrischer Schraubendruckfedern, die Ermittlung des Entwurfsdurchmessers von Achsen und das Bestimmen der Grenzmaße und der Paßtoleranz bei Preßverbänden. Die verwendeten Formeln und Algorithmen stimmen mit denen aus dem ROLOFF/MATEK: MASCHINENELEMENTE überein. Für die einzelnen Tabellen werden in jeweils zwei Unterkapiteln die wesentlichen Grundlagen und das eigentliche Arbeiten mit den Tabellen behandelt.

Zusätzlich zu den Aufgaben im Buch sollte der Leser zu Übungszwecken die vorliegenden Tabellen auf Aufgaben aus dem ROLOFF/MATEK anwenden.

Das Buch wendet sich nicht nur an maschinenbaulich interessierte Leser, sondern auch an diejenigen, die eine Tabellenkalkulation auf Problemstellungen aus den Naturwissenschaften und der Technik anwenden wollen, dabei sind keine Vorkenntnisse für das Arbeiten mit Tabellenkalkulationen erforderlich. Falls Vorkenntnisse vorliegen, kann sofort mit dem Kapitel 2 als Einstieg in die spezielle Anwendung von Tabellenkalkulationen in mathematisch-technischen Bereichen begonnen werden. Die Tabellen aus dem Kapitel 3 sind als Anwendungsbeispiele hierfür anzusehen und sollten auch für Nichtmaschinenbauer verständlich sein.

Diez, im September 1995 G. Schälicke

Inhaltsverzeichnis

Anhang

1 Einführung in die Tabellenkalkulation

1.1 Grundsätzliches zur Tabellenkalkulation

1.1.1 Das Tabellenkalkulationsprogramm EXCEL

Die im vorliegenden Buch behandelten Beispiele und Programme sind mit dem Tabellenkalkulationsprogramm EXCEL© in der derzeit aktuellen Version 5.0 der Firma Microsoft erstellt worden.

EXCEL beinhaltet folgende Komponenten:

- Tabellenkalkulation (Eingeben, Analysieren und Berechnen von Daten)
- Geschäftsgrafiken (Präsentationshilfsmittel)
- Diagramme (Grafische Darstellung von Daten)
- Datenbankverwaltung
- Makros (Automatisierung von Aufgaben)

1.1.2 Starten und Beenden einer Tabellenkalkulation

In diesem Abschnitt werden die Möglichkeiten, die EXCEL dem Benutzer bietet, kurz besprochen. Ferner werden das Starten und Beenden des Arbeitens mit dem Programm näher dargestellt.

EXCEL ist kein eigenständiges Programm, sondern an WINDOWS gebunden. D.h., es ist immer erst WINDOWS zu starten, dann kann EXCEL aufgerufen werden.

Deshalb gibt es viele Arten EXCEL aufzurufen. Entscheidend für die Wahl der Aufrufmethode sind folgende system- und anwenderbedingte Fragen:

- Soll EXCEL aus WINDOWS oder aus dem Betriebssystem, z.B. DOS, aufgerufen werden?
- Soll EXCEL direkt mit dem Hochlaufen des PCs gestartet werden?
- Wie heißen die Datenträger (c:; d:; e:) und Verzeichnisse (windows; win; win31; excel; excel50), in denen sich WINDOWS und EXCEL befinden?
- Welche Eintragungen sind im „path-Befehl“ der „autoexec.bat“ enthalten?

Stellvertretend für die Vielzahl der Aufrufmöglichkeiten sollen drei Beispiele aufgezeigt werden:

1. Der path-Befehl in der „autoexec.bat" enthält die Angabe „c:\windows", das WINDOWS-Verzeichnis heißt „windows", das EXCEL-Symbol ist verfügbar (Standardaufruf).

   win <↵> { WINDOWS wird gestartet }
   [Doppelklick auf das EXCEL-Icon] { EXCEL wird gestartet }

2. EXCEL soll direkt nach dem Hochlauf des PC's automatisch gestartet werden, der path-Befehl in der „autoexec.bat" enthält die Angabe „c:\windows", WINDOWS befindet sich im Verzeichnis „c:\windows".

   In die „autoexec.bat" wird an das Ende der Befehl „win" gesetzt, und das EXCEL-Icon wird in das „Autostart-Fenster" kopiert. { WINDOWS und EXCEL werden gestartet }

3. EXCEL soll nach dem Hochlauf des PC's aus dem Betriebssystem gestartet werden, der path-Befehl in der „autoexec.bat" fehlt. WINDOWS befindet sich im Verzeichnis d:\win31, und EXCEL wurde im Verzeichnis e:\excel50 installiert.

   d:\win31\win e:\excel50\excel <↵> { Programmstart }

☞ *Hinweis: Benutzereingaben und Erläuterungen*

Grundsätzlich können fast alle Eingaben vom Bedienenden mit Hilfe der Maus oder über die Tastatur ausgeführt werden. In den folgenden Beispielen wird wegen der komfortablen Arbeitsweise fast nur auf die Mausbedienung eingegangen. Einige Tastatureingaben (z.B. Zahleneingaben, Eingaben im Betriebssystem DOS oder die Betätigung nützlicher Sondertasten) sind jedoch unvermeidbar. Deshalb sollen folgende Vereinbarungen gelten:

- Tastatureingaben werden **fett** gedruckt, z.B. **win** oder **d:\win3\win e:\excel\excel50**.
- Sollen Menüpunkte mit der Maus (**immer mit der linken Maustaste!**) angeklickt, oder sollen Zellen oder Zellbereiche markiert werden, geschieht dies durch eckige Klammern in kursiver Schreibweise, z.B. *[Datei]*, *[Z2S8]* oder *[Z3S4:Z9S12]*.
- Erläuterungen zu den Befehlseingaben werden rechtsbündig in geschweifte Klammern gesetzt, z.B. { Programmstart }.
- Sollen Sondertasten, wie z.B. ↓, ↑, ←, →, ESC, F1...F12 oder Return (= Enter = ↵) betätigt werden, geschieht dies durch Fettschrift in Winkelklammern, z.B. **<ESC>** oder **<↵>**.

Nachdem die „excel.exe“ und andere EXCEL-Systemdateien in den Arbeitsspeicher geladen worden sind, erscheint der EXCEL-Bildschirm (vgl. hierzu Bild 1-01). Er enthält immer eine neue leere Arbeitsmappe, es sei denn, EXCEL wird mit der Option „excel/e“ gestartet.

EXCEL kennt u.a. folgende Dateien und Datei-Extensionen:

- Tabellen (∗.xls) — s steht für Spreadsheet
- Diagramme (∗.xlc) — c steht für Chart
- Arbeitsmappen (∗.xlw) — w steht für Worksheet

EXCEL verfolgt die Philosophie, daß die Tabelle Grundlage eines Diagramms ist und in einem Ordner (Arbeitsmappe) „abgelegt“ wird. Deshalb wird standardmäßig eine Arbeitsmappe mit 16 leeren Tabellen geladen. Nicht benötigte Tabellen können natürlich gelöscht werden.

Selbstverständlich können Tabellen auch separat als Tabellen gespeichert werden.

Nach dem standardmäßigen Start von EXCEL erscheint das Programmfenster und eine neue Arbeitsmappe wird bereitgestellt. In folgendem Bild sind die wichtigsten Elemente dargestellt:

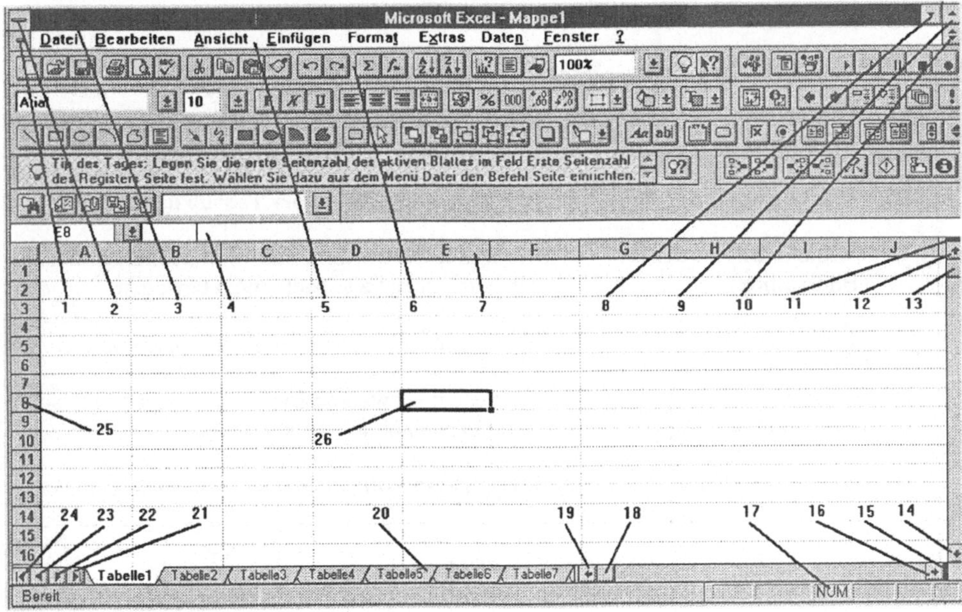

Bild 1-01: Der EXCEL-Bildschirm

Die einzelnen Ziffern haben folgende Bedeutung:

1	Dateischließsymbol	Die aktuelle Datei (Mappe 1) wird geschlossen.
2	Programmschließ-symbol	Das Programm (EXCEL) wird geschlossen.
3	Titelleiste	Sie enthält den Namen der aktuellen WINDOWS-Applikation, in diesem Fall EXCEL und den Dateinamen.
4	Eingabezeile/ Bearbeitungszeile	Sie zeigt die eingegebenen Daten der aktuellen Zelle an.
5	Menüleiste	Sie enthält die Namen der verfügbaren Auswahlmenüs.
6	Symbolleiste	Verschiedene Icone sind verfügbar, hinter denen die wichtigsten Operationen stehen.
7	Spaltennumerierung	Alle Spalten sind fortlaufend numeriert.
8	Minimieren	Das Anwendungsprogramm wird minimiert und als Symbol links unten abgelegt.
9	Vollbild	Das Anwendungsfenster wird maximal am Bildschirm angeordnet.
10	Ursprüngliche Größe	Die ursprüngliche Fenstergröße wird hergestellt.
11	Waagerechte Fensterteilung	Mit diesem schwarzen Balken kann man eine waagerechte Fensterteilung vornehmen.
12	Nach oben rollen	Es erfolgt ein Rollen in der Tabelle nach oben.
13	Vertikale Bildlaufleiste (Bildlaufbox)	Mit dem Schalter kann man sich schnell in der Tabelle nach oben bzw. nach unten bewegen.
14	Nach unten rollen	Es erfolgt ein Rollen in der Tabelle nach unten.
15	Senkrechte Fensterteilung	Mit diesem schwarzen Balken kann man eine senkrechte Fensterteilung vornehmen.
16	Nach rechts rollen	Es erfolgt ein Rollen in der Tabelle nach rechts.
17	Statuszeile	Hier werden Mitteilungen dargestellt, z.B. ***Bereit*** und ***NUM***.
18	Horizontale Bildlaufleiste (Bildlaufbox)	Mit dem Schalter kann man sich schnell in der Tabelle nach rechts bzw. nach links bewegen.

19	Nach links rollen	Es erfolgt ein Rollen in der Tabelle nach links.
20	Arbeitsmappen-Registerleiste	Damit wird die zu aktivierende Datei gewählt (angeklickt).
21	Sprung zum Leistenende	Die letzte Tabelle in der Arbeitsmappe wird angesprungen.
22	Nächste Tabelle	Die nächste Tabelle in der Arbeitsmappe wird angesprungen.
23	Vorherige Tabelle	Die vorherige Tabelle in der Arbeitsmappe wird angesprungen.
24	Sprung zum Leistenanfang	Die erste Tabelle in der Arbeitsmappe wird angesprungen.
25	Zeilennumerierung	Alle Zeilen sind fortlaufend numeriert.
26	Aktive Zelle	Der Zellzeiger steht derzeit in E8, die Zelle erhält einen schwarzen Rahmen.

Die Auswahl eines Menüpunktes erfolgt durch:

- Anklicken mit der Maus oder
- Alt + Unterstrichener Buchstabe (Z.B. ruft die Tastenkombination Alt+T das Menü *[Format]* auf).

Bild 1-02: Das Menü *[Datei]*

Bestehen für den gewählten Menüpunkt mehrere Möglichkeiten der Bearbeitung, so werden diese wiederum in Menüform (Pull-Down- oder Abrollmenü) angeboten. Bestehen weitere Optionen, sind hinter dem Befehl drei Punkte zu sehen.

Derzeit nicht verfügbare Befehle sind grau hinterlegt.

Eine neue Arbeitsmappe wird mit *[Datei] [Neu...]* bereitgestellt.

Eine bestehende Mappe wird mit *[Datei] [Öffnen...]* geladen.

Eine geladene Datei wird mit *[Datei] [Schließen]* aus dem Arbeitsspeicher entfernt, also geschlossen.

EXCEL wird mit *[Datei] [Beenden]* geschlossen.

An dem folgenden Beispiel 1-1 für die Eingabe und das Abspeichern eines einfachen Tabelleninhaltes soll die prinzipielle Vorgehensweise beim Arbeiten mit EXCEL deutlich gemacht werden.

■ Beispiel 1-1: Eingabe eines Textes in eine Zelle einer EXCEL-Tabelle

Es ist der Text:

Dies ist ein einfacher Text.
Er umfaßt drei Zeilen
und ist jetzt zu Ende.

einzugeben und als Tabelle im Hauptverzeichnis der Festplatte c:\ zu speichern.

c:\windows\win c:\excel\excel <↲> { EXCEL wird gestartet }
[Format] [Spalte] [Breite...] { Formatierung der Spaltenbreite }
23 *[OK]* { Spaltenbreite 23 Pkt. }
[Format] [Zellen...] { Aufruf Menü Format, Zellen }
[Ausrichtung] [Zeilenumbruch] { Manueller Umbruch }
[Vertikale Ausrichtung] [Mitte] [OK] { Vertikale Zentrierung }
Dies ist ein einfacher Text. Er umfaßt { Texteingabe }
drei Zeilen und ist jetzt zu Ende. <↲>
[Datei] [Speichern unter...] **c:\TestText <↲> <↲>** { Speichern }

Das zweite <↲> ist nur wichtig, wenn im Menü *[Extras] [Optionen] [Allgemein]* die Option *[Automatische Anfrage für Datei-Info]* angekreuzt ist.

EXCEL hängt, wenn keine Extension angegeben wurde, automatisch „.xls" an den Namen an.

Soll die ganze Arbeitsmappe gespeichert werden, ist *[Datei] [Arbeitsbereich speichern...]* zu wählen.

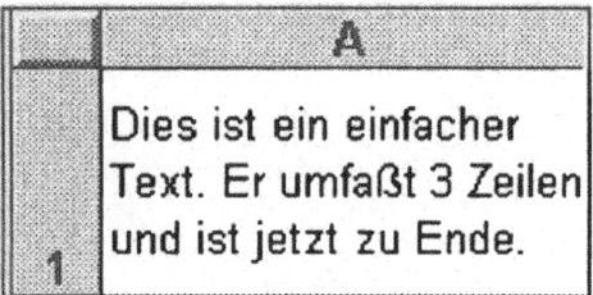

Das Ergebnis:

Bild 1-03: Texteingabe in eine Tabelle

☞ *Hinweis: Zelleingabe und Druck*

Eine Tabelle sollte immer nur so groß sein wie unbedingt nötig. Für diese Aussage gibt es viele Gründe. Ein Grund ist in der Dateigröße zu sehen, ein anderer in der Zentrierung beim Drucken der Tabelle. Deshalb der Zeilenumbruch in vorgenanntem Beispiel.

♦ Aufgabe 1-1: Texteingabe in eine Tabelle

Der folgende Text aus [8]:

> Der Begriff der Tabellenkalkulation ist schnell erklärt:
>
> Gemeint ist schlichtweg ein Vorgang, den viele fast täglich durchführen - der Kellner im Restaurant, die Hausfrau in ihrem Haushaltsbuch, der Punktrichter beim Sportfest, der Schüler in der Schule. Sie alle schreiben mehr oder weniger lange Zahlenkolonnen auf ein Blatt Papier, errechnen Summen, Zwischensummen und Durchschnittswerte oder sortieren die Zahlen nach bestimmten Kriterien, um sie übersichtlich darzustellen. Genau diese Vorgänge (und noch viele andere) lassen sich mit einem Tabellenkalkulations-Programm schnell und komfortabel erledigen.

soll eingegeben und unter dem Namen c:\AufgText abgespeichert werden.

☞ *Hinweis: Maximale Zeicheneingabe in eine Zelle*

In eine Zelle können maximal 256 Zeichen eingegeben werden. Da der einzugebende Text länger ist, sollte ein Textfeld eingefügt werden. Mit diesem Icon kann das geschehen.

1.1.3 Allgemeiner Aufbau einer Tabelle

Z16384S256 | =256*16384

Mappe2

	254	255	256
16380			
16381			
16382			
16383			
16384			4194304

Tabelle1 | Tabelle2

Bild 1-04:
Die Zeilen-, die Spalten- und die Zellenzahl im EXCEL

Eine EXCEL-Tabelle hat 256 Spalten und 16384 Zeilen. Sie besteht also aus ≈ 4,2 Mio. Zellen.

Jede Zelle kann

- eine Zahl,
- eine Formel oder
- einen Text

enthalten.

Man spricht in diesem Zusammenhang von drei möglichen Datentypen für den Inhalt einer Zelle, dabei bezeichnet man Zahlen und Formeln als **Werte** und Texte als **Labels**.

Zahlen und Formeln (sowie deren Ergebnisse) werden standardmäßig rechtsbündig dargestellt, Text wird linksbündig angeordnet:

Z4S1 =SUMME(Z(-3)S:Z(-2)S)

	1	2	3
1	1		
2	2		
3	Die Summe ist		
4	3		

Bild 1-05: Die standardmäßige Zellausrichtung

Die standardmäßige Zellausrichtung kann selbstverständlich geändert werden:

linksbündig zentriert rechtsbündig Block

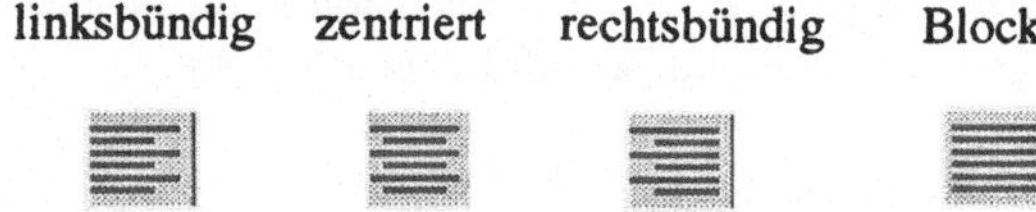

Bild 1-06: Icone zur Zellausrichtung

Zeichen, die EXCEL als Rechenzeichen interpretiert oder Angaben wie „1-20", die als Datum angesehen werden, müssen als Text formatiert werden, *[Format] [Zellen] [Zahlen] [Text]*:

	1
1	1-20
2	=Bruttoverkaufspreis
3	=Summe der Einheiten
4	+Netto
5	-Rabatt

Bild 1-07: Textformatierung

Überschriften können mit *[Format] [Zellen] [Ausrichtung] [Zentriert über Markierung]* über markierte Spalten zentriert werden. Werden diese Spalten später in der Breite verändert, bleibt die Überschrift zentriert:

	1	2	3	4
1	FLUGGESELLSCHAFT WEITE WELT			
2	**Umsatzbericht**			
3				
4		Region	Januar	Februar
5		Nord	10111	13400
6		Süd	22100	24050
7		Ost	13270	15670
8		West	10800	21500

Bild 1-08: Überschriften zentrieren

Eine Zelle kann u.a. zur weiteren Bearbeitung auf verschiedene Arten ausgewählt werden:

- durch Anklicken mit der Maus
- mit den Cursortasten **<←>, <↑>, <→>** und **<↓>**
- mit **<Strg>** + **<←>** (Sprung in die letzte belegte Zelle nach links oder Spalte 1)
- mit **<Strg>** + **<→>** (Sprung in die letzte belegte Zelle nach rechts oder Spalte 256)
- mit **<Strg>** + **<↑>** (Sprung in die letzte belegte Zelle nach oben oder Zeile 1)
- mit **<Strg>** + **<↓>** (Sprung in die letzte belegte Zelle nach unten oder Zeile 16384)
- Mit der Taste **<Pos1>** erfolgt ein Sprung in die Zelle A1 (Z1S1).
- Mit der Taste **<Ende>** erfolgt ein Sprung in die letzte belegte Zelle, auch wenn diese inzwischen leer ist.
- Im Menü *[Bearbeiten] [Gehe zu...]* kann die Zielposition eingegeben werden.

■ Beispiel 1-2: Auswahl von Zellen mit Hilfe von Tastenkombinationen

Ausgehend von der Zelle C16 in der Tabelle nach Bild 1-09 sind nacheinander verschiedene Zellen anzuwählen.

<Strg> + **<→>**	{ E16 wird angesteuert }
<Strg> + **<↑>**	{ E14 wird angesteuert }
<Strg> + **<↑>**	{ E4 wird angesteuert }
<Strg> + **<Ende>**	{ E18 wird angesteuert }
<Pos1>	{ A18 wird angesteuert }
<Strg> + **<↑>**	{ A17 wird angesteuert }

	1	2	3	4	5
1			Stückliste für ein Lochwerkzeug		
2					
3					
4	Pos	Anzahl	Benennung	Werkstoff	DIN-Sach-Nr.
5					
6	1	1	Grundplatte	ST37-2	
7	2	1	Schneidplatte	C105W1	
8	3	1	Führungsplatte	C45	
9	4	1	Schneidstempel	C105W1	
10	5	1	Zwischenlage	C45	
11	6	1	Stempelhalteplatte	C45	
12	7	1	Kopfplatte	C45	
13	8	1	Einspannzapfen	ST50-2	
14	9	2	Zylinderstift		DIN6325-6m6*25
15	10	2	Zylinderschraube		DIN912-M6*25
16	11	2	Zylinderschraube		DIN912-M5*10
17	12	2	Zylinderstift		DIN6325-5m6*15

Bild 1-09: Tabelle für eine Stückliste

Grundsätzlich gibt es in EXCEL bezogen auf die Spaltenbezeichnung zwei verschiedene Ansichten:

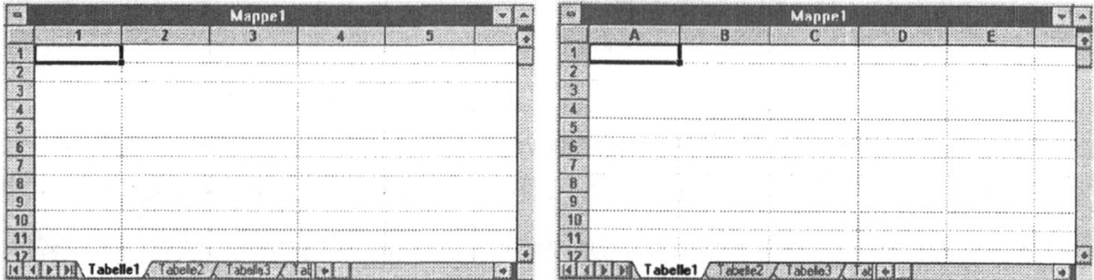

Bild 1-10: Die A1-Darstellung

Bild 1-11: Die Z1S1-Darstellung

Zwischen beiden Darstellungen kann man im Dialogfeld *[Extras] [Optionen...] [Allgemein] [Bezugsart]* umschalten:

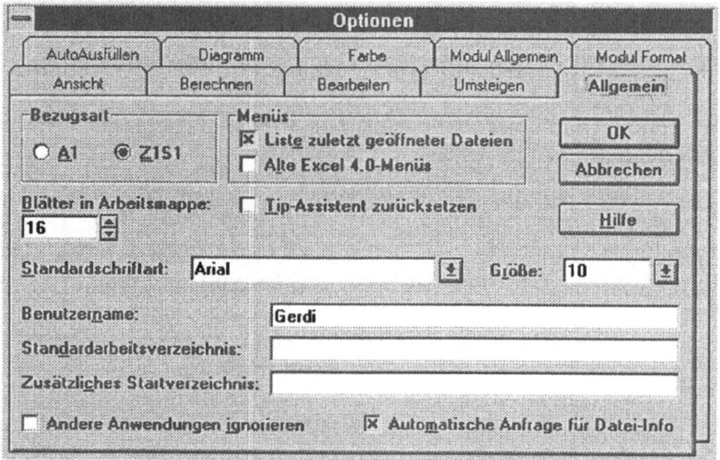

Bild 1-12: Das Dialogfeld *[Extras] [Optionen...] [Allgemein]*

Welche der beiden Darstellungsmöglichkeiten zu bevorzugen ist, kann so einfach nicht beantwortet werden. Umsteiger aus anderen Tabellenkalkulationsprogrammen (z.B. LOTUS) werden wohl die „A1-Darstellung“ vorziehen. Viele Anwender bevorzugen jedoch die „Z1S1-Darstellung“, da sie besonders bei der Makroprogrammierung verständlicher erscheint. Ein anderes Argument ist oft die einfachere Zelladressierung. Und nicht unerwähnt soll die Tatsache bleiben, daß die Aussage „Spalte 186“ wohl aussagefähiger ist, als die äquivalente Spaltenbezeichnung „FY“.
Während dem Arbeiten mit EXCEL kann jederzeit zwischen den beiden Ansichten umgeschaltet werden. Alle Bezüge werden automatisch umgesetzt. Leider ist es nicht möglich, in separaten Fenstern oder Dateien beide Darstellungsmöglichkeiten getrennt einzustellen (um gegebenenfalls zu vergleichen).

1.1.4 Anwendungsmöglichkeiten

Tabellenkalkulationen werden meist im kaufmännischen Bereich genutzt, z.B. können Betriebsabrechnungen, Statistiken, Preiskalkulationen, Finanz- und Marketingpläne ohne großen Aufwand erstellt werden.

■ **Beispiel 1-3: Verkaufspreis-Kalkulation**

Die Kalkulation eines Verkaufspreises kann mit folgender Tabelle durchgeführt werden:

	1	2	3	4	5	6	7	8
1								
2		Kalkulation des Verkaufspreises						
3				Eingabe			Ausgabe	
4		Selbstkosten	DM	200,00			200,00 DM	
5		+ Gewinnzuschlag	%	10,0			20,00 DM	
6		=Barverkaufspreis					220,00 DM	
7		+ Kundenskonto	%	1,0				
8		+ Vertreterprovision	%	1,0	Σ	2,0	4,49 DM	
9		=Zielverkaufspreis					224,49 DM	
10		+ Kundenrabatt	%	10,0			24,94 DM	
11		**=Verkaufspreis**					**249,43 DM**	
12		*Hinweis:* % *von* Hundert,	**% im** Hundert					
13								

Bild 1-13: Verkaufspreis-Kalkulation

Auch bei größeren Projekten, z.B. in den Bereichen Lagerbestandsführung, Fakturierung und Auftragsabwicklung, Produktionsplanung oder Qualitätskontrolle, sind Tabellenkalkulations-Programme von Nutzen.

Im mathematischen und technischen Bereich, insbesondere bei Berechnungen im Maschinenbau, werden Tabellenkalkulationen bisher relativ wenig angewandt, obwohl sie sich auch hier hervorragend einsetzen lassen. Durch die Kombination Berechnung und grafische Darstellung können schnell Probleme bewältigt werden, die sonst einen großen Programmieraufwand benötigen. So können die Durchbiegung einer Welle berechnet und die zugehörige Biegelinien grafisch dargestellt werden. Für eine mathematische Funktion läßt sich eine Kurvendiskussion mit gleichzeitiger Darstellung der Kurvenverläufe durchführen. Ebenso kann man Regelsysteme berechnen und ihr Verhalten für unterschiedliche Parameterwerte untersuchen.

■ Beispiel 1-4: Berechnung eines Zugbolzens

Ein Zugbolzen wird mit einer Kraft F belastet.

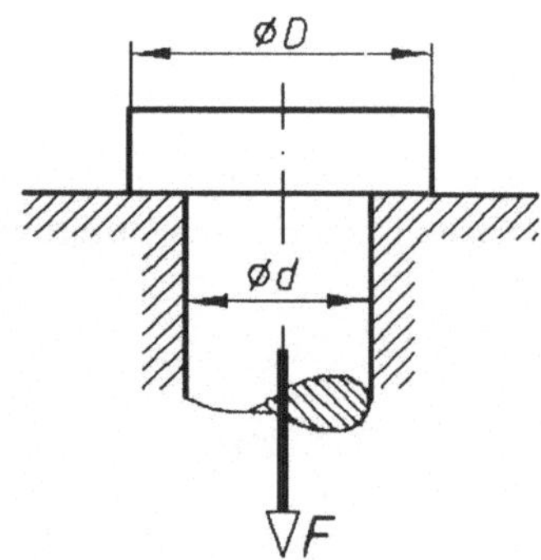

Bild 1-14: Zugbolzen

Man ermittle den erforderlichen Bolzendurchmesser d und den erforderlichen Kopfdurchmesser D, wenn eine vorgegebene Zugspannung $\sigma_{z\,zul}$ und eine vorgegebene Flächenpressung p_{zul} zwischen Kopf und Auflage nicht überschritten werden sollen.

Die Ermittlung der Durchmesser d und D kann für verschiedene Werte von F, $\sigma_{z\,zul}$ und p_{zul} mit einer Tabellenkalkulation durchgeführt werden:

	1	2	3	4
1	**Berechnung eines Zugbolzens**			
2	**Gegebene Werte:**			
3	Größe	Formelzeichen	Wert	Einheit
4	Kraft	F	24	kN
5	Zul. Zugspannung	$\sigma_{z\,zul}$	80	N/mm^2
6	Zul. Flächenpressung	p_{zul}	60	N/mm^2
7				
8	**Ermittelte Werte:**			
9	Größe	Formelzeichen	Wert	Einheit
10	Bolzendurchmesser			
11	erforderlich	d_{erf}	19,5	mm
12	aufgerundet	d	20	mm
13	Kopfdurchmesser			
14	erforderlich	D_{erf}	29,8	mm
15	aufgerundet	D	30	mm

Bild 1-15: Berechnung eines Zugbolzens

1.2 Arbeiten mit einer vorhandenen Tabelle

In diesem Kapitel wird behandelt, wie man eine vorhandene Tabelle benutzt, indem man durch Ändern der Eingabedaten andere Anwendungsfälle bearbeitet. Die prinzipielle Vorgehensweise ist dabei meist:

- Laden der Tabelle,
- Ändern der vorgegebenen Eingabedaten,
- Ausgabe der Tabelle mit aktualisierten Daten und
- eventuelles Abspeichern der geänderten Tabelle.

Nach dem Aufruf von EXCEL zeigt sich das im Bild 1-01 dargestellte Hauptmenü mit folgenden Punkten:

- Datei — Bearbeiten der gesamten Datei, wie Neu, Öffnen, Speichern, Speichern unter, Dateimanager, Datei-Info, Drucken, Seite einrichten und Seitenansicht,
- Bearbeiten — Bearbeiten von einzelnen Blättern, Zellinhalten und Objekten,
- Ansicht — Einstellen verschiedener Ansichten der Tabelle,
- Einfügen — Einfügen von Zellen, Zeilen, Spalten, Tabellen, Diagrammen, Makros, Objekten, Grafiken, Funktionen, Namen, Notizen und Blättern,
- Format — Formatierung von Zellen, Zeilen, Spalten, Objekten und Tabellen,
- Extras — Rechtschreibung, Dokumentschutz, Add-In-Manager, Makros und Optionen (Grundeinstellungen),
- Daten — Arbeit mit Datenbanken,
- Fenster — Fensterwechsel und Fensterdarstellung und
- ? — Hilfeoptionen.

1.2.1 Laden einer Tabelle

Um eine Tabelle laden zu können, muß diese bereits existieren.

Das Laden einer Tabelle kann im Menü *[Datei] [Öffnen...]* realisiert werden.

Im Bild 1-16 auf der nächsten Seite ist dieses Menü dargestellt.

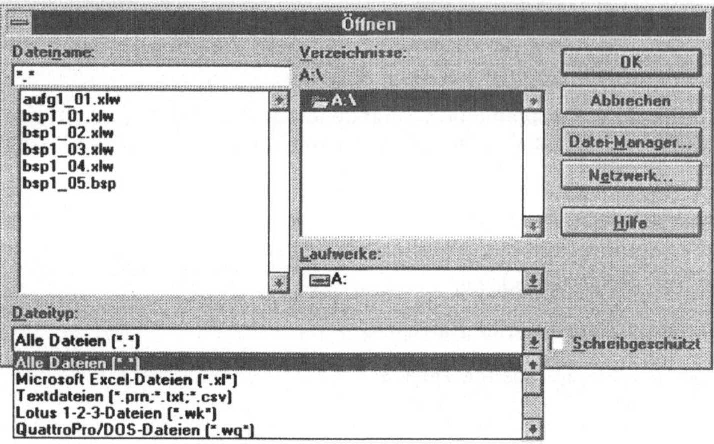

Bild 1-16: Das Dialogfeld *[Datei] [Öffnen]*

Folgende Optionen stehen zur Auswahl:

- *[Dateiname:]*
  Im Betriebssystem DOS muß ein Dateiname bestimmten Regeln entsprechen:

  - max. 8 Zeichen für den „Vornamen", ohne Sonderzeichen (ä,ö,ü,?,?,/,! usw.), keine Leerzeichen
  - max. 3 Zeichen für den „Nachnamen"

  Neuere Betriebssysteme, z.B. WINDOWS-NT©, haben dieses Manko nicht mehr. Dateinamen dürfen z.B. bis zu 256 Zeichen haben. Diese Namen sind natürlich wesentlich aussagekräftiger.

- *[Laufwerke:]*
  Die Laufwerksbezeichnungen a: und b: sind für Diskettenlaufwerke reserviert. Die erste Festplatte heißt immer c:, die zweite Festplatte heißt d: usw.

- *[Verzeichnisse:]*
  Auf jeder Festplatte befinden sich Verzeichnisse, oder sollten sich befinden, um eine gewisse Ordnung zu haben. Die Verzeichnisse erhalten jeweils einen Verzeichnisnamen, der ebenfalls o.g. DOS-Konventionen genügen muß. Ein Verzeichnis kann ein Unterverzeichnis enthalten , ein Unterverzeichnis kann ein Unter- Unterverzeichnis enthalten usw. Groß- und Kleinschreibung spielen keine Rolle.

  Grundsätzlich sollte man zwischen Arbeitsdateien, gespeichert in Arbeitsverzeichnissen und Programmdateien, gespeichert in Programmverzeichnissen, unterscheiden. Siehe dazu die Verzeichnisstruktur im Bild 1-17 auf der nächsten Seite.

- *[Schreibgeschützt]*
  Diese Option stellt für den Benutzer einen Schutz „vor sich selbst“ dar. Damit kann man die Datei nicht mehr unter dem gleichen Namen abspeichern. Ein wirklicher Dateischutz ist es deshalb nicht, weil jeder PC-Anwender im DOS oder im Dateimanager die geschützte Datei löschen kann.

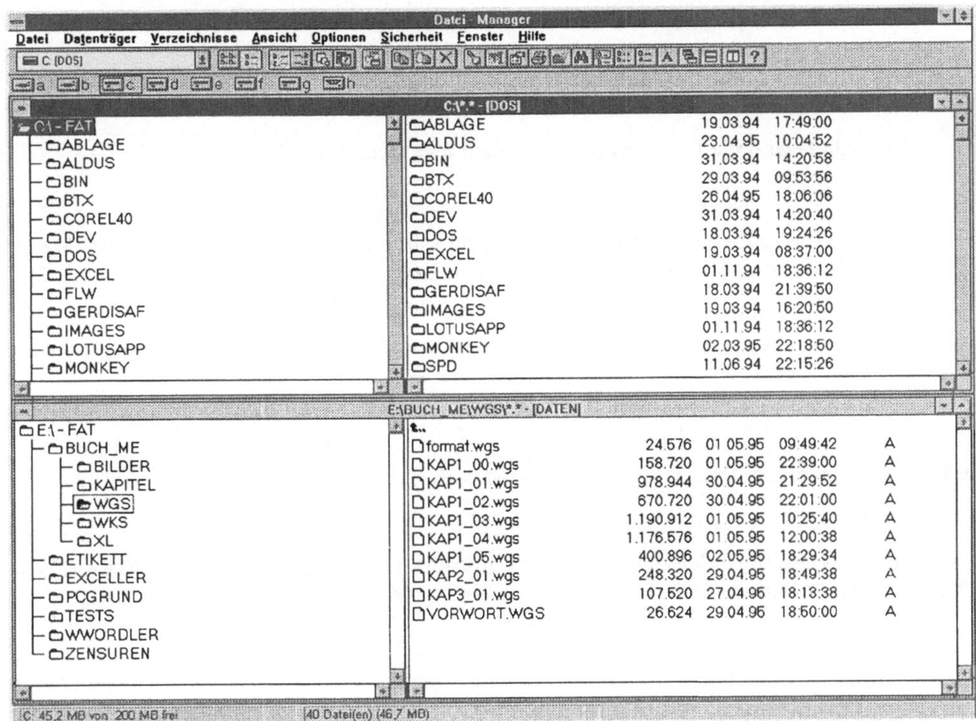

Bild 1-17: Beispiel einer Baumstruktur

- *[Dateityp:]*
  Dateien verschiedener Typen können geöffnet werden, z.B. auch Dateien aus vorherigen EXCEL-Versionen.

☞ *Hinweis: Dateiformate*

Beliebige Dateien können geöffnet werden, EXCEL interpretiert Tab-Stops als Spalten.

EXCEL- Dateien können unter einer eigenen Extension abgespeichert werden (z.B. *.<u>ekm</u> für <u>E</u>XCEL-Datei von <u>K</u>laus <u>M</u>üller).

■ Beispiel 1-5: Laden einer Tabelle

Eine der „goldenen“ WINDOWS-Regeln lautet:

> Im WINDOWS sollte , wann immer es geht, von der Festplatte und niemals von der Diskette gearbeitet werden.

Die Gründe sind vielfältig, zwei davon seien hier genannt:

- Zum einen arbeitet WINDOWS mit temporären Dateien, die u.U. auf der Diskette zwischengelagert werden. Diese hat jedoch eine relativ begrenzte Speicherkapazität.
- Zum anderen erfolgt der Zugriff zu den Daten des Diskettenlaufwerks bei einer Umdrehungsfrequenz von ca. 300/min, während eine Festplatte mit etwa 3000/min dreht.

Deshalb wird an einem fiktiven Beispiel folgendes Verfahren beschrieben:

Auf einer Diskette befindet sich eine Datei mit dem Namen „bsp1_05.bsp“. Sie soll im EXCEL geöffnet werden. Dies geschieht in folgenden vier Schritten:

1. Im Betriebssystem wird das Verzeichnis c:\ablage erstellt. Eine andere Möglichkeit wäre, das Verzeichnis im ***Dateimanager*** von WINDOWS zu erstellen.
2. Die Datei bsp1_05.bsp.bsp wird von der Festplatte a: in das Verzeichnis c:\ablage kopiert.
3. WINDOWS und EXCEL werden gestartet.
4. Die Datei wird in EXCEL geladen.

cd c:\ <↵> { Das Hauptverzeichnis c:\ wird aktiviert }

md ablage <↵> { Das Verzeichnis ***ablage*** wird erstellt }

***c:\windows\win c:\excel\excel* <↵>** { WINDOWS und EXCEL werden gestartet }

[Datei] [Öffnen...] { Das Menü wird angewählt }

c:\ablage\bsp1_05.bsp <↵>

♦ Aufgabe 1-2: Text ändern

EXCEL ist zu starten, in die Zelle Z1S1 ist ein beliebiger Text einzugeben und die Tabelle ist zu speichern. Dann ist EXCEL zu beenden. Anschließend ist die Datei wieder im EXCEL zu öffnen.

1.2.2 Ändern von Eingabedaten

Die Daten in einem Arbeitsblatt können:

- durch Editieren des Zellinhalts oder
- durch Überschreiben des Zellinhaltes

geändert werden.

Man wird also überlegen müssen, ob von dem bereits vorhandenen Zellinhalt mehr erhalten bleiben soll (dann wird editiert) oder ob mehr geändert werden muß, dann wird überschrieben.

- **Das Editieren**
  Das Editieren erfolgt durch drei Möglichkeiten: Mit der Funktionstaste **<F2>**, mit einem Klicken in die Bearbeitungszeile oder mit einem Doppelklick in die zu editierende Zelle etwa an die zu ändernde Stelle. In jedem Fall ist vorher die betreffende Zelle zu aktivieren (anzuklicken).
  In der Bearbeitungszeile kann mit Pfeiltasten (←, ↑, → und ↓) gearbeitet werden. Markierte Zellinhalte können auch kopiert und an anderer Stelle wieder eingefügt werden.
  Der Editiervorgang wird mit ***Return*** oder dem Klicken in eine beliebige Zelle beendet.

- **Das Überschreiben**
  Die zu überschreibende Zelle wird angeklickt, und der neue Zellinhalt wird einfach eingegeben.

Eine geänderte Tabelle kann unter dem gleichen oder unter einem anderen Namen abgespeichert werden:

- **Speichern unter dem gleichen Namen**
  Im Menü *[Datei]* wird die Option *[Speichern]* gewählt. Alternativ kann das Disketten-Icon in der Symbolleiste gewählt werden. Hatte die Tabelle noch keinen Namen, „Mappe 1“ und „Tabelle 1“ sind für EXCEL zunächst keine Namen, wird automatisch das Dialogfeld *[Speichern unter...]* geöffnet. Allerdings darf eine Arbeitsmappe auch als „Mappe 1“ abgespeichert werden.

- **Speichern unter einem anderen Namen**
  Im Menü *[Datei]* wird die Option *[Speichern unter...]* gewählt (siehe Bild 1-18). Zu wählen sind das Laufwerk, das Verzeichnis, die Extension (Dateityp) und der Dateiname. In den Optionen befinden sich die Möglichkeiten des Dateischutzes (siehe 1.2.4). Mit dieser Option wird die aktuelleTabelle als solche mit der Extension *.xls gespeichert. War eine Arbeitsmappe geladen, wird sie mit der Extension „xlw" gespeichert.

  Wird die Option *[Arbeitsbereich speichern...]* aktiviert, werden alle Tabellen als Arbeitsmappe mit der Extension „xlw" gespeichert.

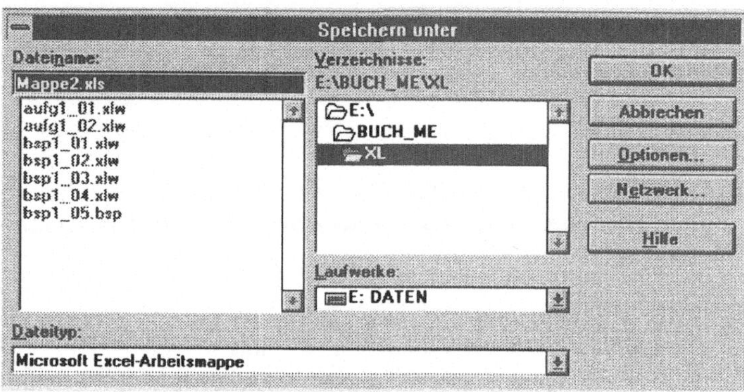

Bild 1-18: Das Dialogfeld *[Datei] [Speichern unter...]*

■ Beispiel 1-6: Ändern von Zellinhalten

Die Arbeitsmappe nach Beispiel 1-2 zeigt Bild 1-09. EXCEL, einschließlich dieser Arbeitsmappe, ist geladen. Zunächst soll die Überschrift „Stückliste für ein Lochwerkzeug" in „Eine Stückliste für ein Lochwerkzeug" geändert werden. Die Überschrift ist dann zu unterstreichen. Ferner soll der Werkstoff St50-2 für den Einspannzapfen in St60-2 geändert werden.

[Z1S1]	{ Z1S1 wird aktiviert }
[Klick vor das „S" von „Stückliste..." in der Bearbeitungszeile]	{ Der Editiermodus wird aktiviert }
Eine <↵> *[Z1S1]*	{ Eingabe der Ergänzung und Bestätigung}
[Format] [Zellen...] [Schriftart] [Unterstreichung] [Einfach][OK]	{ Unterstreichen der Überschrift }
[Z13S4]	{ Z1S1 wird aktiviert }
[Markieren der „5" von „St50-2" in der Bearbeitungszeile]	{ Der Editiermodus wird aktiviert }
6 <↵>	{ Die „5" wird durch die „6" ersetzt }

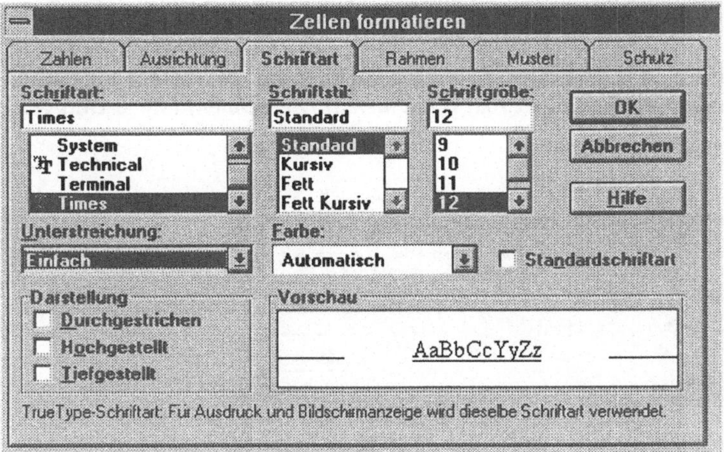

Bild 1-19: Das Dialogfeld *[Format] [Zellen...] [Schriftart]*

☞ *Hinweis: Überschreiben des Zellinhaltes*

Durch direkte Eingabe einer Zahl, Formel oder eines Labels und Drücken der Pfeiltasten, Return oder Klicken in eine beliebige Zelle wird der aktuelle Zellinhalt überschrieben. Dies kann bei der Eingabe von Zahlen ein Vorteil sein.

☞ *Hinweis: Abspeichern der Zellposition*

Beim Abspeichern einer Tabelle wird die aktuelle Position des Zellzeigers mit abgespeichert. Auch dies kann ein Vorteil sein. Wird dies nicht gewünscht, ist der Cursor vor dem Speichern in Z1S1 zu setzen, und zwar mit **<Strg>** + **<Pos1>.**

■ Beispiel 1-7: Eingabe von Zahlen

Ein Zugbolzen wird mit einer Kraft F = 40 kN belastet. Es ist der Bolzendurchmesser d und der Kopfdurchmesser D zu berechnen, wenn die Zugspannung $\sigma_{z\,zul}$ = 90 N/mm^2 und die Flächenpressung p_{zul} = 70 N/mm^2 nicht überschritten werden sollen. Man ermittle die Werte für d und D mit Hilfe der Tabelle aus Beispiel 1-4. Nach dem Laden der Tabelle erfolgt dies durch Eingabe der neuen Werte für F, $\sigma_{z\,zul}$ und p_{zul}.

[Z4S3]	{ Zu editierende Zelle ansteuern }
40 <↓>	{ Kraft F eingeben und Sprung eine Zelle tiefer }
90 <↓>	{ Zugspannung $\sigma_{z\,zul}$ eingeben und Sprung eine Zelle tiefer }
70 <↵>	{ Flächenpressung p_{zul} eingeben }

Hinweis: Neuberechnung

Standardmäßig wird nach jeder Änderung von Zellinhalten eine Neuberechnung durchgeführt. Dies kann im Dialogfeld *[Extras] [Optionen...] [Berechnen]* (siehe Bild 1-20) geändert werden.

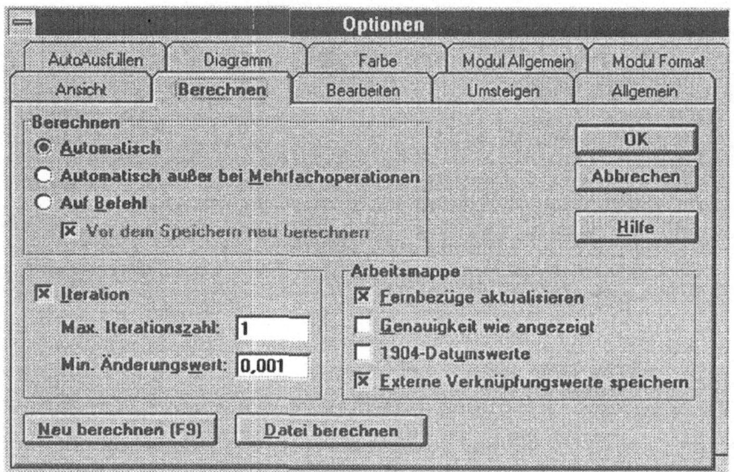

Bild 1-20: Das Dialogfeld *[Extras] [Optionen...] [Berechnen]*

Hinweis: Eingabe von Zahlen

Für die Eingabe von Zahlen stehen die Ziffern 0 bis 9, Plus- und Minuszeichen als Vorzeichen und der Dezimalpunkt zur Darstellung von Dezimalzahlen zur Verfügung. Durch Änderung des Formats kann die Darstellung mit dem Dezimalkomma gewählt werden. Ferner sind Eingaben von Zahlen in der Exponentialschreibweise oder der wissenschaftlichen Schreibweise in der Form:

± Mantisse E ± Exponent

z.B. -3 E02
12 E-06

möglich, dabei sind die Mantisse als beliebige Zahl und der Exponent als ganze Zahl anzugeben. Durch ein Prozentzeichen am Ende einer Zahl wird der Prozentwert der Zahl, d.h. der Wert der Zahl geteilt durch 100, festgelegt. Weitere Formatierungsmöglichkeiten für Zahlen und Text findet man im Dialogfeld *[Format] [Zellen...] [Zahlen]* (siehe Bild 1-21).

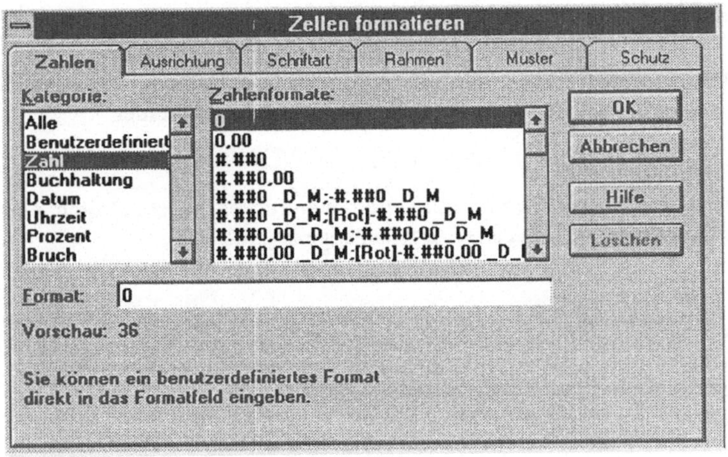

Bild 1-21: Das Dialogfeld *[Format] [Zellen...] [Zahlen]*

1.2.3 Ausgabe einer Tabelle

Die Ausgabe einer Tabelle, eines Diagramms oder einer Arbeitsmappe geschieht im Menü *[Datei]* mit dem Befehl *[Drucken...]*.

Dabei erscheint das Dialogfeld (Bild 1-22).

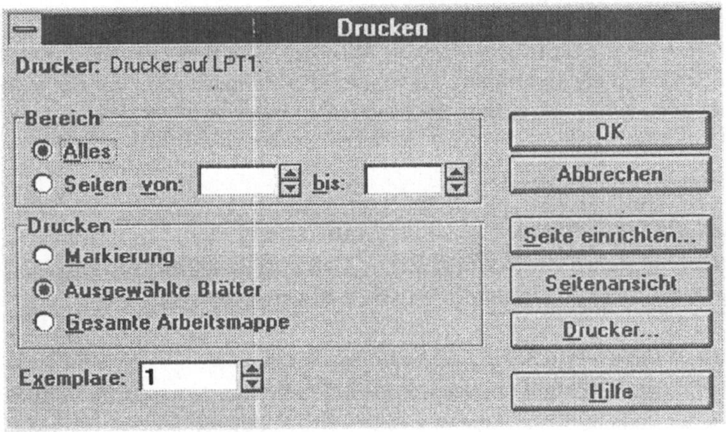

Bild 1-22: Das Dialogfeld *[Datei] [Drucken...]*

Folgende Optionen stehen zur Verfügung:

- *[Datei] [Drucken...] [Bereich]*
  Es können alle oder ausgewählte Seiten (z.B. von 3 bis 7) gedruckt werden.

- *[Datei] [Drucken...] [Drucken]*
  Man kann einen zu druckenden Bereich markieren und drucken, es ist möglich, einzelne Blätter auszuwählen oder die ganze Arbeitsmappe zu drucken.

☞ *Hinweis: Mehrfachmarkierungen*

Zusammenhängende Blätter werden mit **<Shift>** **+<Mausklick>**, auseinanderliegende Blätter mit **<Strg>** **+** **<Mausklick>** ausgewählt.

- *[Datei] [Drucken...] [Exemplare:]*
  Die Anzahl der zu druckenden Exemplare wird angegeben oder mit den Rollpfeilen gewählt.

- *[Datei] [Drucken...] [Seitenansicht]*
  Die zu druckende(n) Seite(n) wird/werden so dargestellt, wie sie später auf dem Ausdruck erscheint/erscheinen. Ein Rollen auf die folgende Seite kann mit der Taste Bild↓ erfolgen, vorhergehende Seiten werden mit Bild↑ angezeigt. Die Seitenansicht wird mit *[Schließen]* oder schneller mit **<ESC>** beendet. In die Seitenansicht gelangt man auch im Menü *[Datei]* mit *[Seitenansicht]*.

- *[Datei] [Drucken...] [Seite einrichten...]*
  Mit dieser Option wird die Seite eingerichtet. Man kann die Seite auch im Menü *[Datei]* mit der Option *[Seite einrichten...]* bearbeiten. In beiden Fällen kommt man in das Dialogfeld nach Bild 1-23, in dem die folgenden Optionen zur Verfügung stehen:

- *[Datei] [Drucken...] [Seite einrichten...] [Seite] [Ausrichtung]*
  Hoch- und Querformat stehen zur Verfügung. Die Voreinstellung (hier Hochformat) und den Drucker entnimmt EXCEL der WINDOWS-Systemsteuerung.

- *[Datei] [Drucken...] [Seite einrichten...] [Seite] [Skalierung]*
  Es ist möglich, auf eine bestimmte prozentuale Größe zu verkleinern oder zu vergrößern, die Tabelle der Seitengröße anzupassen oder selbst Seitenverhältnisse für Höhe und Breite festzulegen.

- *[Datei] [Drucken...] [Seite einrichten...] [Seite] [Papiergröße:]*
  Die Option ist druckerabhängig und wird im Regelfall nicht verstellt.

Bild 1-23: Das Dialogfeld *[Datei] [Drucken...] [Seite einrichten...] [Seite]*

- *[Datei] [Drucken...] [Seite einrichten...] [Seite] [Druckqualität:]*
  Auch hier wird im Regelfall nichts verstellt. Heutige Drucker können 150, 300 oder 600dpi drucken. Je höher die dpi-Zahl ist, desto besser ist die Druckqualität, aber desto länger dauert das Drucken. Im Normalfall reichen 300dpi aus.

- *[Datei] [Drucken...] [Seite einrichten...] [Seite] [Erste Seitenzahl:]*
  Die Nummer der ersten Seite wird entweder automatisch oder manuell festgelegt.

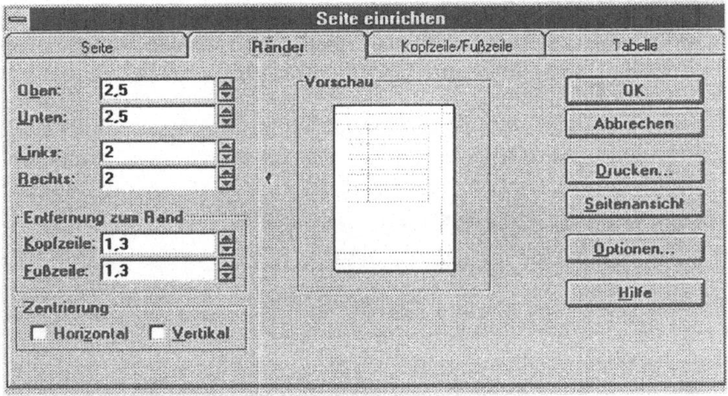

Bild 1-24: Das Dialogfeld *[Datei] [Drucken...] [Seite einrichten...] [Ränder]*

Entsprechend Bild 1-24 sind folgende Optionen verfügbar:

- *[Datei] [Drucken...] [Seite einrichten...] [Ränder] [Oben, Unten, Links, Rechts]*

  Die Ränder der zu druckenden Tabelle werden festgelegt. Alternativ werden die Ränder in der Seitenansicht durch das Einschalten der Ränder mit der Maus gezogen.

- *[Datei] [Drucken...] [Seite einrichten...] [Ränder] [Entfernung zum Rand]*

  Der Abstand der Kopf- und Fußzeile wird hier festgelegt.

- *[Datei] [Drucken...] [Seite einrichten...] [Ränder] [Zentrierung]*

  Eine horizontale und/oder vertikale Zentrierung der Tabelle auf der Seite ist möglich.

Das Dialogfeld *[Datei] [Drucken...] [Seite einrichten...] [Kopfzeile/Fußzeile]* sieht so aus:

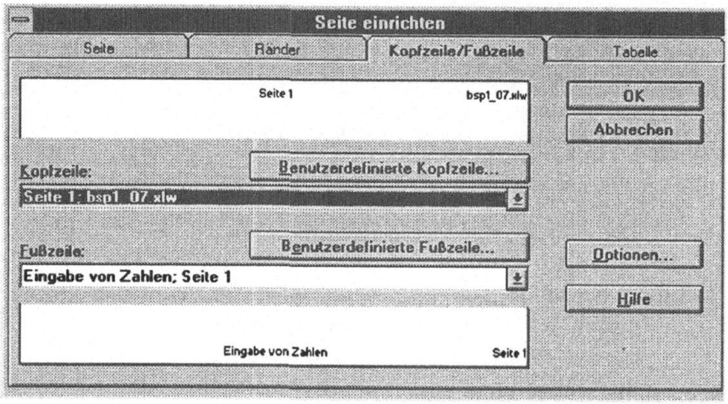

Bild 1-25: Das Dialogfeld *[Datei] [Drucken...] [Seite einrichten...] [Kopfzeile/Fußzeile]*

Hier können Kopf- und Fußzeilen definiert werden. Verschiedene Vorgaben stehen zur Verfügung, benutzerdefinierte Kopfzeilen/Fußzeilen sind möglich.

Im Dialogfeld *[Datei] [Drucken...] [Seite einrichten...] [Tabelle]* stehen folgende Optionen zur Verfügung:

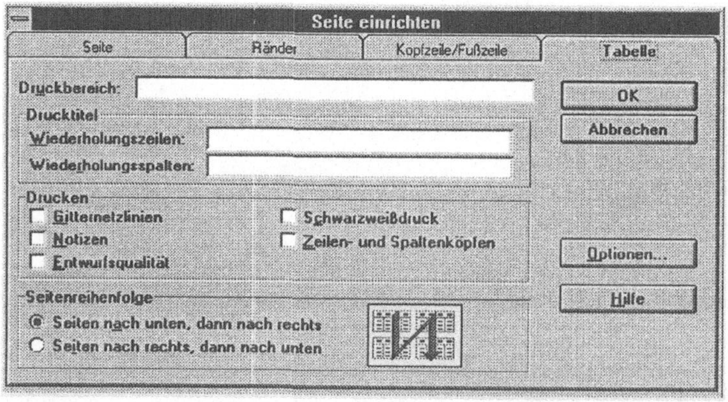

Bild 1-26: Das Dialogfeld *[Datei] [Drucken...] [Seite einrichten...] [Tabelle]*

- *[Datei] [Drucken...] [Seite einrichten...] [Tabelle] [Druckbereich:]*
  Ist hier keine Eintragung vorgenommen worden, nimmt EXCEL automatisch den gesamten Bereich der beschriebenen Zellen. Abweichungen davon sind hier einzutragen.

- *[Datei] [Drucken...] [Seite einrichten...] [Tabelle] [Wiederholungszeilen und Wiederholungsspalten]*
  Zeilen oder Spalten, die auf jeder Seite ausgedruckt werden sollen, sind hier anzugeben. Z.B. sollen Überschriften einer Tabelle häufig auf jeder Seite erscheinen. Allerdings dürfen diese dann nicht im Druckbereich enthalten sein, sonst erscheinen sie doppelt.

- *[Datei] [Drucken...] [Seite einrichten...] [Tabelle] [Drucken]*
  Gitternetzlinien können wahlweise mitgedruckt werden. Es ist zwischen folgenden vier Möglichkeiten zu unterscheiden:

  - die Gitternetzlinien sind sichtbar und werden nicht gedruckt,
  - die Gitternetzlinien sind unsichtbar und werden mitgedruckt,
  - die Gitternetzlinien sind sichtbar und werden gedruckt sowie
  - die Gitternetzlinien sind unsichtbar und werden nicht gedruckt.

  Notizen, die man jeder Zelle zuordnen kann, werden können, können wahlweise mitgedruckt werden.

  Entwurfsqualität bewirkt ein Druck mit kleinerer dpi-Zahl.

  Schwarzweißdruck bewirkt, daß Farben, die EXCEL normalerweise bei Schwarz-Weiß-Druckern in Grautöne umzusetzen versucht, ignoriert werden.

  Zeilen-und Spaltenköpfe können mitgedruckt werden. Dies ist sinnvoll für die Zellorientierung.

- *[Datei] [Drucken...] [Seite einrichten...] [Tabelle] [Seitenreihenfolge]*
  definiert die Druckreihenfolge:

  Seiten nach unten, dann nach rechts oder nach rechts und dann nach unten.

■ Beispiel 1-8: Ausdrucken einer Tabelle

Die Tabelle zur Berechnung eines Zugbolzens aus Beispiel 1-04 soll ausgedruckt werden. Es wird davon augegangen, daß sie bereits geladen ist und daß im Menü *[Datei] [Seite einrichten...]* alle gewünschten Optionen eingestellt wurden.

[Datei] [Drucken] **<↵>** { Menüaufruf }

■ Beispiel 1-9: Ausdrucken eines Teibereiches einer Tabelle

Der Bereich Z1S1 bis Z4S5 der Tabelle nach Beispiel 1-04 soll gedruckt werden.

[Datei] [Seite einrichten...] [Tabelle]	{ Menüaufruf }
[Doppelklick in Druckbereich]	{ Der alte Druckbereich wird } markiert (blau hinterlegt) }
Z1S1:Z4S5	{ Der neue Druckbereich wird eingegeben }
[Drucken...] **<↵>**	{ Der Druckbefehl wird aufgerufen }

☞ *Hinweis: Den Druckbereich mit der Maus markieren*

Alternativ kann nach der Markierung des alten Druckbereiches das Dialogfeld an eine geeignete Stelle, z.B. nach rechts unten, geschoben (Klick in die blaue Leiste des Feldes und Ziehen) und der neue Druckbereich mit festgehaltener linken Maustaste gezogen werden.

☞ *Hinweis: Den Druckbereich mit einem Namen aufrufen*

Im Menü *[Einfügen] [Namen...] [Festlegen...]* erscheint das Dialogfeld Bild 1-27. Der Name wird festgelegt. Man kann den vorgeschlagenen Namen übernehmen oder bearbeiten, einen neuen Namen eingeben oder einen Namen aus dem Feld "Namen in der Arbeitsmappe" auswählen. Wenn man einen bereits definierten Namen verwendet, wird die alte Definition durch die neue ersetzt. Der Name kann bis zu 255 Zeichen lang sein und darf Buchstaben, Ziffern, Unterstriche (_), umgekehrte Schrägstriche (\), Punkte (.) und Fragezeichen (?) enthalten. Das erste Zeichen muß ein Buchstabe, ein Unterstrich (_) oder ein umgekehrter Schrägstrich (\) sein. Anschließend wird in der Zeile *[Zugeordnet zu:]* der Eintrag markiert und der neue Bereich mit der Maus gezogen. Dabei ist gegebenenfalls wieder das Dialogfeld zu verschieben. Dann wird im Menü *[Datei] [Seite einrichten...] [Tabelle]* als Druckbereich der Name eingegeben und gedruckt.

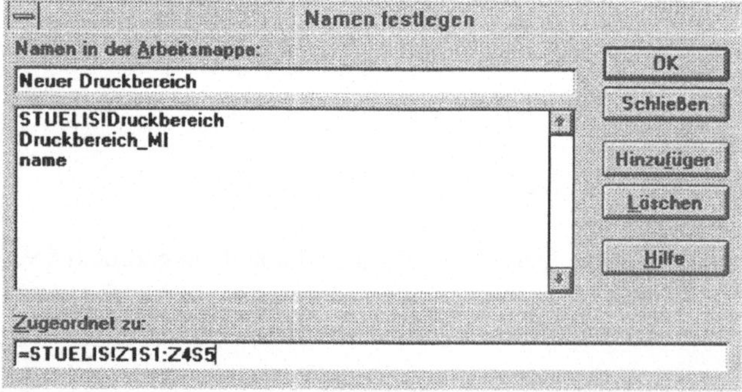

Bild 1-27: Das Dialogfeld *[Einfügen] [Namen...] [Festlegen...]*

■ Beispiel 1-10: Drucken eines markierten Bereiches

Es ist auch möglich, den Druckbereich vorher mit der Maus festzulegen. Dabei ist der Bereich zu markieren und die Option *[Markierung]* im Menü *[Datei] [Drucken...]* zu wählen.

[Bereich markieren]	
[Datei] [Drucken...]	{ Das Menü wird aufgerufen }
[Markierung] **<↵>**	{ Der markierte Bereich soll gedruckt werden }

♦ Aufgabe 1-3: Ausdruck einer Tabelle

Die Tabelle entsprechend Bild 1-08 ist zu erstellen, und der Bereich Z1S1:Z6S4 ist mit und ohne Namensvergabe zu drucken.

Es ist auch möglich, mit gleichzeitigem Drücken der Strg-Taste und dem Ziehen mit der Maus mehrere getrennte Bereiche zu markieren und zu drucken. Die Bereiche werden dabei mit einem Semikolon gedruckt. Allerdings werden diese Bereiche auf jeweils eine Seite gedruckt. Abhilfe schafft das Setzen von Zeilenhöhe bzw. Spaltenbreite auf Null bzw. das Ausblenden von Zeilen oder/und Spalten (*Menü [Format] [Zeile* bzw. *Spalte] [Ausblenden]*). Im Bild 1-28 sind die Zeilen 7 und 8 sowie die Spalte 4 ausgeblendet.

	1	2	3	5
1			<u>Stückliste für ein Lochwerkzeug</u>	
2				
3				
4	Pos	Anzahl	Benennung	DIN-Sach-Nr.
5				
6	1	1	Grundplatte	
9	4	1	Schneidstempel	
10	5	1	Zwischenlage	
11	6	1	Stempelhalteplatte	
12	7	1	Kopfplatte	
13	8	1	Einspannzapfen	
14	9	2	Zylinderstift	DIN6325-6m6*25
15	10	2	Zylinderschraube	DIN912-M6*25
16	11	2	Zylinderschraube	DIN912-M5*10
17	12	2	Zylinderstift	DIN6325-5m6*15

Bild 1-28: Ausblenden von Spalten und Zeilen

Es besteht auch die Möglichkeit, eine Tabelle oder einen Tabellenbereich in eine Datei auszudrucken. Dabei wird diese Datei im ASCII-Format mit der Endung „.PRN“ gespeichert. Alle Formatierungen gehen dabei verloren.

Im Menü *[Datei]* wird der Befehl *[Speichern unter...]* gewählt. Im Feld *[Dateityp]* ist *[Formatierter Text (Leerzeichen getrennt)]* zu wählen.

Wird eine solche Druckdatei geladen, kommt man automatisch in den Textassistenten: Der Textassistent führt den Anwender in drei Schritten durch den Ladevorgang einer Textdatei. Verschiedene Wahlmöglichkeiten stehen zur Verfügung.

- **Schritt 1 von 3:**
  Im Text-Assistent erscheinen Ihre Daten im unteren Teil des Dialogfeldes. Im oberen Teil gibt man den Datentyp an: "Getrennt" oder "Feste Breite".

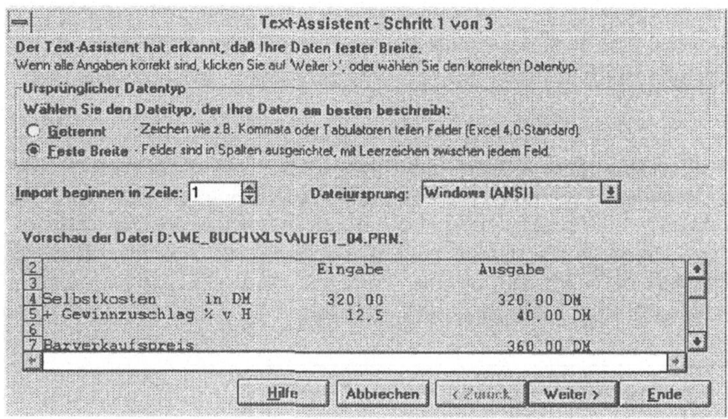

Bild 1-29: Der Text-Assistent, Schritt 1

- **Schritt 2 von 3:**
  Wenn man in Schritt 1 "Feste Breite" gewählt hat, wird im Feld "Vorschau der markierten Daten" die vorgeschlagene Anordnung der Spaltenumbrüche angezeigt. Diese können durch Ziehen der Pfeillinien geändert werden. Wurde in Schritt 1 "Getrennt" gewählt, kann man festlegen, welches Trennzeichen als Begrenzung verwendet werden soll.

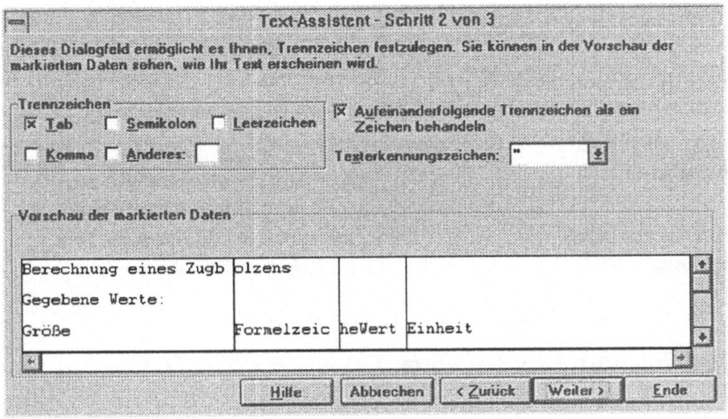

Bild 1-30: Der Text-Assistent, Schritt 2

- **Schritt 3 von 3:**
  Hier kann man festlegen, wie Microsoft Excel die Daten in den Spalten interpretiert: als Zahlen, Text und Datumswerte; nur als Text (hilfreich bei langen Ziffernreihen, die als Text behandelt werden sollen, z.B. Kreditkartennummern) oder als reine Datumswerte. Unter "Datenformat der Spalten" kann man das Optionsfeld "Spalten nicht importieren (Überspringen)" auswählen, wenn erreicht werden soll, daß die Daten aus der gerade markierten Spalte nicht mit in die Tabelle aufgenommen werden.

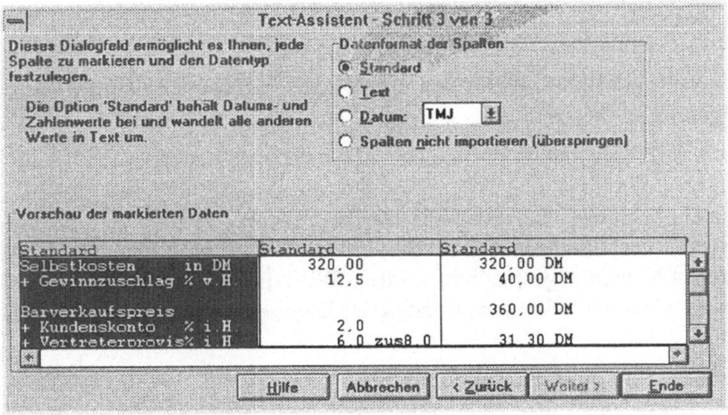

Bild 1-31: Der Text-Assistent, Schritt 3

■ Beispiel 1-11: Ausgabe einer Tabelle in eine Textdatei

Erstellen Sie die Tabelle entsprechend Bild 1-13.

[Datei] [Speichern unter...]	{ Menüaufruf }
c:\texttab	{ Dateiname und Zielpfad }
[Dateityp] [Formatierter Text]	{ Der Dateityp soll von der üblichen
[Leerzeichen getrennt] [OK]	EXCEL-Extension abweichen }

♦ Aufgabe 1-4: Speichern und Laden einer Tabelle im ASCII-Format

Erstellen Sie die Tabelle entsprechend Bild 1-28. Speichern Sie diese im ASCII-Format als **bild128.prn,** und laden Sie nach dem Schließen der Datei diese im Textassistenten.

1.2.4 Der Datei- und Zellschutz

Dateischutz spielt heute besonders im Netzwerk eine wichtige Rolle aus Datenschutzgründen und weil die Gefahr der Zerstörung von Daten mit der Zahl der Benutzer steigt.

Allerdings muß gesagt werden, daß es den absoluten Dateischutz insofern nicht gibt, als die Datei im DOS oder Dateimanager jederzeit ***gelöscht*** werden kann. Bezieht man den Begriff allerdings auf das ***Lesen*** der Datei, so ist er wohl absolut.

EXCEL kennt folgende vier Schutzmechanismen:

1. Die Datei wird paßwortgeschützt, so daß sie nur von demjenigen geladen werden kann, der das Paßwort kennt (siehe Bild 1-32).

   Ein Kennwort kann bis zu 15 Zeichen lang sein und muß wiederholt werden.

2. Die Datei wird mit einem Schreibschutz-Kennwort, statt dem Sicherungskennwort im Bild 1-32 geschützt. Damit kann sie jeder lesen, die Datei verändern, jedoch kann sie nicht mehr unter dem gleichen Namen abgespeichert werden. Wird die Option *[Schreibschutz empfehlen]* angekreuzt, erscheint beim neuen Laden der Datei eine entsprechende Meldung.

3. Teile einer Datei oder Arbeitsmappe werden mit einem Paßwort geschützt.

   Standardmäßig sind alle Zellen einer Datei geschützt, nur ist der Schreibschutz nicht aktiviert. Das Schützen von Tabellenbereichen geschieht in zwei Schritten:

   Der Teil der Tabelle, der ungeschützt werden soll, wird markiert, und im Menü *[Format] [Zellen] [Schutz]* wird das Kreuz bei der Option *[Gesperrt]* entfernt (siehe Bild 1-33).

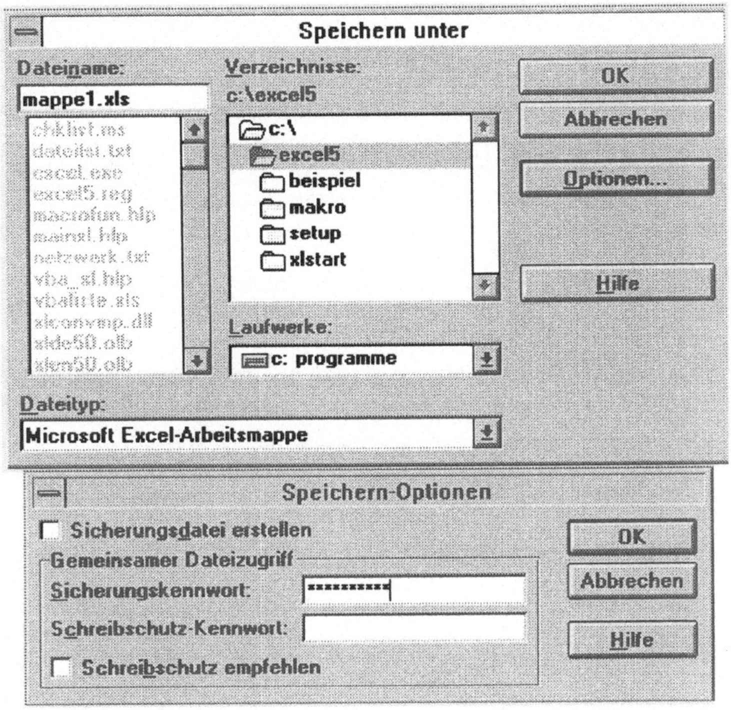

Bild 1-32: *[Datei] [Speichern unter...] [Optionen]*

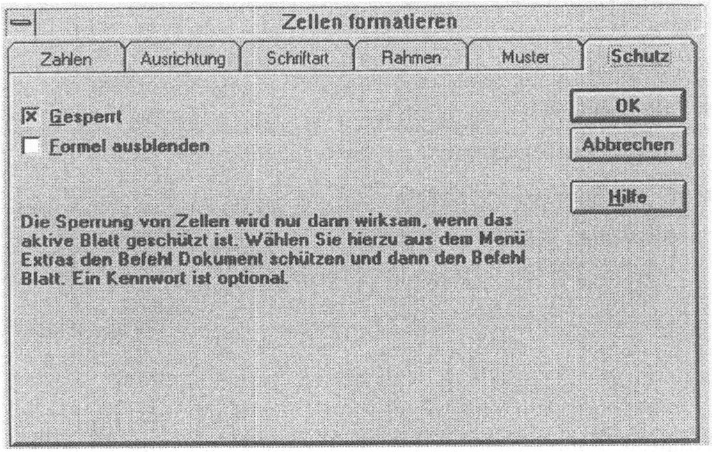

Bild 1-33*: [Format] [Zellen...] [Schutz]*

Anschließend wird im Menü *[Extras] [Dokument schützen...]* entweder die Option *[Blatt...]* (Bild 1-34) oder *[Arbeitsmappe...]* (Bild 1-35) gewählt.

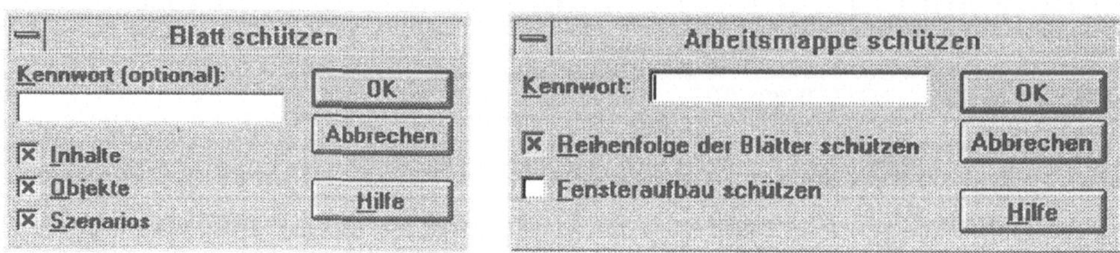

Bild 1-34:
[Extras] [Dokument schützen...] [Blatt]

Bild 1-35:
[Extras] [Dokument schützen...] [Arbeitsmappe]

4. Teile einer Datei werden ohne konkretes Paßwort geschützt, indem man im vorgenannten Schutzmechanismus einfach kein Paßwort eingibt. Man verläßt das Dialogfeld einfach mit ***<Return>***.

1.3 Erstellen und Ändern einer Tabelle

1.3.1 Entwickeln einer Tabelle

Die Entwicklung einer Tabelle - insbesondere für mathematisch-technische Anwendungen - kann analog zur Entwicklung von Programmen in einer höheren Programmiersprache, wie z.B. in Turbo Pascal, durchgeführt werden. Man geht dabei in folgenden Schritten vor:

(1) Problemdefinition

(2) Problemanalyse

(3) Programm- bzw. Tabellenentwurf

(4) Eingabe des Programms bzw. der Tabelle

(5) Abspeichern des Programms bzw. der Tabelle

(6) Test des Programms bzw. der Tabelle

Im weiteren soll diese Vorgehensweise speziell für die Tabellen-Entwicklung näher beschrieben werden.

Das Ziel einer Problemdefinition ist die eindeutige und umfassende Festlegung der Aufgabenstellung. In der Praxis und bei größeren Problemen wird das Ergebnis meist in Form eines Pflichtenheftes dargestellt. Bei den in diesem Buch behandelten Beispielen und Aufgaben kann im allgemeinen auf eine ausführliche Problemdefinition verzichtet werden, da die Formulierung des Beispiels bzw. der Aufgabe ausreichen sollte.

Eine Problemanalyse wird häufig nach dem AEV-Prinzip (Ausgabe - Eingabe - Verarbeitung) in folgenden Schritten durchgeführt:

- Festlegen der Ausgangsgrößen und ihrer Darstellung
- Festlegen der Eingangsgrößen und eventuellen Vorgaben für Datenkontrollen
- Zusammenstellen der benötigten Formeln und Algorithmen

Hierbei kann es - wie bei der Entwicklung von Programmen - von Vorteil sein, ein umfangreiches Problem zunächst in Teilprobleme zu zerlegen und diese anschließend einzeln zu behandeln.

Dieses Vorgehen nach der Top-Down-Methode sollte beim eigentlichen Entwurf der Tabelle entsprechend angewandt werden. Falls es aufgrund der Aufgabenstellung angebracht ist, entwirft man eine Tabelle zunächst in ihren groben Strukturen, die dann blockweise verfeinert werden. Hierbei legt man jeweils u.a. Überschriften, den Zeilen- und Spaltenaufbau und die Darstellungsformen fest. Häufig ist es von Vorteil, die groben Strukturen durch sogenannte Makros zu realisieren.

Die Implementierung einer Tabelle erfolgt durch die Eingabe des vorgesehenen Tabellenaufbaus mit Hilfe von EXCEL in den Rechner.

Anschließend erfolgt durch die Bearbeitung einer Reihe von Beispielen mit bekannten Ergebnissen der Test der Tabelle. Auftretende Fehler sind durch Ändern der Tabelle zu beseitigen.

Die für die Eingabe und das Ändern einer Tabelle erforderlichen Befehle und Optionen von EXCEL werden in den folgenden Abschnitten behandelt.

■ Beispiel 1-12: Entwurf einer Tabelle

Mit Hilfe einer Tabelle soll die Berechnung des Volumens und der Masse eines beliebigen Zylinders erfolgen.

Man kann hier sofort mit der Problemanalyse beginnen. Dabei ergeben sich:

- Ausgangsgrößen
  - das Volumen V in mm^3
  - die Masse m in kg

- Eingangsgrößen
  - Radius r in mm
  - Länge l in mm
  - Dichte ρ in kg/dm^3
- Formeln
  - $V = \pi \cdot r^2 \cdot l$ in mm^3
  - $m = \rho \cdot V \cdot 10^{-6}$ in kg

Die Tabelle könnte folgenden Aufbau haben:

	1	2	3	4	5	6	7	8
1	Zylinderberechnung							
2	Gegebene Werte				Ermittelte Werte			
3	Größe	Formel-zeichen	Wert	Einheit	Größe	Formel-zeichen	Wert	Einheit
4	Radius	r		mm	Volumen	V		mm^3
5	Länge	l		mm				
6	Dichte	ρ		kg/dm^3	Masse	m		kg

Bild 1-36: Tabelle zur Zylinderberechnung

♦ Aufgabe 1-5: Eine Tabelle entwerfen

Es soll eine Tabelle entworfen werden, mit der die zulässige Druckkraft für den im Bild 1-37 skizzierten Stempel berechnet werden kann.

Für die zulässige Druckkraft F_{max} gilt:

$$F_{\max} = \sigma_{dzul} \cdot \frac{\pi}{4} \cdot \frac{d^2}{1000} \quad in\ kN$$

mit $\sigma_{d\,zul}$ = zulässige Druckspannung des Stempelwerkstoffes in N/mm^2 und
d = Durchmesser des Stempels in mm.

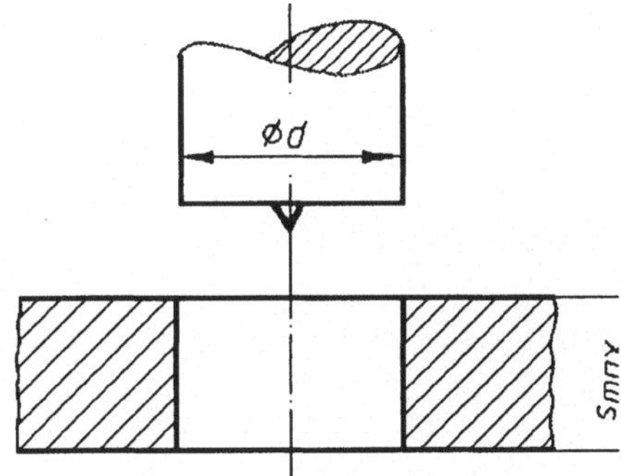

Bild 1-37: Stempel

1.3.2 Erstellen einer Tabelle

Die Eingabe einer Tabelle sollte stets auf einem vorher erstellten Tabellenentwurf aufbauen und wird meist in mehreren Schritten durchgeführt:

- Festlegen globaler Arbeitsblatt-Einstellungen
- Eingabe von Texten und Linien
- Festlegen lokaler Arbeitsblatt-Einstellungen
- eventuelle Definition spezieller Arbeitsblatt-Bereiche
- Eingabe von Formeln
- Abspeichern der Tabelle

Arbeitsblatteinstellungen werden im wesentlichen im EXCEL-Menü *[Extras] [Optionen...]* vorgenommen.

Folgende 10 Dialogfelder stehen entsprechend Bild 1-38 zur Verfügung:

- Ansicht
- AutoAusfüllen
- Diagramm
- Farbe
- Modul Allgemein
- Modul Format

- Berechnen
- Bearbeiten
- Umsteigen
- Allgemein

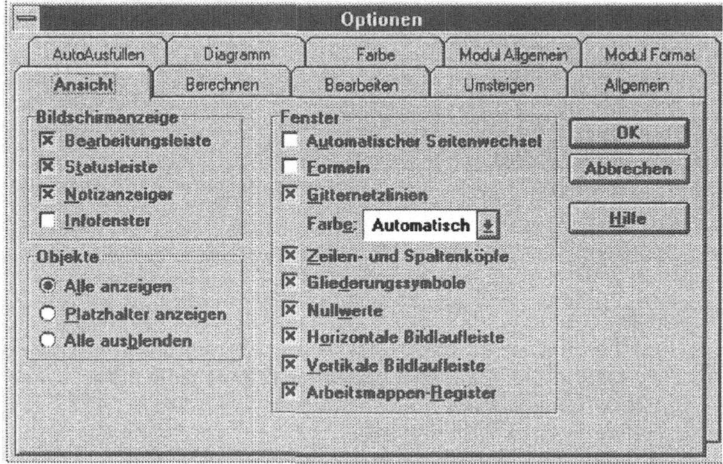

Bild 1-38: Das Dialogfeld *[Extras] [Optionen...] [Ansicht]*

Aus der Vielzahl der hier verfügbaren Einstellungen sollen nur einige besonders wichtige Punkte herausgegriffen werden:

- *[Extras] [Optionen...] [Ansicht]* (**Bild 1-38**)

  Die Anzeige der *[Bearbeitungsleiste]*, der *[Statusleiste]*, des *[Notizanzeigers]* und des *[Info-Fensters]* kann ein- oder ausgeschaltet werden.

  Es können *[alle Objekte]* angezeigt werden oder nicht. Statt der Objekte können auch *[Platzhalter]* angezeigt werden.

  Der *[Seitenumbruch]* wird durch EXCEL wahlweise automatisch durchgeführt.

  Es werden *[Formeln]* oder deren Ergebisse dargestellt.

  Die *[Gitternetzlinien]* werden ein- oder ausgeblendet.

  Die *[Zeilen- und Spaltenköpfe]* (Z1S1) werden angezeigt oder ausgeblendet.

Die *[Gliederungssymbole]* werden optional dargestellt.

Ergibt eine Formel das Ergenbis Null, wird diese angezeigt oder verborgen (*[Nullwerte]*).

Die *[horizontale...]* und/oder die *[vertikale Bildlaufleiste]* werden/wird angezeigt.

Das *[Arbeitsmappenregister]* wird dargestellt oder ausgeblendet.

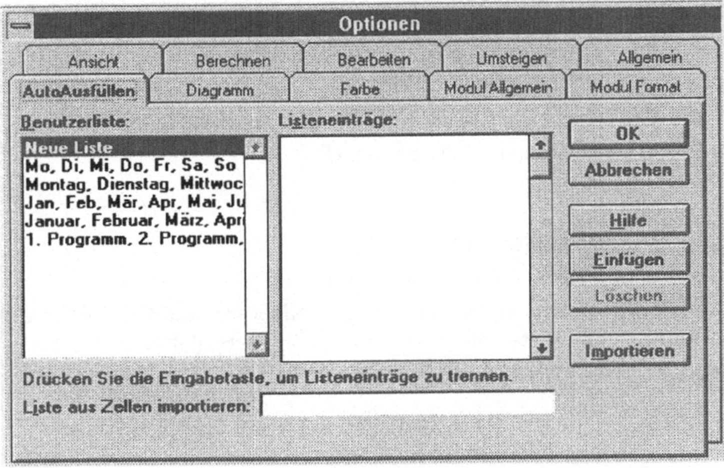

Bild 1-39: Das Dialogfeld *[Extras] [Optionen...] [AutoAusfüllen]*

- *[Extras] [Optionen...] [AutoAusfüllen]* **(Bild 1-39)**

  Beliebige Zelleinträge, die eine arithmetische oder geometrische Reihe bilden, z.B. Variante 1, Variante 2, Variante 3..., und häufig gebraucht werden, können hier eingetragen werden. Wird später in eine Zelle „Variante 1" eingegeben, kann der Befehl *[Bearbeiten] [Ausfüllen...] [Reihe...] [AutoAusfüllen]* gewählt werden, und EXCEL erkennt die Reihe.

- *[Extras] [Optionen...] [Diagramm]* **(Bild 1-40)**

  Die Option ist nur im Diagramm verfügbar, bestimmte Vorzugswerte sind einstellbar.

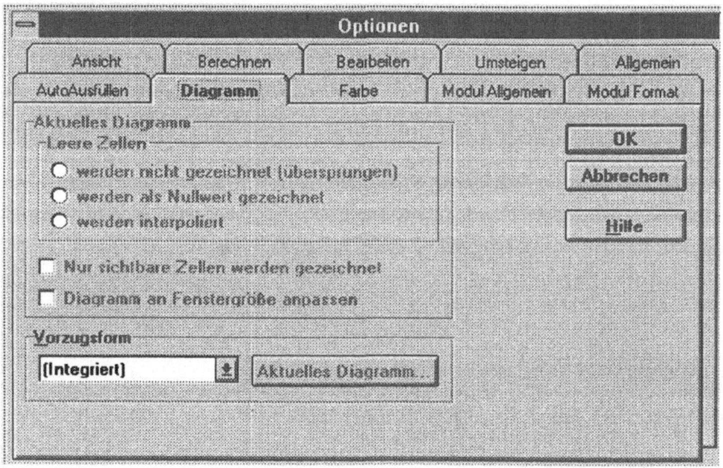

Bild 1-40: Das Dialogfeld *[Extras] [Optionen...] [Diagramm]*

– *[Extras] [Optionen...] [Farbe]* **(Bild 1-41)**

Farbeinstellungen können kopiert, bearbeitet und zugeordnet werden. Die Farben der Microsoft Excel-Farbpalette werden dabei angepaßt, und Farbpaletten können zwischen verschiedenen Arbeitsmappen kopiert werden.

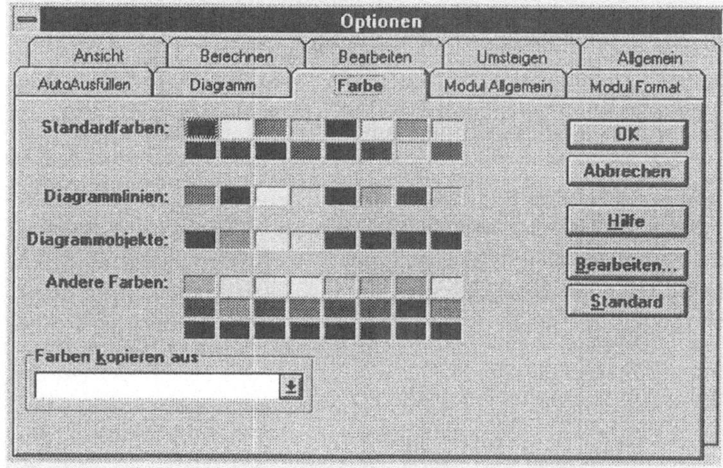

Bild 1-41: Das Dialogfeld *[Extras] [Optionen...] [Farbe]*

- *[Extras] [Optionen...] [Modul Format]* **(Bild 1-42)**

  Paßt die Formatierung von Visual Basic-Modulen an.

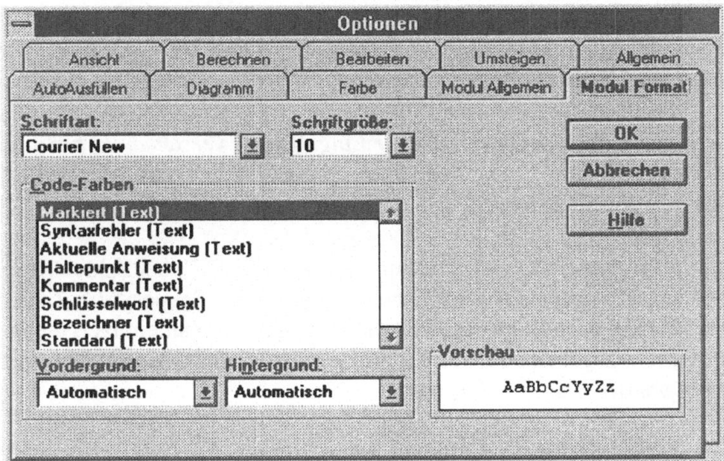

Bild 1-42: Das Dialogfeld *[Extras] [Optionen...] [Modul Format]*

- *[Extras] [Optionen...] [Bearbeiten]* **(Bild 1-43)**

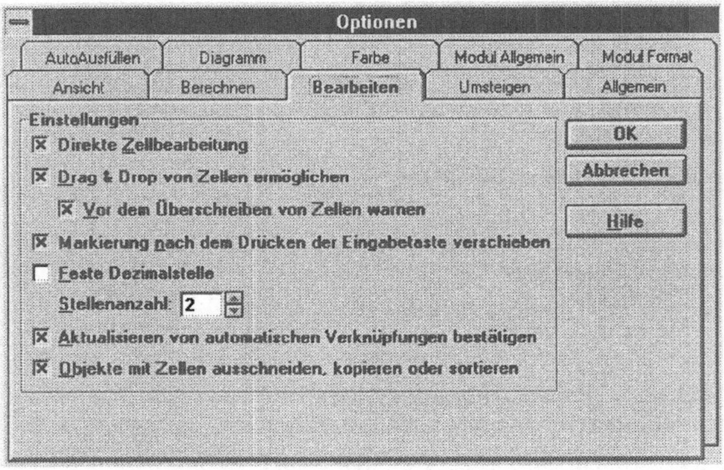

Bild 1-43: Das Dialogfeld *[Extras] [Optionen...] [Bearbeiten]*

[Direkte Zellbearbeitung] ermöglicht durch einen Doppelklick in die zu bearbeitende Zelle ein Editieren, ohne in die Bearbeitungszeile wechseln zu müssen.

[Drag & Drop von Zellen ermöglichen] erlaubt das Kopieren und Verschieben von Zellinhalten mit der Maus.

Soll vor dem Überschreiben eines Zellinhaltes gewarnt werden, ist die Option *[Vor dem Überschreiben von Zellen warnen]* zu aktivieren.

Die Option *[Markierung nach dem Drücken der Eingabetaste verschieben]* bewirkt, daß nach einem Return der Cursor eine Zeile tiefer springt. Ist die Option deaktiviert, verbleibt der Cursor in der Eingabezelle.

[Feste Dezimalstelle] legt fest, wie viele Dezimalstellen automatisch bei Zahlen angezeigt werden, die man als Konstanten in ein Tabellenblatt eingibt. Bei positiven Zahlen wird das Dezimalzeichen nach links verschoben, bei negativen Zahlen nach rechts. Wird die Option nicht angegeben oder auf 0 (Null) gesetzt, muß das Dezimalzeichen manuell eingegeben werden.

[Aktualisieren von automatischen Verknüpfungen bestätigen]

Zeigt ein Dialogfeld an, in dem man gefragt wird, ob die OLE-Verknüpfungen zu anderen Dateien oder Anwendungen aktualisiert werden sollen. OLE ist eine Weiterentwicklung von DDE und dient der Verknüpfung verschiedener WINDOWS-Applikationen.

[Objekte mit Zellen ausschneiden, kopieren oder sortieren]

Beim Ausschneiden, Kopieren, Filtern oder Sortieren von Zellen verbleiben Objekte bei den Zellen.

- *[Extras] [Optionen...] [Berechnen]* **(Bild 1-20)**

Bei großen Dateien sollte die Option *[Berechnen auf Befehl]* gewählt werden. Vorgabe ist *[Automatisches Berechnen]*.

- *[Extras] [Optionen...] [Modul Allgemein]* **(Bild 1-44)**

Gibt verschiedene Optionen zum Ausführen und Anzeigen von Visual Basic-Prozeduren an. Visual Basic ist die Makro-Programmiersprache von EXCEL.

Bild 1-44: Das Dialogfeld *[Extras] [Optionen...] [Modul Allgemein]*

– *[Extras] [Optionen...] [Umsteigen]* **(Bild 1-45)**

Das Dialogfeld stellt dem LOTUS© - Umsteiger einige Möglichkeiten zur Verfügung, seine gewohnte Arbeitsumgebung wieder einzustellen.

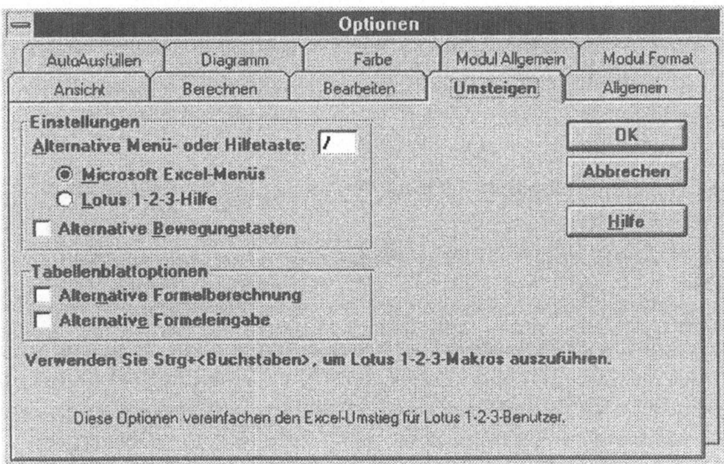

Bild 1-45: Das Dialogfeld *[Extras] [Optionen...] [Umsteigen]*

- Das Dialogfeld *[Extras] [Optionen...] [Allgemein]* **(Bild 1-12)**

  Die Zeilen werden immer numeriert, die Spalten können wahlweise numeriert (*[Z1S1]*) oder mit Buchstaben (*[A1]*) bezeichnet werden.

  Eine Arbeitsmappe kann bis zu 255 Blätter enthalten. Diese Anzahl ist voreingestellt.

  Die Liste der vier zuletzt geöffneten Dateien wird im Menü *[Datei]* angezeigt. Diese Anzeige kann ausgeschaltet werden.

  Es kann zwischen den EXCEL 5.0- und den EXCEL 4.0-Menüs umgeschalten werden.

  Die Funktion des Tip-Assistenten wird optional zurückgesetzt.

  Die ***Standardschriftart*** und -größe, die ab dem nächsten EXCEL-Start verwendet werden soll, kann eingestellt werden.

  Der ***Benutzername***, der in Szenarios, Ansichten, beim gemeinsamen Dateizugriff und in der Datei-Info angezeigt werden soll, kann eingestellt werden. Der neue Name wird beim nächsten Starten von Microsoft EXCEL verwendet.

  Das ***Standardarbeitsverzeichnis*** ist mit dem vollständigen Pfad einzugeben. Diese Option setzt alle Einstellungen für das Arbeitsverzeichnis außer Kraft, die im Windows Programm-Manager im Dialogfeld *[Eigenschaften]* für das Microsoft EXCEL-Symbol festgelegt wurden.

  Das zusätzliche ***Startverzeichnis*** gibt den Pfad zu einem zusätzlichen Startverzeichnis an. Der Pfad muß vollständig sein.

Die **Zahlenformatierung** erfolgt im Dialogfeld *[Format] [Zellen...] [Zahlen]* **(Bild 1-46)**

Verschiedene Kategorien von Zahlenformaten wie Zahl, Prozent, Datum, Bruch usw. stehen zur Verfügung.

Eigene Zahlenformate können sehr einfach definiert werden: Man wählt ein bereits vorhandenes Zahlenformat (im Bild 1-46 das Format „0,00“), klickt in das Feld *[Format]* und ändert es nach seinen Wünschen ab (hier wurde „0,00“ zu „0,0“ verändert). Die eigenen Zahlenformate werden in der Datei „excel.ini“ im WINDOWS-Verzeichnis gespeichert und stehen nach jedem neuen Start von EXCEL zur Verfügung. Auch Zahlen-Text-Kombinationen sind als Zahlenformate erstellbar.
Die Standardformate können nicht gelöscht werden, eigene Formate kann man mit der Option *[Löschen]* wieder entfernen.

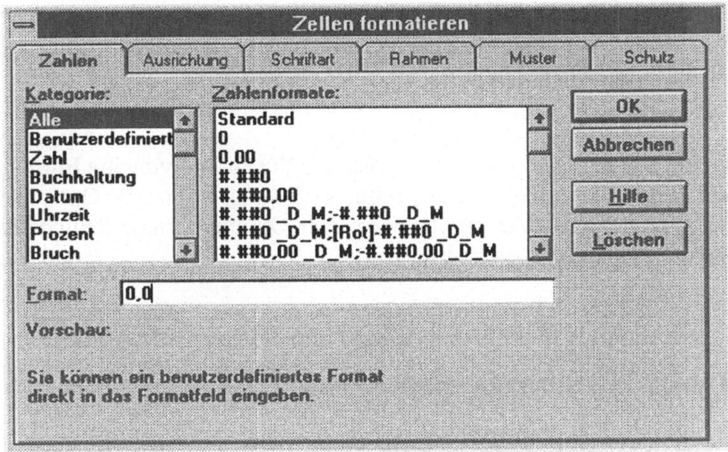

Bild 1-46: Das Dialogfeld *[Format] [Zellen...] [Zahlen]*

Die **Spaltenbreite** wird im Dialogfeld *[Format] [Spalte...]* eingestellt. Zur Verfügung stehen folgende Optionen:

- *[Format] [Spalte...] [Spaltenbreite...]*
  Die Spaltenbreite kann per Tastatur auf bis zu 255 Kommastellen genau eingestellt werden.

- *[Format] [Spalte...] [Ausblenden]*
  Die aktuelle Spalte wird ausgeblendet, d.h., ihre Spaltenbreite wird auf „0“ gesetzt.

- *[Format] [Spalte...] [Einblenden]*
  Die aktuelle Spalte wird eingeblendet, d.h., ihre Spaltenbreite wird auf ***Standard*** zurückgesetzt.

- *[Format] [Spalte...] [Standard]*
  Wenn man die markierten Spalten auf die Standardbreite zurücksetzen möchte, wählt man "OK".Wenn die Breite aller Spalten verändert werden soll, die in der aktiven Tabelle zuvor noch nicht angepaßt wurden, wird im Feld "Standardspaltenbreite" eine ganze Zahl oder ein Dezimalbruch zwischen 0 und 255 eingegeben. Diese Zahl repräsentiert die Anzahl der Zeichen, die bei Verwendung der Standardschriftart in einer Zelle angezeigt werden können.

- *[Format] [Spalte...] [Optimale Breite]*
  Die Breite der aktuellen Spalte wird optimiert, d.h., der längste Zelleintrag wird gerade noch dargestellt.

Alternativ kann die Breite einer Spalte auch mit dem Ziehen der Maus zwischen der Spaltenmarkierung erfolgen. Eine Optimierung erreicht man durch einen Doppelklick auf die Spaltengrenze in der Spaltenmarkierung.

Die **Zeilenhöhe** paßt sich der standardmäßig gewählten Schrifthöhe an. Individuelle Einstellungen sind im Dialogfeld *[Format] [Zeile...]* möglich. Zur Verfügung stehen die Optionen *[Ausblenden] [Einblenden] [Höhe...]* und *[Optimale Höhe]*. Die Optionen einschließlich der Mauseinstellung funktionieren analog der Spaltenbreite.

■ Beispiel 1-13: Tabelle mit unterschiedlich breiten Spalten

Die in der Tabelle TB3-5 von [2] gegebene Zusammenstellung der Betriebsfaktoren c_B von Maschinen und Bauteilen soll in geeigneter Form dargestellt und unter dem Namen **CBFaktor** als XLW-Datei abgespeichert werden. Die Tabelle nach Bild 1-47 ergibt sich aufgrund folgender Eingaben (vorausgesetzt EXCEL ist bereits gestartet):

<Strg> + >Pos 1> Betriebsfaktor cB <↵>	{ Eingabe der Überschrift }
[Z1S1:Z1S5]	{ Markierung des Überschriftsbereiches }
[Format] [Zellen...] [Ausrichtung...] *[Zentriert über Markierung]* *[Vertikal] [Mitte] [OK]*	{ Zentrieren der Überschrift über den markierten Bereich und vertikale Ausrichtung }
<Strg> + <Pos 1>	{ Die Zelle Z1S1 wird aktiviert }
[Markieren des „B" von „cB"]	{ Das „B" wird markiert }
[Format] [Zellen...] *[Tiefgestellt]* **<↵> <↵>**	{ Das „B" wird tiefgestellt
[Z1S1] [Format] [Zellen...] *[Schriftart] [Unterstreichung]* *[Einfach] [Schriftgröße] [14] [OK]*	{ Die Überschrift wird unterstrichen und die Schriftgröße eingestellt }
[Z2S1]	{ Aktivierung der nächsten Eingabezelle }
Art der Maschine bzw. des Bauteils <↵>	{ Texteingabe }
<Eingabe der Daten in Z2S2:Z7S5>	{ Weitere Dateneingabe }
[Z2S1:Z7S5]	{ Markierung des Tabellentextes }
[Format] [Zellen...] [Ausrichtung...] *[Vertikal] [Mitte] [Zeilenumbruch] [OK]*	{ Vertikale Ausrichtung und Zeilenumbruch }
[Z2S4:Z2S5]	{ Markierung von „Wert für c_B" }
[Format] [Zellen...] [Ausrichtung...] *[Zentriert über Markierung] [OK]*	{ „Wert für c_B" wird über den Zellen Z2S4 und Z2S5 zentriert }
[Z1S1:Z7S5]	{ Die gesamte Tabelle wird markiert }
[Format] [Zellen...] [Rahmen...] *[Gesamt] [OK]*	{ Die gesamte Tabelle wird mit einem Rahmen versehen }
[Z2S1:Z2S5] [Format] [Zellen...] [Rahmen...] [Unten] [OK]	{ Linie unten }
[Z2S1:Z7S4] [Format] [Zellen...] [Rahmen...] [Rechts] [OK]	{ Linie rechts }

Nun müssen die Spaltenbreiten und Zeilenhöhen noch optimiert bzw. „per Hand" den eigenen Vorstellungen angepaßt werden, bes. in den Spalten, in denen mit einem Zeilenumbruch gearbeitet wurde.

☞ *Hinweis: Zeilenumbruch*

Ein vom Benutzer definierter Zeilenumbruch im Dialogfeld *[Format] [Zellen...] [Ausrichtung...] [Zeilenumbruch]* wird nur dann durch EXCEL ausgeführt, wenn er auch nötig, bzw. möglich ist. Solange die Spalte für einen Umbruch zu breit ist, erfolgt dieser nicht. Dann ist die Spaltenbreite zu verringern.

	1	2	3	4	5
1		Betriebsfaktor c_B			
2	Art der Maschine bzw. des Bauteils	Kennzeichnung der Arbeitsweise	Art der Stöße	Wert für c_B	
3				von	bis
4	Elektrische Maschinen, Turbinen, Gebläse, Schleifmaschinen	gleichförmig umlaufende Bewegungen	leicht	1,0	1,1
5	Brennkraftmaschinen, Kolbenverdichter, Hobelmaschinen, Stoßmaschinen	hin- und hergehende Bewegungen	mittel	1,2	1,5
6	Pressen, Profilscheren, Sägegatter	hin- und hergehende, stoßhafte Bewegungen	stark	1,6	2,0
7	Hämmer, Steinbrecher, Walzenständer	schlagartige Bewegungen	sehr stark	2,0	3,0

Bild 1-47: Betriebsfaktor c_B

■ Beispiel 1-14: Tabelle mit optimierten Spaltenbreiten und optimierten Zeilenhöhen

Die Spaltenbreiten und Zeilenhöhen aus Beispiel 1-13 sind zu optimieren.

[Z1S1:Z7S5] { Die gesamte Tabelle wird markiert }
[Format] [Spalte...] [Optimale Breite] [OK] { Optimale Spaltenbreite }
[Format] [Zeile...] [Optimale Höhe] [OK] { Optimale Zeilenhöhe }

	1	2	3	4	5
1	Betriebsfaktor c_B				
2	Art der Maschine bzw. des Bauteils	Kennzeichnung der Arbeitsweise	Art der Stöße	Wert für c_B	
3				von	bis
4	Elektrische Maschinen, Turbinen, Gebläse, Schleifmaschinen	gleichförmig umlaufende Bewegungen	leicht	1,0	1,1
5	Brennkraftmaschinen, Kolbenverdichter, Hobelmaschinen, Stoßmaschinen	hin- und hergehende Bewegungen	mittel	1,2	1,5
6	Pressen, Profilscheren, Sägegatter	hin- und hergehende, stoßhafte Bewegungen	stark	1,6	2,0
7	Hämmer, Steinbrecher, Walzenständer	schlagartige Bewegungen	sehr stark	2,0	3,0

Bild 1-48: Tabelle mit optimierter Spaltenbreite und optimierter Zeilenhöhe

♦ Aufgabe 1-6: Tabelle für Werkstoff-Paarungsbeiwert

Für den Werkstoff-Paarungsbeiwert q_3 für Z_A-, Z_N, Z_K-, und Z_I-Schnecken ist für die Tabelle TB 15-43 aus [2] ein entsprechendes Arbeitsblatt zu erstellen und unter dem Namen WPWertq3.XLW abzuspeichern.

Neben Labels und Zahlen können in den Zellen einer Tabelle Formeln stehen. Diese dienen zur Berechnung von Werten und werden in Abhängigkeit von der festgelegten Art der Neuberechnung automatisch oder manuell aktualisiert.

Eine Formel kann aus Zahlen, Zelladressen und Funktionen bestehen, die durch mathematische Operatoren miteinander verknüpft werden. Hierfür stehen folgende arithmetische Operatoren zur Verfügung:

- ^ für Potenzierung,
- \+ und - als positives bzw. negatives Vorzeichen,
- * und / für Multiplikation bzw. Division und
- \+ und - für Addition bzw. Subtraktion.

Die vorgenannten Operatoren sind nach fallender Priorität angegeben. Die Abarbeitung einer Formel erfolgt in Abhängigkeit der Priorität der jeweiligen Operatoren. Kommen Operatoren mit gleicher Priorität in einer Formel vor, so werden sie von links nach rechts abgearbeitet.

■ Beispiel 1-15: Eingabe einfacher Formeln

Die zu dem Entwurf aus Beispiel 1-12 gehörende Tabelle zur Berechnung eines Zylinders soll eingegeben und unter Zylinder gespeichert werden.

	A	B	C	D	E	F	G	H
1	Zylinderberechnung							
2	Gegebene Werte				Ermittelte Werte			
3	Größe	Formelzeichen	Wert	Einheit	Größe	Formelzeichen	Wert	Einheit
4	Radius	r	20	mm	Volumen	V	628,32	mm^{-3}
5	Länge	l	10	mm				
6	Dichte	ρ	50	$kg(dm)^{-3}$	Masse	m	0,0314	kg

Bild 1-49: Eingabe einfacher Formeln

Man kann hier wie folgt vorgehen:

- Eingabe der Labels in die Zellen A1, A2, E2, A3 bis H4, A5 bis D5 und A6 bis H6
- Formatierung der Zellen
  - Wahl der Schriftgröße für A1 bis E2 bzw. A3 bis H6 (Format, Zellen, Schriftart)
  - Zentrierung über mehrere Zellen A1, A2 und E2 (Format, Zellen, Ausrichtung, zentriert über Markierung)
  - Einfügen von Zeilenumbrüchen für A3 bis H3 (Format, Zellen, Ausrichtung, Zeilenumbruch)
  - horizontale Zentrierung von A3 bis H3 (Format, Zellen, Ausrichtung, Horizontale Zentrierung)
  - Schriftart für „s“ (B6) in „Symbol“ „σ“ ändern (Format, Zellen, Schriftart)
  - Hochstellen der Exponenten in C4, G4 und H4 (Format, Zellen, Schriftart)
  - vertikale Zentrierung von A1 bis H6 (Format, Zellen, Ausrichtung, Vertikal, Mitte)
  - Optimierung der Spaltenbreiten
  - Rahmen und Linien (Format, Zellen, Rahmen)
  - Zellschutz aufheben für C4 bis C6

- Eingabe der Formel für das Volumen und die Masse in die Zellen G4 und G6
- Abspeichern der Tabelle unter dem Namen c:\zylinder.xlw"
- Durchführen von Wellenberechnungen durch die Eingabe spezieller Werte für den Radius, die Länge und die Dichte in die jeweiligen Zellen

Im folgenden sollen hier nur die die Formeleingabe betreffenden Schritte angegeben werden:

[G4] **=PI()*C5*C4 <↵>**	{ Eingabe der Formel für das Volumen }
[G6] **=C6*G4*10^-6 <↵>**	{ Eingabe der Formel für die Masse }

oder

[G4] **=PI()*** *[C5]* ***** *[C4]* **<↵>**	{ Eingabe der Formel für das Volumen }
[G6] **=** *[C6]* ***** *[G4]* ***10^-6 <↵>**	{ Eingabe der Formel für die Masse }

☞ *Hinweis: Neuberechnen einer Tabelle*

Standardmäßig erfolgt nach dem Ändern des Inhalts einer Zelle automatisch die Neuberechnung aller Zellen, die Formeln enthalten. Mit Hilfe des Dialogfeldes *[Berechnen]* im Menü *[Extras] [Optionen...]* können hierfür spezielle Vereinbarungen getroffen werden.

Bei der im vorausgegangenen Beispiel erfolgten Angabe der Zelladressen in den Formeln spricht man von einer relativen Zelladressierung. Hierbei wird eine in einer Formel angegebene Zelladresse stets in bezug auf die Adresse der Formelzelle betrachtet. Dies soll an einem kleinen Beispiel veranschaulicht werden:

Zelle E2 mit Formel: =C2*D2

Mit dieser Formel wird die Bildung des Produkts aus den Inhalten der beiden links von E2 stehenden Zellen und die Übernahme des Ergebnisses in Zelle E2 realisiert.

In der Z1S1-Schreibweise würde das so aussehen:

Zelle Z2S5 mit Formel: =ZS(-2)*ZS(-1)

Beim Kopieren der Formel von Zelle E2 in eine andere Zelle erfolgt bei einer relativen Zelladressierung eine automatische Anpassung der Formel an die Adresse der neuen Formelzelle. Es würden sich z.B. folgende neue Formeln ergeben:

=E2*F2 beim Kopieren nach Zelle G2
=C4*D4 beim Kopieren nach Zelle E4

Sollen nach dem Kopieren einer Formelzelle in dieser die gleichen Zelladdressen wie vorher stehen, so sind diese durch eine absolute Zelladressierung anzugeben. Hierbei werden die Spalte und Zeile durch vorangestellte Dollarzeichen gekennzeichnet, bzw. es werden die Klammern weggelassen. Bezogen auf das obige Beispiel würde nach dem Kopieren der

Zelle E2 mit der Formel: =$C$2*$D$2

in den Zellen G2 und E4 die Formel: =$C$2*$D$2 stehen.

Neben der relativen und absoluten Zelladressierung sind auch gemischte Zelladressierungen möglich, d.h. die Angabe der Spalte erfolgt relativ und die der Zeile absolut bzw. entsprechend umgekehrt. Analog der oben beschriebenen Vorgehensweise erfolgt das Kopieren einer Formelzelle in bezug auf die jeweils gewählte Zelladressierung. Welche Art der Zelladressierung zu wählen ist, hängt von der jeweiligen Aufgabenstellung ab.

Für die Formulierung von Formeln stehen in EXCEL eine Reihe von Funktionen zur Verfügung, mit denen Standardberechnungen durchgeführt werden können. Der Aufruf einer Funktion erfolgt mit:

=Funktionsname(Argument), z.B.

=SIN(0,5)
=MIN(Z1S1:Z5S6;Z9S2)
=WENN(ISTFEHLER(ZS(-1));MIN(Z2S3:Z12S7);MAX(Z22S22:Z100S50))

und bewirkt die Ermittlung eines Wertes und dessen Übergabe an die jeweilige Zelle bzw. Formel, in der die Funktion vorkommt.

Man unterscheidet hierbei folgende Arten von Funktionen:

- mathematische Funktionen, z.B. EXP(), LN(), SIN() und TAN()
- statistische Funktionen, z.B. MIN(), MAX() und ANZAHL()
- logische Funktionen, z.B. WENN(), ODER() und UND()
- Finanzfunktionen, z.B. GDA(), ZINS() und ZW()
- Datenbankfunktionen, z.B. DBMIN(), DBMAX() und DBANZAHL()
- Kalenderfunktionen (Datum & Zeit), z.B. HEUTE(), MONAT() und JETZT()
- Textfunktionen, z.B. FEST(), FINDEN() und TEXT()
- Matrixfunktionen, z.B. INDEX(), SPALTE() und SVERWEIS()
- informatorische Funktionen, z.B. ISTFEHLER(), ISTLEER() und ISTKTEXT()

Eine Formel kann auf dreierlei Weisen eingefügt werden:

- Die Formel wird vollständig mit der Tastatur geschrieben,
- die Formel wird teils mit der Tastatur, teils mit Mausklicken erstellt, oder
- die Formel wird mit Hilfe des Funktionsassistenten in zwei Schritten eingefügt.

Der Funktionsassistent wird im Menü *[Einfügen] [Funktion...]* aktiviert.

Im ersten Schritt des Funktionsassistenten (Bild 1-50) wird die Funktion selbst gewählt.

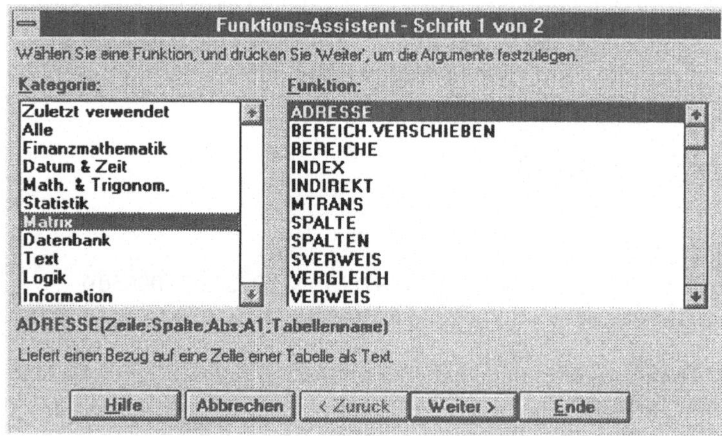

Bild 1-50: Der Funktionsassistent, Schritt 1 von 2

Durch einen Klick in das Funktionsfenster und die Eingabe des ersten Buchstabens der einzugebenden Funktion wird die erste Funktion, die mit diesem Buchstaben beginnt, angesprungen (also „s“ für „sinus“). Das beschleunigt den Aufruf.

Eine vollständige Zusammenstellung aller verfügbaren Funktionen ist im Anhang B angegeben. Hier soll im weiteren die Anwendung solcher Funktionen exemplarisch an Beispielen behandelt werden.

Im zweiten Schritt (Bild 1-51), der durch die Option *[Weiter]* im ersten Schritt aufgerufen wird, stehen je nach gewählter Funktion verschiedene Optionen zur Verfügung:

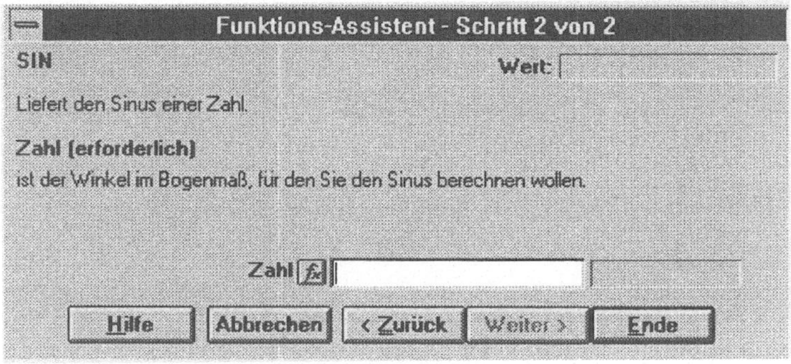

Bild 1-51: Der Funktionsassistent, Schritt 2 von 2

■ Beispiel 1-16: Anwendung der Quadratwurzel-Funktion

Für das Lösen einer quadratischen Gleichung:

$$x^2 = px + q = 0$$

soll eine EXCEL-Tabelle entwickelt werden.

Allgemein ergeben sich die reellen Lösungen x_1 und x_2 wie folgt:

$$x_{1/2} = -\frac{p}{2} \pm \sqrt{D} \quad \text{mit} \quad D = \frac{p^2}{4} - q .$$

und zwar für nichtnegative Werte der sogenannten Diskriminante D.

Die entsprechende EXCEL-Tabelle könnte so aussehen:

	1	2	3	4	5	6	7
1			Lösen einer quadratischen Gleichung				
2							
3							
4	x^2 +	4	* x +	3	= 0	1. reelle Lösung =	-1,00
5							
6	Diskriminante =		1,00			2. reelle Lösung =	-3,00
7							
8	Die 1. reelle Lösung= -1						
9	Die 2. reelle Lösung= -3						
10							

Bild 1-52: Quadratische Gleichung

Labels in Z4S1 bis Z4S5 eingeben **Labels in Z4S6 und Z6S6 einheben** **Label in Z6S1 eingeben**	{ Eingabe der Formel für die quadratische Gleichung }
[Z6S4] **=Z(-2)S(-2)^2/4-Z(-2)S <↵>**	{ Eingabe der Formel für die Diskriminante }
[Z4S7] **=-ZS(-5)/2+WURZEL(Z(2)S(-3)) <↵>**	{ Eingabe der Formel für die erste reelle Lösung }
[Z6S7] **=-Z(-2)S(-5)/2-WURZEL(ZS(-3)) <↵>**	{ Eingabe der Formel für die zweite reelle Lösung }
[Z8S1] **="Die 1. reelle Lösung= " & Z(-4)S(6) <↵>**	{ Erste reelle Lösung als Label-Formel-Kombination }
[Z9S1] **="Die 2. reelle Lösung= " & Z(-3)S(6) <↵>**	{ Zweite reelle Lösung als Label Formel-Kombination }

☞ *Hinweis: Die Verbindung von Labels und Formeln mit dem kaufmännischen UND (&)*

Mit dem kaufmännischen UND (&) können Inhalte verschiedener Zellen sowie beliebige Labels miteinander verbunden werden (siehe die letzten beiden Schritte in Beispiel 1-16). Von EXCEL darzustellende Labels sind dabei in Anführungsstriche zu setzen, Zellinhalte nicht. Beispielsweise steht in Z1S3 des Bildes 1-53 die Formel

="Sein Name ist " & ZS(-2) & " " & ZS(-1) & "."

Z1S3 | ="Sein Name ist " & ZS(-2) &" " & ZS(-1) &"."

	1	2	3	4
1	Helmut	Müller	Sein Name ist Helmut Müller.	

Bild 1-53: Die Verknüpfung verschiedener Zellinhalte

Für Werte von p und q, die nicht zu reellen Lösungen der quadratischen Gleichung führen, sind in der Tabelle im Bild 1-52 keine speziellen Absicherungen getroffen. Diese Werte führen zu einem negativen Wert für die Diskriminante D, d.h., die Quadratwurzel von D kann nicht gebildet werden. In einem solchen Fall wird diesem Wurzelwert die Fehlergröße #ZAHL zugewiesen. Man vergleiche dazu Bild 1-54. Die Fehlermeldung könnte durch eine WENN-Abfrage, z.B. in Z8S1 (Bild 1-52), verhindert werden:

```
=WENN(Z(-2)S(3)<0;"Keine 1. reelle Lösung";"Die 1. reelle Lösung= " &Z(-4)S(6))
```

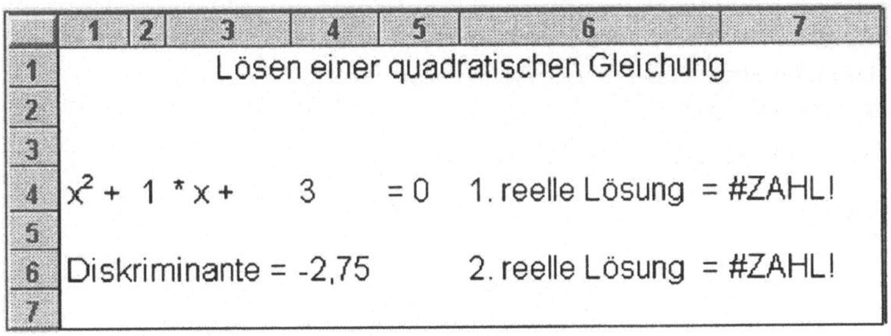

	1	2	3	4	5	6	7
1	Lösen einer quadratischen Gleichung						
2							
3							
4	x^2 +	1	* x +	3	= 0	1. reelle Lösung =	#ZAHL!
5							
6	Diskriminante =		-2,75			2. reelle Lösung =	#ZAHL!
7							

Bild 1-54: Quadratische Gleichung mit Fehlermeldung

☞ *Hinweis: Nicht ausführbare Formeln*

Obwohl eine Formel mathematisch richtig formuliert ist, kann es aufgrund der zu verarbeitenden Werte zu Fehlern kommen, wie z.B. zu einer Division durch Null oder zum Ziehen der Quadratwurzel aus einer negativen Zahl. Ein solcher Fehler wird von EXCEL mit einer entsprechenden Meldung ausgewiesen, sichtbar gemacht. Dies gilt für alle sich daraus ergebenden Folgefehler.

Fehlerwert	**Bedeutung**
#BEZUG!	Die Formel bezieht sich auf eine unzulässige Zelle.
#DIV/0!	In einer Formel wurde eine Division durch Null versucht.
#NAME?	Microsoft Excel erkennt einen Namen nicht, der in einer Formel verwendet wird.
#NULL!	Sie haben eine Schnittmenge von zwei Bereichen angegeben, die sich nicht überschneiden.
#NV	Es ist kein Wert verfügbar. Normalerweise geben Sie diesen Wert direkt in solche Zellen ein, die am Ende Daten enthalten werden, die im Moment noch nicht verfügbar sind. Formeln, die auf diese Zellen verweisen, berechnen dann keinen Wert, sondern geben #NV zurück.
#WERT!	Der Typ eines Arguments oder Operanden ist falsch.
#ZAHL!	Es besteht ein Problem mit einer Zahl.

■ Beispiel 1-17: Arbeiten mit Winkelfunktionen

Für die Aufgabe 511 aus [6] ergibt sich für die maximale Beschleunigung a beim Anfahren mit einem Motorrad an einem Steilhang die Beziehung:

$$a = g\cdot(\frac{l}{h}\cdot\cos\alpha - \sin\alpha)\ in\ \frac{m}{s^2}$$

Dabei ist:

h = Höhe des gemeinsamen Schwerpunktes von Fahrer und Maschine über der Fahrbahn in m
l = Abstand des Schwerpunktes von der Achse des Motorrads in m
a = Steigungswinkel in Grad
g = Erdbeschleunigung in m/s^2

Bild 1-55: Motorrad

	1	2	3
1	Anfahren mit einem Motorrad an einem Steilhang ohne Aufbäumen		
2	Lage des gemeinsamen Schwerpunkts S von Fahrer und Maschine		
3	Höhe von S über der Fahrbahn	0,5	in m
4	Abstand von S zum Hinterrad	0,7	in m
5	Steigungs-winkel	35	in Grad
6	**Maximale Beschleuni-gung**	**5,62**	**in m/s^2**

Bild 1-56: Anfahren mit einem Motorrad

Die Berechnung kann mit der Tabelle nach Bild 1-56 durchgeführt werden:

Nach dem Festlegen globaler und lokaler Arbeitsblatt-Einstellungen und der Eingabe der Labels kann die Eingabe der Formeln für die maximale Beschleunigung in der Zelle Z6S2 wie folgt vorgenommen werden:

[Z6S2] { Formeleingabe }
=9,81*(Z4S2/Z3S2*COS(Z5S2*PI()/180)-SIN(Z5S2*PI()/180)) <↵>

Anschließend erfolgen die Zellformatierung, eventuell der Zellschutz und das Speichern.

Bei diesem Beispiel erfolgte die Darstellung der Formeln mit einer absoluten Zelladressierung, und es wurden folgende Funktionen benutzt:

- SIN() für Sinusfunktion
- COS() für Cosinusfunktion
- PI() für die Kreiszahl π

☞ *Hinweis: Argumente einer Winkelfunktion*

Die Argumente für die Winkelfunktionen COS, SIN und TAN sind im Bogenmaß einzugeben. Entsprechend liefern die Umkehrfunktionen ARCCOS, ARCSIN, ARCTAN und ARCTAN2 als Ergebnisse Winkel im Bogenmaß.

♦ Aufgabe 1-7: Schiefe Ebene

Mit Hilfe einer Seilwinde soll ein Bauteil mit einer Gewichtskraft G=6,5kN auf einer unter einem Winkel $\alpha=19^\circ$ zur Waagerechten geneigten Ebene heraufgezogen werden. Die Reibzahlen betragen $\mu_0=0,2$ und $\mu=0,1$. Zu ermitteln sind die erforderlichen Zugkräfte:

- F_A in kN für das Anziehen aus der Ruhe,
- F_G in kN für das Hinaufgleiten und
- F_H in kN für das Anhalten beim Abwärtsgleiten

Unter der Annahme, daß das Seil beim Ziehen parallel zur Gleitebene ist, gelten hierfür folgende Beziehungen:

- $F_A = G(\sin\alpha + \mu_0 \cdot \cos\alpha)$
- $F_G = G(\sin\alpha + \mu \cdot \cos\alpha)$
- $F_H = G(\sin\alpha - \mu \cdot \cos\alpha)$

Man erstelle ein geeignetes Arbeitsblatt und speichere es unter dem Namen SeilZug.

Summenfunktion SUMME(): Bilden einer Summe

Die Summenfunktion SUMME() gehört zu den sogenannten statistischen Funktionen und bewirkt die Bildung einer Summe beliebiger Größen. Sie wird allgemein aufgerufen mit:

SUMME(Liste von Zahlen, Zelladressen und Bereichen)

Zellen innerhalb eines Bereiches sind durch einen Doppelpunkt zu trennen, mehrere Bereiche werden durch ein Semikolon getrennt.

Beispielsweise bewirkt der Aufruf:

=SUMME(100;A2:A4;B3;C2:C4)

die Bildung der Summe:

100+Summe der Werte aus A2, A3, A4, B3, C2, C3 und C4.

■ Beispiel 1-18: Ermitteln von Summen

Eine Paßschraube setzt sich aus mehreren Einzelelementen mit unterschiedlichen Durchmessern und Längen zusammen. Beispielsweise kann eine solche Paßschraube wie folgt aussehen:

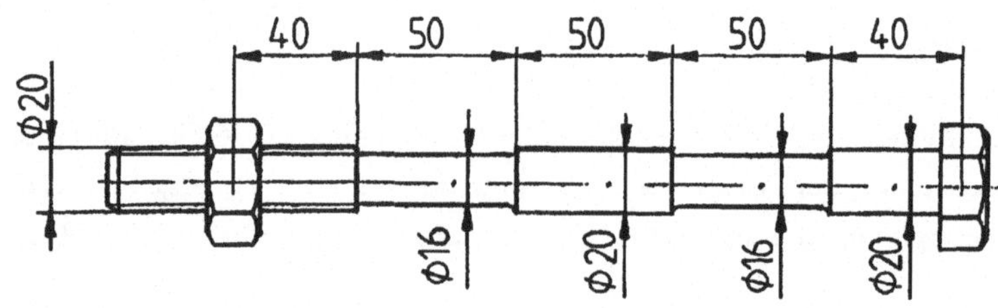

Bild 1-57: Paßschraube

Die Federsteifigkeit C_S in N/mm dieser Schraube kann berechnet werden nach der Beziehung:

$$C_S = \frac{E_S}{S}$$

mit $$S = \sum_{i=1}^{n} \frac{l_i}{A_i}$$

und $$A_i = \frac{\pi \cdot d_i^2}{4}$$

Dabei gilt:

E_S = E-Modul in N/mm^2

d_i = Durchmesser in mm des i-ten Elements

l_i = Länge in mm des i-ten Elementes

A_i = Spannungsquerschnitt in mm^2 des i-ten Elements

Die Berechnung von c_s für die vorgegebene Paßschraube oder von Paßschrauben mit der gleichen Anzahl von Einzelelementen kann mit der Tabelle von Bild 1-58 durchgeführt werden.

	A	B	C	D
1	**Federsteifigkeit einer Paßschraube**			
2	Durch-messer	Länge	Spannungs-querschnitt	Zwischenwert Länge/Querschnitt
3	mm	mm	mm²	1/mm
4	20,0	40,0	314,2	0,1
5	16,0	50,0	201,1	0,2
6	20,0	50,0	314,2	0,2
7	16,0	50,0	201,1	0,2
8	20,0	40,0	314,2	0,1
9	Insgesamt			0,9
10	E-Modul	210000	N/mm²	
11	Ermittelte Federsteife	230474,92	N/mm	

Bild 1-58: Federsteifigkeit einer Paßschraube

Die Eingabe der Formeln für die Berechnung der Spannungsquerschnitte, der Zwischenwerte, der Summe dieser Zwischenwerte und der Federsteife erfolgt hier - mit den bisher behandelten Vorgehensweisen noch relativ umständlich - in der Form:

[C4] =PI()*A4^2/4 <↵> { Eingabe der Formel für den Spannungsquerschnitt in C4 bis C8 }
[C5] =PI()*A5^2/4 <↵>
[C6] =PI()*A6^2/4 <↵>
[C7] =PI()*A7^2/4 <↵>
[C8] =PI()*A8^2/4 <↵>
[D4] =B4/C4 <↵> { Eingabe der Formel für den Zwischenwert in D4 bis D8 }
[D5] =B5/C5 <↵>
[D6] =B6/C6 <↵>
[D7] =B7/C7 <↵>
[D8] =B8/C8 <↵>
[D9] =SUMME(D4:D8) <↵> { Eingabe der Formel für den Zwischenwert }
[B11] =B10/D9 <↵> { Eingabe der Formel für die Federsteifigkeit }

Hinweis: Vorteile einer relativen Zelladressierung

Die beim obigen Beispiel festgelegten Formeln mit relativen Adressen ermöglichen es, daß die erstellte Tabelle auch auf Paßschrauben mit einer beliebigen Anzahl von Einzelelementen angewandt werden kann. Man hat nur im Bereich der Zeilen 8 bis 12 Zeilen zu löschen oder weitere Zeilen einzuschieben.

Die im Hinweis angesprochene Möglichkeit der Änderung einer Tabelle wird im nächsten Abschnitt ausführlicher behandelt.

Kopieren und Einfügen von Zellinhalten

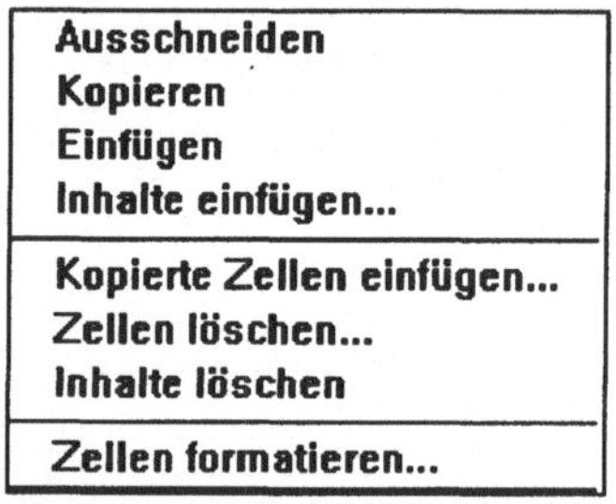

Ausschneiden
Kopieren
Einfügen
Inhalte einfügen...
Kopierte Zellen einfügen...
Zellen löschen...
Inhalte löschen
Zellen formatieren...

Bild 1-59: Das Menü *[Bearbeiten]*

Eine Vereinfachung beim Erstellen einer Tabelle ergibt sich durch das Kopieren in die Zwischenablage und das Einfügen aus derselben. Man kann beispielsweise durch das Kopieren einer Formel in andere Zellen die mehrfache Eingabe dieser Formel - wie im Beispiel 1-18 erfolgt - vermeiden.

Beim Einfügen ist grundsätzlich zwischen einem einmaligen und mehrmaligen Einfügen zu unterscheiden. Einmaliges Einfügen geschieht durch Aktivierung der Zielzelle und der Betätigung der Return-Taste. Soll ein Zellinhalt mehrfach eingefügt werden, ist im Menü *[Bearbeiten]* der Befehl *[Einfügen]* zu wählen.

Sollen nur Teile eines Zellinhaltes eingefügt werden, ist entweder im Menü *[Bearbeiten]* die Option *[Inhalte einfügen...]* zu wählen, oder es ist mit der rechten Maustaste der gleiche Befehl zu aktivieren. In jedem Fall erscheint das in Bild 1-60 dargestellte Dialogfeld:

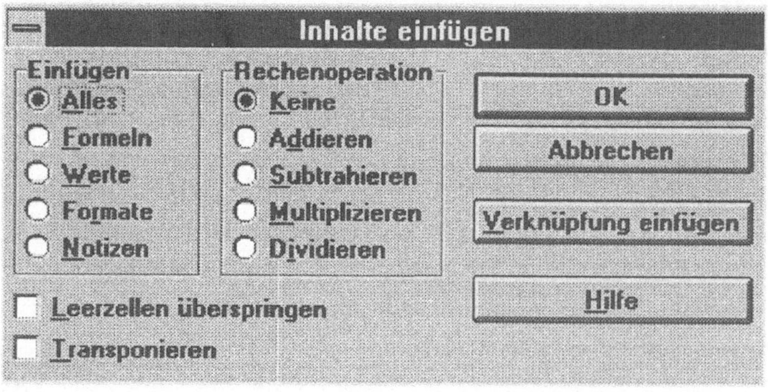

Inhalte einfügen
Einfügen: Alles, Formeln, Werte, Formate, Notizen
Rechenoperation: Keine, Addieren, Subtrahieren, Multiplizieren, Dividieren
OK
Abbrechen
Verknüpfung einfügen
Hilfe
Leerzellen überspringen
Transponieren

Bild 1-60: Das Dialogfeld *[Bearbeiten] [Inhalte einfügen...]*

- Hier kann man entweder *[Alles]* **oder** nur die *[Formeln]* **oder** nur die *[Werte]* (also die Ergebnisse von Formeln) **oder** nur die *[Formate]* **oder** nur die *[Notizen]* einfügen.
- Der einzufügende Wert kann einfach eingefügt werden (***keine*** Rechenoperation), dabei wird der ursprüngliche Zellinhalt überschrieben, er kann zum bereits vorhandenen Inhalt ***addiert***, ***subtrahiert*** oder mit diesem ***multipliziert*** werden, oder die Formeln im Einfügebereich können durch die kopierten Werte ***dividiert*** werden.
- Die Option *[Leerzellen überspringen]* verhindert das Einfügen leerer Zellen aus dem Kopierbereich in den Einfügebereich. Durch das Kopieren einer leeren Zelle werden daher keine bestehenden Daten in der entsprechenden Zelle des Einfügebereiches gelöscht.
- *[Transponieren]* bewirkt ein Vertauschen von Zeilen und Spalten, was bei der Arbeit mit Datenbanken häufig eine wichtige Rolle spielt.

■ Beispiel 1-19: Kopieren von Formeln

Die Eingabe der Formeln für die Tabelle aus Beispiel 1-18 zur Berechnung der Federsteifigkeit einer Paßschraube soll unter Anwendung der Befehle *[Bearbeiten] [Kopieren]* und *[Bearbeiten] [Einfügen]* vereinfacht ausgeführt werden.

```
[C4] =PI()*A4^2/4 <↵>                    { Formel für den Spannungsquerschnitt }
[Bearbeiten] [Kopieren]                          { Kopie in die Zwischenablage }
[C5:C8] [Bearbeiten] [Einfügen]                   { In den Zielbereich einfügen }
[D4] =B4/C4 <↵>                               { Formel für den Zwischenwert }
[Bearbeiten] [Kopieren]                          { Kopie in die Zwischenablage }
[D5:D8] [Bearbeiten] [Einfügen]                   { In den Zielbereich einfügen }
[D9] =SUMME(D4:D8) <↵>                              { Eingabe der Formel für
                                               die Summe der Zwischenwerte }
[B11] =B10/D9 <↵>                           { Formel für die Federsteifigkeit }
```

♦ Aufgabe 1-8: Schwerpunkt einer zusammengesetzten Fläche

Eine aus zwei Rechtecken zusammengesetzte Fläche ist entsprechend Bild 1-61 gegeben:

Unter Anwendung des Momentensatzes für Flächen lassen sich zur Ermittlung der Koordinaten x_S und y_S der Gesamtfläche folgende Beziehungen herleiten:

$$x_s = \frac{A_1 x_1 + A_2 x_2}{A_1 + A_2} \quad \text{und} \quad y_s = \frac{A_1 y_1 + A_2 y_2}{A_1 + A_2}$$

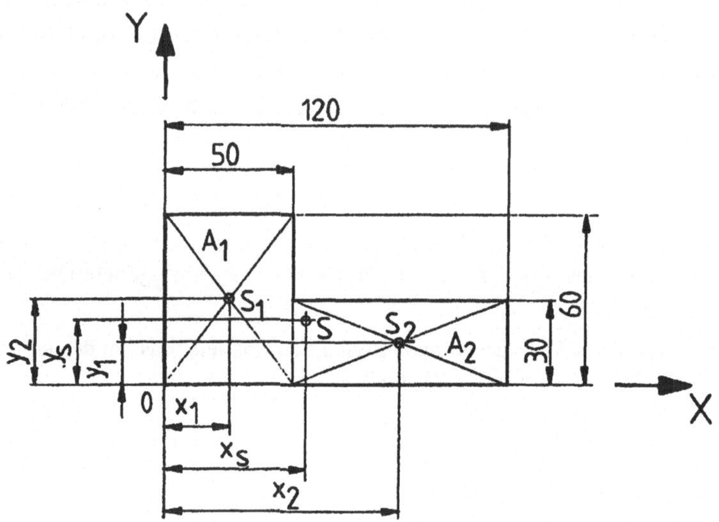

Bild 1-61: Zusammengesetzte Fläche

Dabei sind A_1 und A_2 die Flächeninhalte und $S_1(x_1,y_1)$ bzw. $S_2(x_2,y_2)$ die Schwerpunkte der Teilflächen mit ihren auf den Momentenbezugspunkt 0 bezogenen Koordinaten. Es ist eine geeignete EXCEL-Tabelle zu entwickeln und unter dem Namen FlSchPkt abzuspeichern.

Vielfach sind bei Berechnungen bestimmte Vorgaben zu beachten, welche Formeln zur Durchführung herangezogen werden können. Beispielsweise hat man bei Knickungsaufgaben zunächst den vorhandenen Schlankheitsgrad λ mit dem Grenzschlankheitsgrad λ_0 zu vergleichen und dann zu entscheiden, ob die Rechnung nach dem Euler-Fall für elastische Knickung oder nach den Tetmajer-Formeln für unelastische Knickung erfolgen soll. Die Zuweisung von Zellinhalten in Abhängigkeit von einer Bedingung kann mit Hilfe der logischen Funktion WENN realisiert werden.

Die Funktion WENN: Wahlweise Zuweisung von Zellinhalten

Der Aufruf dieser Funktion erfolgt mit:

=WENN(Bedingung; Ausdruck1; Ausdruck2)

und bewirkt, daß der jeweiligen Zelle der Wert des Ausdrucks 1 zugewiesen wird, wenn die Bedingung erfüllt, d.h. wahr, ist. Sonst wird der Wert vom Ausdruck 2 der Zelle zugewiesen.

Eine Bedingung wird in der Regel als Vergleich zweier Werte mit Hilfe der logischen Operatoren formuliert. Für Ausdruck1 und Ausdruck2 können Werte, Formeln und Funktionsaufrufe stehen.

WENN-Funktionen können auch verschachtelt werden, siehe folgende Beispiele:

1. =WENN(**ZS(66)=0**;*""*;***+ZS(66)***)

2. =WENN(**ZS(1)<>""**;*Z(-1)S+1*;***""***)

3. =WENN(**'1.HJ Fachkunde'!Z(-3)S(1)=0**;*""*;***'1.HJ Fachkunde'!Z(-3)S(1)***)

4. =WENN(**ISTFEHLER(MITTELWERT(ZS3:ZS8))**;*""*;
MITTELWERT(ZS3:ZS8))

5. =WENN(**ISTFEHLER(SVERWEIS(ZS(-1);Punkte!Z2S1:Z101S2;2))**;
"";***SVERWEIS(ZS(-1);Punkte!Z2S1:Z101S2;2)***)

In den vorgenannten Beispielen sind jeweils

- die **Bedingungen fett**,
- der *Ausdruck 1 kursiv* und
- der ***Ausdruck 2 fett und kursiv*** dargestellt.

Beispiel 1-20: Ermittlung von Werten aufgrund von Bedingungen

Ein Fahrzeug erfährt beim Anfahren aus der Ruhe eine konstante Beschleunigung a in m/s^2. Nach einer Zeit t_a in s wird die Beschleunigung beendet, und das Fahrzeug fährt mit der erreichten Geschwindigkeit konstant weiter. Offensichtlich gelten für die Bewegung des Fahrzeugs in Abhängigkeit von der Zeit t in s folgende Beziehungen:

(1) Anfahren: $0 \le t \le t_a$

$$\ddot{s}(t) = a \ , \ \dot{s}(t) = at \ , \ s(t) = \frac{a}{2}r^2$$

(2) Konstante Fahrt: $t > t_a$

$$\ddot{s}(t) = 0 \ , \ \dot{s}(t) = v_0 \ , \ s(t) = s_0 + v_0(t - t_a) \quad \text{mit} \quad v_0 = a\,t_a \ \text{und} \ s_0 = \frac{a}{2}t_a^2$$

Die Berechnung der Werte für den zurückgelegten Weg, die Geschwindigkeit und die Beschleunigung zu einem beliebigen Zeitpunkt t hängt vom Wert für t ab und ist in der folgenden Tabelle entsprechend zu berücksichtigen.

	1	2	3	4
1	Bewegung eines Fahrzeugs			
2	Während des Anfahrens			
3	Zeitdauer für das Anfahren	t	in s	20
4	Konstante Beschleunigung	a	in m/s^2	1,5
5	Nach Beendigung des Anfahrens			
6	Zurückgelegter Weg	s	in m	300
7	Geschwindigkeit	v	in m/s	30
8	Geschwindigkeit	v	in km/h	108
9	Beschleunigung	a	in m/s^2	0
10	Nach beliebiger Zeit	t	in s	50
11	Zurückgelegter Weg	s	in m	1200
12	Geschwindigkeit	v	in m/s	30
13	Geschwindigkeit	v	in km/h	108
14	Beschleunigung	a	in m/s^2	0

Bild 1-62: Bewegung eines Fahrzeuges

Die Eingabe der Berechnungsformeln, die vom jeweiligem Wert für die Zeit abhängen, erfolgt mit:

[Z11S4] { Zurückgelegter Weg nach einer beliebigen Zeit }
=WENN(Z(-1)S<=Z(-8)S;Z(-7)S/2*Z(-1)S^2;Z(-5)S+Z(-4)S*(Z(-1)S-Z(-8)S)) <↵>

[Z12S4] { Geschwindigkeit in m/s nach einer beliebigen Zeit }
=WENN(Z(-2)S<=Z(-9)S;Z(-8)S*Z(-2)S;Z(-5)S) <↵>

[Z14S4] { Beschleunigung in m/s^2 nach einer beliebigen Zeit }
=WENN(Z(-4)S<=Z(-11)S;Z(-10)S;0) <↵>

♦ Aufgabe 1-9: Erhöhen der Geschwindigkeit

Ein Fahrzeug fährt mit einer konstanten Geschwindigkeit v_0 in km/h. Die Geschwindigkeit soll durch eine konstante Beschleunigung a in m/s^2 auf eine Geschwindigkeit v_1 in km/h erhöht werden. Man entwickle analog zum vorausgegangenen Beispiel eine Tabelle und speichere sie unter dem Namen Fahren2 ab.

Beispiel 1-21: Ermittlung von Werten mit geschachtelten Bedingungen

Für das Fahren eines U-Bahn-Zuges zwischen zwei Haltestellen wird vereinfacht angenommen:

1) Anfahren aus der Ruhe mit einer konstanten Beschleunigung a in m/s^2 bis zu einer Höchstgeschwindigkeit v in m/s,
2) Fahren mit der Höchstgeschwindigkeit v in m/s für eine Zeitdauer in s,
3) Abbremsen mit einer konstanten Bremsverzögerung a in m/s^2 bis zum Halt.

Für die Bewegung des Zuges gilt das folgende v-t-Diagramm:

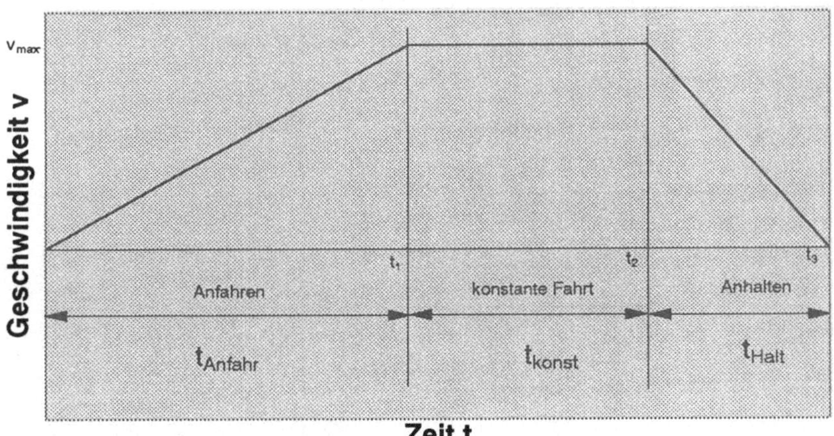

Bild 1-63: Fahrt einer U-Bahn

und für die einzelnen Bereiche:

1) Anfahren für $0 \le t \le t_1$

$$\ddot{s}(t) = a_{Anfahr}\ ,\ \dot{s}(t) = a_{Anfahr} \cdot t\ ,\ s(t) = \frac{a_{Anfahr}}{2} t^2$$

2) Konstante Fahrt für $t_1 \le t \le t_2$

$$\ddot{s}(t) = 0\ ,\ \dot{s}(t) = v_{max}\ ,\ s(t) = s(t_1) + v_{max} \cdot (t - t_1)$$

3) Anhalten für $t_2 \leq t \leq t_3$

$$\ddot{s}(t) = -a_{Halt} \;,\quad \dot{s}(t) = v_{\max} - a_{Halt} \cdot (t - t_2) \quad \textit{und}$$

$$s(t) = s(t_2) + v_{\max} \cdot (t - t_2) - \frac{a_{Halt}}{2} \cdot (t - t_2)^2$$

In Bild 1-64 ist die Umsetzung dieser Beziehungen in eine Tabelle mit entsprechend verschachtelten Aufrufen der WENN-Funktion erfolgt. Bei Eingabe einer Zeit, die außerhalb des ermittelten Zeitbereichs liegt, werden die Werte für den Weg und die Geschwindigkeit auf Null gesetzt.

	1	2	3	4	5
1	Simulation des Fahrens eines U-Bahn-Zuges				
2	Gegebene Werte				
3	Anfahr-Beschleunigung	m/s²	1,5		
4	Höchstgeschwindigkeit	m/s	30		
5	Zeitdauer für konstante Fahrt	s	60		
6	Anhalt-Bremsverzögerung	m/s²	3		
7	Beliebiger Zeitpunkt	s	40		
8	Ermittelte Werte				
9			Anfahren	Konstant	Anhalten
10	Zeitpunkt	s	20	80	90
11	Zurückgelegter Weg	m	300	2100	2250
12	Beliebiger Zeitpunkt				
13	Zurückgelegter Weg	m		900	
14	Geschwindigkeit	m/s		30	
15	Geschwindigkeit	km/h		108	

Bild 1-64: Fahrt eines U-Bahn-Zuges

Die wesentlichen Formeln für dieses Arbeitsblatt stehen in den Zellen Z13S4 und Z14S5 und wurden folgendermaßen eingegeben:

```
[Z13S4]                                              { Zurückgelegten Weg }
=WENN(Z(-6)S(-1)<=Z(-3)S(-1);Z(-10)S(-1)/2*Z(-6)S(-1)^2;
WENN(Z(-6)S(-1)<=Z(-3)S;Z(-2)S(-1)+Z(-9)S(-1)*(Z(-6)S(-1)-Z(-3)S(-1));
WENN(Z(-6)S(-1)<=Z(-3)S(1);Z(-2)S+Z(-9)S(-1)*(Z(-6)S(-1)-Z(-3)S)-Z(-7)S(-1)
/2*(Z(-6)S(-1)-Z(-3)S)^2;0))) <↵>
```

[Z14S4] { Geschwindigkeit in m/s }
=WENN(Z(-7)S(-1)<=Z(-4)S(-1);Z(-11)S(-1)*Z(-7)S(-1);
WENN(Z(-7)S(-1)<=Z(-4)S;Z(-10)S(-1);
WENN(Z(-7)S(-1)<=Z(-4)S(1);Z(-10)S(-1)-Z(-8)S(-1)*(Z(-7)S(-1)-Z(-4)S);0)))
<↵>

◆ Aufgabe 1-10: Simulationsrechnung für eine U-Bahn

Man entwickle eine Tabelle für die Simulation der Fahrt eines U-Bahn-Zuges zwischen zwei Stationen. Folgende Größen sind vorgegeben:

- Anfahrbeschleunigung a_{Anfahr} in m/s
- Anhalt-Bremsverzögerung a_{Anhalt} in m/s^2
- zulässige Höchstgeschwindigkeit v_{max} in km/h
- Abstand d in km der Stationen voneinander

Das Fahren des Zuges könnte beispielsweise im v-s-Diagramm wie im folgenden Bild 1-65 dargestellt werden:

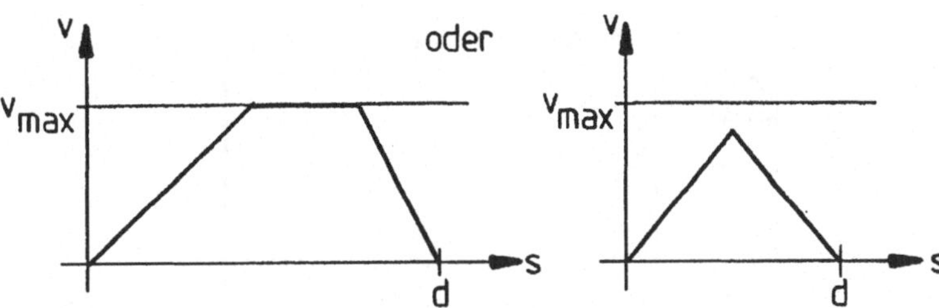

Bild 1-65: v-s-Diagramm

1.3.3 Ändern einer Tabelle

Neben dem bisher besprochenen Ändern einer Tabelle durch Editieren bzw. Überschreiben des Inhalts einer Zelle kann eine bereits existierende Tabelle auf vielfache Art geändert werden.

Wesentliche Möglichkeiten für das Ändern einer Tabelle sind:

- Ergänzen durch zusätzliche Zeilen und Spalten
- Einfügen neuer Zeilen und Spalten

- Löschen von Zeilen und Spalten
- Verschieben von Zellen und Zellbereichen
- zusätzliches Einfügen von Blättern in eine Arbeitsmappe
- Löschen von Blättern in einer Arbeitsmappe
- Verschieben oder Kopieren von Blättern einer Arbeitsmappe in eine andere Arbeitsmappe
- Schützen von Zellen und Zellbereichen
- Vereinbaren von Voreinstellungen

■ Beispiel 1-22: Hinzufügen neuer Zellinhalte

In die Tabelle nach Bild 1-09 sollen die Spalten Preis und Gesamtpreis für den Einzel- bzw. Gesampreis für die einzelnen Positionen der Stückliste eingefügt werden (siehe Bild 1-66). Zunächst sind die leeren Zeilen 2,3 und 5 zu löschen. Zusätzlich ist eine neue Zeile für die Berechnung der gesamten Werkzeugkosten vorzusehen. Dann erfolgt die Formatierung (Rahmen, Schriftart, Zahlenformat, Ausrichtung...).

	1	2	3	4	5	6	7
1	Stückliste für ein Lochwerkzeug						
2	Pos.	Anzahl	Benennung	Werkstoff	DIN-Sach-Nr.	Preis	Gesamtpreis
3	1	1	Grundplatte	ST37-2		59,90	59,90
4	2	1	Schneidplatte	C105W1		163,35	163,35
5	3	1	Führungsplatte	C45		141,57	141,57
6	4	1	Schneidstempel	C105W1		108,90	108,90
7	5	1	Zwischenlage	C45		29,70	29,70
8	6	1	Stempelhalteplatte	C45		87,12	87,12
9	7	1	Kopfplatte	C45		87,12	87,12
10	8	1	Einspannzapfen	ST50-2		81,68	81,68
11	9	2	Zylinderstift		DIN6325-6m6*25	0,58	1,16
12	10	2	Zylinderschraube		DIN912-M6*25	0,81	1,62
13	11	2	Zylinderschraube		DIN912-M5*10	0,81	1,62
14	12	2	Zylinderstift		DIN6325-5m6*15	0,35	0,70
15	Werkzeugkosten						764,44

Bild 1-66: Stückliste

[Z2S6] **Preis <→>** { Überschriften für die neuen Spalten }
Gesamtpreis <↓> <←> 59,90 <↓>
163,35 <↓>
141,57 <↓>
•
•
•

[Z3S7] **=ZS(-5)*ZS(-1) <↵>** { Gesamtpreis }
[Z3S7] [Bearbeiten] [Kopieren]
[Z4S7:Z14S7] <↵>
[Z15S7] **=SUMME(Z(-12)S:Z(-1)S) <↵>** { Werkzeugkosten }
[Z15S1] **Werkzeugkosten <↵>**

Neue Zeilen und Spalten können mit der Option *[Einfügen] [Zeilen]* bzw. *[Einfügen] [Spalten]* in eine Tabelle eingefügt werden, neue Blätter werden mit den Optionen *[Einfügen] [Tabelle]*, *[Einfügen] [Diagramm]* und *[Einfügen] [Makro]* in einer Arbeitsmappe hinzugefügt.

Das Menü Einfügen: Einfügen von Zeilen, Spalten, Zellen, Tabellen, Diagrammen und Makros

Bild 1-67:
Das Menü *[Einfügen]*

Im Menü *[Einfügen]* kann man sich für

- das Einfügen von einer oder von mehreren Zeilen
- das Einfügen von einer oder von mehreren Spalten
- das Einfügen von Zellen
- das Einfügen von neuen Tabellen
- das Einfügen von Diagrammblättern
- das Einfügen von Makros

entscheiden.

Zeilen einfügen

Über der Zeile, in der der Cursor steht, wird eine Zeile eingefügt. Die Zeile braucht dabei nicht markiert zu werden. Sind mehrere Zeilen markiert, werden auch mehrere Zeilen eingefügt.

Spalten einfügen

Links neben der Spalte, in der der Cursor steht, wird eine Spalte eingefügt. Die Spalte braucht dabei nicht markiert zu werden. Sind mehrere Spalten markiert, werden auch mehrere Spalten eingefügt.

Zellen einfügen

Es erscheint das Dialogfeld nach Bild 1-68. Es enthält vier Optionen.

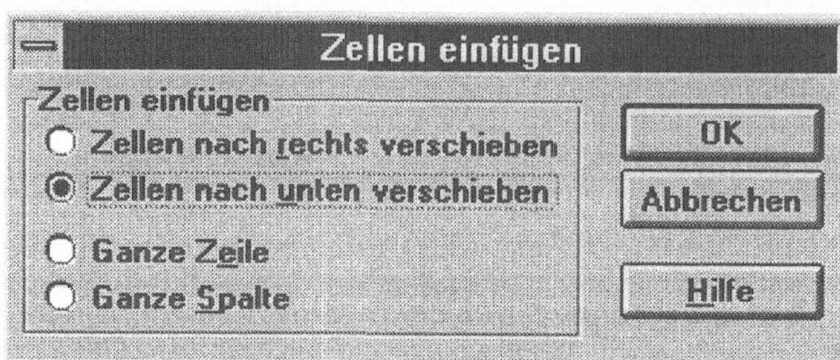

Bild 1-68: Das Dialogfeld *[Einfügen] [Zellen...]*

Tabelle einfügen

Eine neue Tabelle wird vor der aktuellen Tabelle der Arbeitsmappe eingefügt. Standardmäßig trägt sie den Namen „Tabelle (Nummer)", z.B. „Tabelle2". Es wird laufend weiter numeriert. Mit einem Doppelklick auf den Namen kann dieser geändert werden (siehe Bild 1-69).

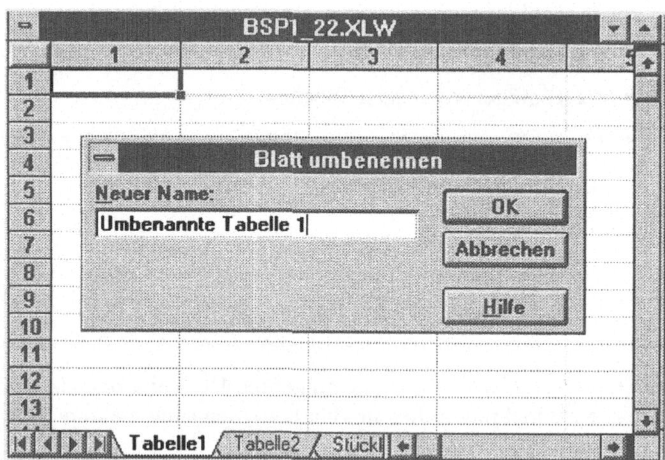

Bild 1-69: Blatt umbenennen

Diagramm einfügen

Ein Diagramm kann eingefügt werden. Zur Verfügung stehen zwei Optionen:

- *[Auf dieses Blatt]* und
- *[Auf ein neues Blatt]*.

Makro einfügen

Ein Makro kann eingefügt werden. Zur Verfügung stehen drei Optionen:

- *[Visual-Basic-Modul]*
- *[Dialog]*
- *[MS-EXCEL 4.0 Makro]*

■ Beispiel 1-23: Einfügen neuer Zeilen

Durch Einfügen zweier neuer Zeilen ist die Tabelle nach Beispiel 1-18, Bild 1-58 auf eine Paßschraube mit sieben anstelle der bisherigen fünf Elemente anzuwenden. Die beiden Zusatzelemente sollen in der Paßschraube nach dem bisherigen dritten Element eingefügt sein. Man hat also in der Tabelle in der Zeile 7 zwei neue Zeilen vorzusehen. Hierbei geht man wie folgt vor:

[A7:A8] [Einfügen] [Zeilen] { Einfügen von zwei Zeilen }
[A7] **16 <↵>** *[B7]* **50 <↵>** *[A8]* **20 <↵>** *[B8]* **40 <↵>** { Dateneingabe }
[C6:D6] [Bearbeiten] [Kopieren] [C7:C8] **<↵>** { Kopieren und Einfügen }

Das Ergebnis kann man dem Bild 1-70 entnehmen:

	A	B	C	D
1	Federsteifigkeit einer Paßschraube			
2	Durch-messer	Länge	Spannungs-querschnitt	Zwischenwert Länge/Querschnitt
3	mm	mm	mm^2	1/mm
4	20,0	40,0	314,2	0,1
5	16,0	50,0	201,1	0,2
6	20,0	50,0	314,2	0,2
7	16,0	50,0	201,1	0,2
8	20,0	40,0	314,2	0,1
9	16,0	50,0	201,1	0,2
10	20,0	40,0	314,2	0,1
11	Insgesamt			1,3
12	E-Modul	210000	N/mm^2	
13	Ermittelte Federsteife	163149,17	N/mm	

Bild 1-70: Einfügen neuer Zeilen

♦ Aufgabe 1-11: Ergänzen einer Tabelle

Die Tabelle für die Stückliste aus Beispiel 1-23 ist durch Einfügen zweier Zeilen für weitere Einzelteile des Lochwerkzeugs zu ergänzen.

Das Menü Bearbeiten: Löschen von Inhalten, Zellen und Blättern

Inhalte löschen
Zellen löschen...
Blatt löschen

Bild 1-71:
Die Löschoptionen im Menü *[Bearbeiten]*

Im Menü *[Bearbeiten]* kann man sich für das Löschen

- von Inhalten,
- von Zellen und
- von Blättern

entscheiden.

Inhalte löschen

Folgende Optionen stehen zur Verfügung:

- Alles
- Formeln
- Formate
- Notizen

Zellen löschen

Ein gleiches Dialogfeld wie im Bild 1-68 dargestellt erscheint. Werden jedoch ganze Zeilen oder Spalten markiert (Markierung der Zeilen- oder Spaltenbezeichnung, z.B. Z3 oder S4 bzw. Spalte D), erscheint das Dialogfeld nicht.

Blatt löschen

Das aktuelle Blatt wird nach einer Sicherheitsabfrage gelöscht. Mehrere Blätter können gelöscht werden, wenn sie markiert sind. Auseinanderliegende Blätter werden mit der Strg-Taste, mehrere nebeneinanderliegende Blätter werden mit Hilfe der Shift-Taste markiert.

■ Beispiel 1-24: Löschen von Zeilen

Die im Beispiel 1-23 um zwei Zeilen erweiterte Tabelle ist in die Ausgangsform zurückzubringen. Dies erfolgt mit:

[Z7:Z8] [Bearbeiten] [Zellen löschen] { Zeilen löschen }

♦ Aufgabe 1-12: Löschen in der Tabelle der Aufgabe 1-11

Die in der Aufgabe 1-11 geänderte Tabelle ist durch Löschen der Zeilen für die beiden neuen Einzelteile in die Ausgangsform zu bringen und unter gleichem Namen abzuspeichern.

☞ *Hinweis: Fehlerhinweis auf fehlende Formel-Bezüge*

Werden durch das Löschen von Spalten oder Zeilen Zellen gelöscht, auf die in verbleibenden Formeln Bezug genommen wird, so werden die Zelladressen der gelöschten Zellen durch den Aufruf der Fehlerfunktion #BEZUG ersetzt. Die jeweiligen Formeln liefern anschließend den Wert „#########".

Die in den vorangegangenen Beispielen durchgeführten Änderungen lassen sich auch durch die Anwendung des Befehls Verschieben ausführen. Allgemein kann man mit diesem Befehl einzelne Zellen oder Bereiche von Zellen in einer Tabelle verschieben. Das Verschieben geschieht in zwei Schritten:

- Der zu verschiebende Bereich wird ausgeschnitten und
- an der Zielposition wieder eingefügt.

■ Beispiel 1-25: Verschieben von Zellbereichen

Die im Beispiel 1-15 eingegebene Tabelle Zylinder zur Berechnung des Volumens und der Masse eines Zylinders soll in die Form nch Bild 1-72 links gebracht werden:

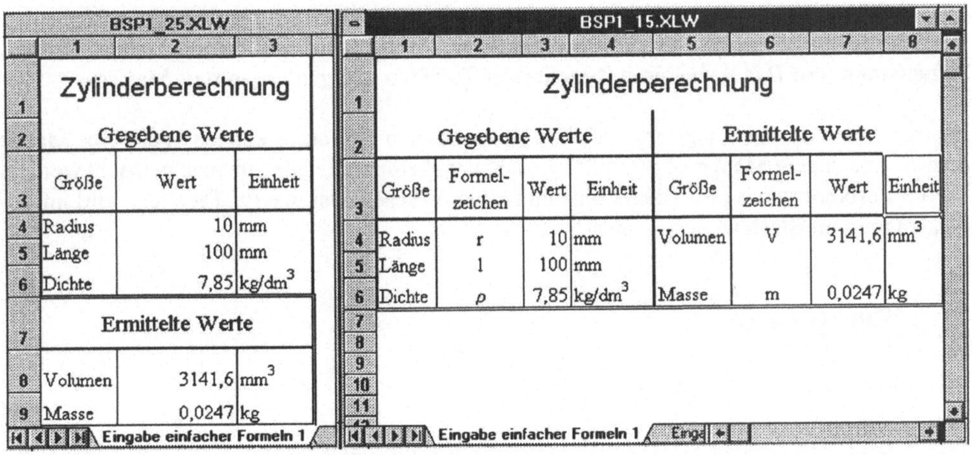

BSP1_25.XLW

	1	2	3
1	Zylinderberechnung		
2	Gegebene Werte		
3	Größe	Wert	Einheit
4	Radius	10	mm
5	Länge	100	mm
6	Dichte	7,85	kg/dm³
7	Ermittelte Werte		
8	Volumen	3141,6	mm³
9	Masse	0,0247	kg

Eingabe einfacher Formeln 1

BSP1_15.XLW

	1	2	3	4	5	6	7	8
1	Zylinderberechnung							
2	Gegebene Werte				Ermittelte Werte			
3	Größe	Formel-zeichen	Wert	Einheit	Größe	Formel-zeichen	Wert	Einheit
4	Radius	r	10	mm	Volumen	V	3141,6	mm³
5	Länge	l	100	mm				
6	Dichte	ρ	7,85	kg/dm³	Masse	m	0,0247	kg
7								
8								
9								
10								
11								

Eingabe einfacher Formeln 1 | Einge

Bild 1-72: Verschieben von Zellbereichen

[S2] [Bearbeiten] [Zellen löschen] { Spalten löschen }
[S5] [Bearbeiten] [Zellen löschen]
[Z2S4:Z2S6] [Bearbeiten] [Ausschneiden] { Bereiche verschieben }
[Z7S1] [Bearbeiten] [Einfügen]
[Z4S4:Z4S6] [Bearbeiten] [Ausschneiden]
[Z8S1] [Bearbeiten] [Einfügen]
[Z6S4:Z6S6] [Bearbeiten] [Ausschneiden]
[Z9S1] [Bearbeiten] [Einfügen]
[S4:S6] [Bearbeiten] [Zellen löschen] { Spalten löschen }

Eine entsprechende Formatierung, bezogen auf Rahmen, Hintergrund, Spaltenbreite, Ausrichtung, Zahlenformat und Zeilenhöhe, muß gegebenenfalls noch erfolgen.

☞ *Hinweis: Mehrfachmarkierungen beim Löschen von ganzen Spalten*

In oben dargestelltem Beispiel ist ein gleichzeitiges Löschen der Spalten 2 und 5 durch eine Mehrfachmarkierung mit Hilfe der Strg-Taste nicht möglich.

☞ *Hinweis: Verschieben in Zellbereiche mit Einträgen*

Enthält ein Zielbereich Zellen mit Einträgen, so werden diese mit den Werten aus dem Quellbereich überschrieben. Dies kann zu Fehlern in der Tabelle führen.

♦ Aufgabe 1-13: Anpassen der Tabelle aus Beispiel 1-23

Die im Beispiel 1-23 durchgeführten Änderungen sind mit den Befehlen Ausschneiden und Einfügen, also dem Verschieben, zu realisieren.

Arbeitsmappen: Das Arbeiten mit mehreren Tabellen, Diagrammen und Makros

In einer Arbeitsmappe integrierte Tabellen, Diagramme und Makros können in dieselbe Mappe oder in eine andere Mappe kopiert oder verschoben werden. Sie können auch gelöscht werden. Da die Verfahrensweise für Diagramme und Makros dieselbe ist wie für Tabellen, wird im folgenden nur von **Blättern** gesprochen.

Blätter kopieren

Die zu kopierenden Blätter werden markiert. Im Menü *[Bearbeiten]* wird die Option *[Blatt verschieben/kopieren...]* gewählt.

Die Option *[Kopieren]* ist anzukreuzen. Es kann gewählt werden, in welche Mappe und vor welches Blatt kopiert werden soll (Bild 1-73).

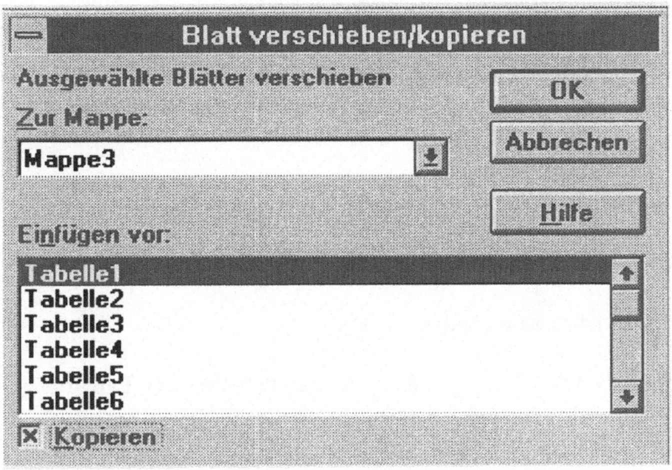

Bild 1-73: Blätter verschieben/kopieren

Blätter verschieben

Die zu verschiebenden Blätter werden markiert. Im Menü *[Bearbeiten]* wird die Option *[Blatt verschieben/kopieren...]* gewählt.

Die Option *[Kopieren]* ist nicht anzukreuzen. Es kann gewählt werden, in welche Mappe und vor welches Blatt verschoben werden soll. Alternativ wird das Blatt mit Hilfe der linken Maustaste festgehalten und an die Zielposition gezogen.

Blätter löschen

Die zu löschenden Blätter werden markiert. Im Menü *[Bearbeiten]* wird die Option *[Blatt löschen...]* gewählt.

Es erscheint die im Bild 1-74 dargestellte Sicherheitsabfrage:

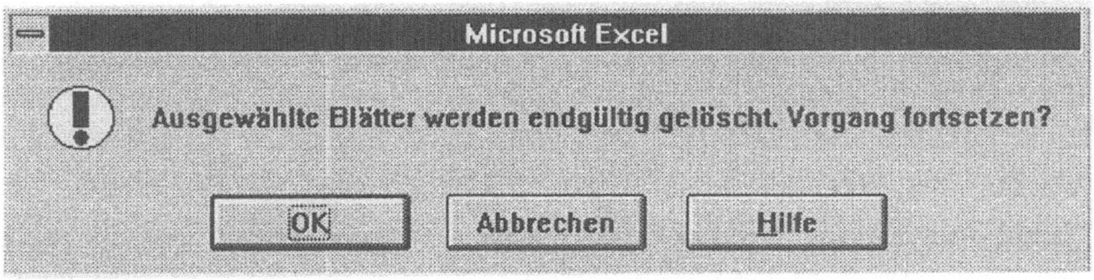

Bild 1-74: Sicherheitsabfrage für das Löschen von Blättern

Schützen eines Arbeitsblattes

Häufig ist es sinnvoll, ein Arbeitsblatt vor unerwünschten Änderungen zu schützen. Dies kann mit *[Datei] [Speichern unter...] [Optionen...]* oder im Menü *[Extras] [Blatt schützen...] [Blatt...]* oder *[Arbeitsmappe...]* realisiert werden. Die Schutzmöglichkeiten wurden bereit im Punkt 1.2.4 behandelt.

■ Beispiel 1-26: Schutz einer Tabelle bzw. einer Arbeitsmappe

Die Tabelle aus Beispiel 1-25 ist so zu verändern, daß

a) der Schutz für den Eingabebereich aufgehoben und die Tabelle ohne Paßwort geschützt ist,

b) der Schutz für den Eingabebereich aufgehoben und die Tabelle mit dem Paßwort „Passwort“ geschützt ist,

c) die ganze Arbeitsmappe ohne Paßwort geschützt wird,

d) die ganze Arbeitsmappe mit dem Paßwort „Passwort“ geschützt wird und

e) die Datei global mit dem Paßwort „Passwort“ geschützt wird.

Dazu muß die Tabelle zunächst zweimal in die gleiche Arbeitsmappe kopiert und entsprechend Bild 1-76 teilweise umbenannt werden.

[Bearbeiten] [Blatt kopieren] *[Ans Ende stellen] [Kopieren] [OK]*	{ Das Blatt wird kopiert (Bild 1-75)}

Eingabe einfacher Formeln 1 | **Eingabe einfacher Formeln 1 (2)**

Bild 1-75: Kopieren eines Blattes

[„Eingabe Einfacher Formeln 1 (2)“ mit Doppelklick markieren]	{ Namensänderung der 2. Tabelle }
Eingabe einfacher Formeln 2 *[OK]*	
[Bearbeiten] [Blatt kopieren]	{ Das Blatt wird kopiert }
[Ans Ende stellen] [Kopieren] [OK]	
[„Eingabe Einfacher Formeln 2 (2)“ mit Doppelklick markieren]	{ Namensänderung der 3. Tabelle }
Eingabe einfacher Formeln 3 *[OK]*	

Eingabe einfacher Formeln 1 | Eingabe einfacher Formeln 2 | **Eingabe einfacher Formeln 3**

Bild 1-76: Blätter mit geänderten Namen

[„Eingabe einfacher Formeln 2“ aktivieren] { Zellschutz ohne Kennwort (a) }
[Z1S1:Z9S3] [Format] [Zellen...] [Schutz] [Gesperrt ankreuzen] [OK]
[Z4S2:Z6S2] [Format] [Zellen...] [Schutz] [Gesperrt Kreuz entfernen] [OK]
[Extras] [Dokument schützen] [Blatt...] [OK]

[„Eingabe einfacher Formeln 3“ aktivieren] { Zellschutz mit Kennwort (b) }
[Z1S1:Z9S3] [Format] [Zellen...] [Schutz] [Gesperrt ankreuzen] [OK]
[Z4S2:Z6S2] [Format] [Zellen...] [Schutz] [Gesperrt Kreuz entfernen] [OK]
[Extras] [Dokument schützen] [Blatt...] [Kennwort(optional)]
<Passwort> *[OK] [Kennworteingabe wiederholen]* **<Passwort>** *[OK]*

[Extras] [Dokument schützen] [Arbeitsmappe...] [OK] { Arbeitsmappe schützen ohne Kennwort (c) }

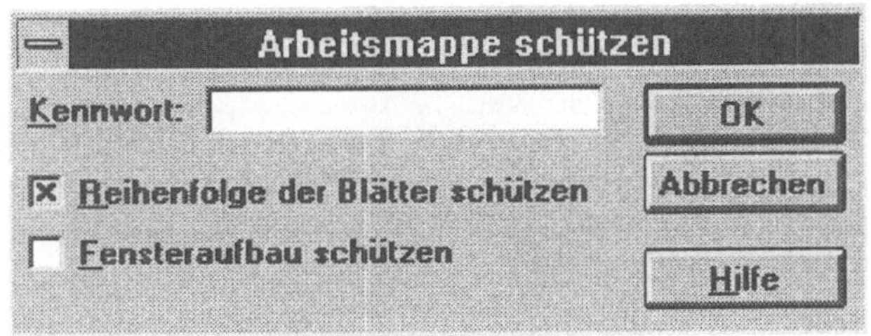

Bild 1-77: Arbeitsmappe schützen

Voraussetzung für den Schritt d) ist es, daß die Arbeitsmappe ungeschützt ist.

[Extras] [Dokument schützen] [Arbeitsmappenschutz aufheben...] { Arbeitsmappenschutz aufheben }

[Extras] [Dokument schützen] [Arbeitsmappe...] [Kennwort] { Arbeitsmappe schützen mit Kennwort (d) }
<Passwort> *[OK] [Kennworteingabe wiederholen]*
<Passwort> *[OK]*

[Datei] [Speichern unter...] [Optionen] { Globaler Dateischutz (e) }
[Schreibschutz-Kennwort] **<Passwort>** *[OK]*
[Kennwort wiederholen] **<Passwort>** *[OK]*

Das Schützen aller Zellen einer Tabelle sollte erst dann durchgeführt werden, wenn die Tabelle korrekt erstellt ist und nicht mehr geändert werden muß. Da in eine Tabelle für mathematisch-technische Anwendungen meist eine Reihe von Daten einzugeben sind, ist der globale Schutz der gesamten Tabelle hier nicht sehr sinnvoll.

♦ Aufgabe 1-14: Zellschutz für eine Tabelle

Für die Tabelle nach Bild 1-62 zur Ermittlung von Bewegungsgrößen eines Fahrzeuges ist ein geeigneter Zellschutz zu vereinbaren.

Menü *[Format] [Zellen...] [Zahlen]*: **Zahlenformate festlegen**

Im Menü *[Format] [Zellen...] [Zahlen]* (Bild 1-78) können Zahlenformate eingestellt werden:

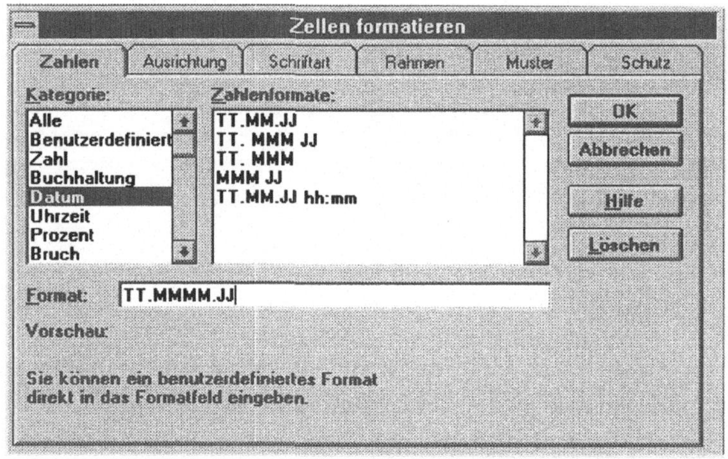

Bild 1-78: Das Dialogfeld *[Format] [Zellen...] [Zahlen]*

Zur Verfügung stehen folgende Kategorien:

[Alle]

Alle Zahlenformate werden im Feld ***Zahlenformate*** dargestellt.

[Benutzerdefiniert]

Zahlenformate kann der Benutzer selbst definieren, im Bild 1-78 das Format „TT. MMMM JJ". Nur die benutzerdefinierten Zahlenformate werden mit dieser Option dargestellt.

[Zahl]

Die zur Verfügung stehenden Formatierungsmöglichkeiten einer Zahl werden dargestellt.

[Buchhaltung]

Buchhalterische Zahlenformate können gewählt werden.

[Datumsformate]

Verschiedene Formate für eine Datumsformatierung stehen zur Verfügung.

[Uhrzeit]

Es erscheinen die Möglichkeiten, eine Uhrzeit anzugeben.

[Prozent]

Die Möglichkeiten einer Formatierung in Prozent werden dargestellt. Es sei darauf hingewiesen, daß EXCEL bei einer Formatierung in Prozent zwei Dinge macht: Eine Multiplikation des eingegebenen Wertes mit 100 und die Angabe der %-Einheit.

Drei Beispiele für Zellen, die mit 0,00% formatiert wurden:

Eingabe		Ausgabe
3	⟶	300%
0,00021	⟶	2,1%
0,12	⟶	12%

☞ *Hinweis: Andere %-Formatierung*

Für Benutzer, die weniger Kenntnisse im EXCEL besitzen, ist es einfacher, für 3% nur eine 3 und für 56,4% nur eine 56,4 einzugeben. Dies ist möglich, wenn die Zelle vorher in der Form 0,00 „%" formatiert wird. Allerdings ist bei einer folgenden Rechenoperation zu beachten, daß der Wert der Zelle der Eingabegröße entspricht und keine automatische Division durch 100 erfolgt.

[Bruch]

Die Formatierung von Brüchen kann hier erfolgen. Beispielsweise interpretiert EXCEL eine mit „? ##.##" formatierte Zelle, in die „3/5" eingegeben wurde so, wie im Bild 1-79 dargestellt, als „0,6":

Z1S1	0,6	
	1	2
1	3/5	
2		

Bild 1-79: Bruchformatierung

[Wissenschaft]

Zahlen werden in der wissenschaftlichen Schreibweise dargestellt, 100000 z.B. als 1,00E+05.

[Text]

EXCEL wird angewiesen, den Zellinhalt einer Zelle oder eines Zellbereiches als Text zu interpretieren. Beispielsweise gibt EXCEL bei der Zelleingabe „1-20“ (allerdings ohne Anführungsstriche) „Jan 20“ aus, d.h. die Eingabe wird als Datum interpretiert. Wird die Zelle vorher als Text formatiert, ist die Ausgabe „1-20“. Gleiches gilt z.B. für die Eingabe einer Zahl mit führenden Nullen, wie z.B. „08243“ bei Vorwahlnummern.

[Währung]

Einer Zelle wird ein Währungsformat zugeordnet.

Bei den Datums-, Zeit-, Währungs- und Zahlenformaten greift EXCEL auf die WINDOWS-Systemsteuerung zurück:

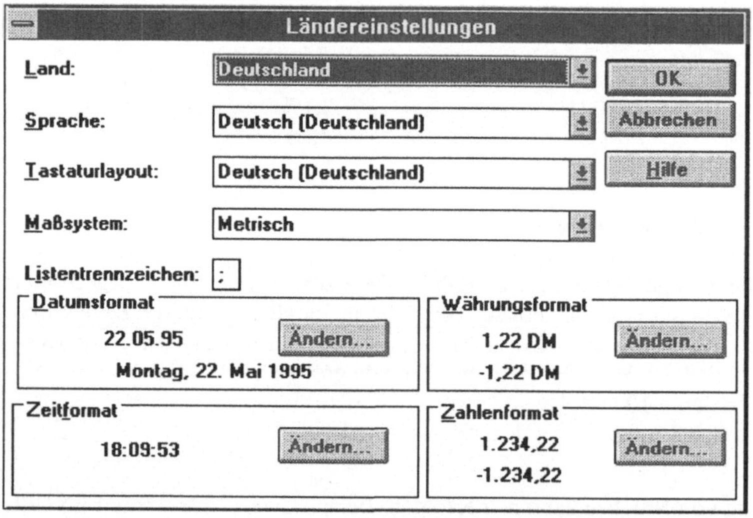

Bild 1-80: Die WINDOWS-Systemsteuerung, Ländereinstellungen

Stellvertretend für die vielen Zahlenformate sollen die Möglichkeiten der Datumsformatierung an einigen Beispielen (siehe auch Bild 1-81) gezeigt werden. Die Eingabe ist jeweils 1.8.95.

Format	Ausgabe
TT.MM.JJ	01.08.95
TT.MMM JJ	01.Aug 95
TT.MMM	01.Aug
MMM JJ	Aug 95
TT.MM.JJ hh:mm	01.08.95 00:00
TT.MMMM JJ	01.August 95
TT.MMMM JJJJ	01.August 1995
„Heute ist der“ TT. MMMM JJJJ	Heute ist der 01. August 1995

Wie eine Zelle formatiert ist, kann man sich ansehen, wenn man ein Info-Fenster im Menü *[Extras] [Optionen...] [Ansicht] [Info-Fenster ankreuzen]* öffnet und die *[Formate]* im Menü *[Info]* aktiviert.

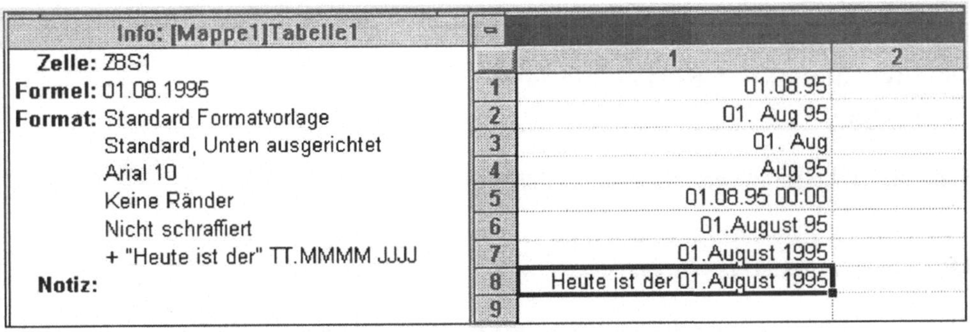

Info: [Mappe1]Tabelle1

Zelle: Z8S1
Formel: 01.08.1995
Format: Standard Formatvorlage
Standard, Unten ausgerichtet
Arial 10
Keine Ränder
Nicht schraffiert
+ "Heute ist der" TT.MMMM JJJJ
Notiz:

	1	2
1	01.08.95	
2	01. Aug 95	
3	01. Aug	
4	Aug 95	
5	01.08.95 00:00	
6	01.August 95	
7	01.August 1995	
8	Heute ist der 01.August 1995	
9		

Bild 1-81: Das Info-Fenster

■ Beispiel 1-27: Ein spezielles Zahlenformat vereinbaren

Für die Tabelle nach Beispiel 1-17, Bild 1-56 ist in der Zelle Z6S2 die Darstellung der maximalen Beschleunigung mit der global vereinbarten Darstellung als Zahl mit zwei Nachkommastellen zu ungenau. Man vereinbare hierfür eine entsprechende Darstellung mit sechs Nachkommastellen.

Man erhält die Tabelle, entsprechend Bild 1-82.

[Z6S2] [Format] [Zellen...] [Zahlen] {Zahlenformatierung }
[Kategorie:] [Zahl] [Format]
0,000000 *[OK]*

	1	2	3
1	Anfahren mit einem Motorrad an einem Steilhang ohne Aufbäumen		
2	Lage des gemeinsamen Schwerpunkts S von Fahrer und Maschine		
3	Höhe von S über der Fahrbahn	0,5	in m
4	Abstand von S zum Hinterrad	0,7	in m
5	Steigungs-winkel	35	in Grad
6	**Maximale Beschleuni-gung**	**5,623449**	**in m/s²**

Bild 1-82: Tabelle mit verschiedenen Zahlenformaten

☞ *Hinweis: Fehlerhinweis #########*

Erscheinen in einer Zelle nur Doppelkreuze (######), dann ist die Spaltenbreite nicht ausreichend. Sie muß dann optimiert oder verbreitert werden.

♦ Aufgabe 1-15: Unterschiedliche Zahlendarstellung in einer Tabelle

Für die Tabelle nach Bild 1-62 zur Ermittlung von Bewegungsgrößen eines Fahrzeuges sind folgende Formate zu vereinbaren:

- eine Nachkommastelle für den Weg und die Beschleunigung und
- null Nachkommastellen für alle restlichen Zellen.

☞ *Hinweis: Löschen mit der Entf-Taste*

Mit der Entf-Taste werden nur die Inhalte gelöscht, nicht aber die Formate. Soll der gesamte Zelleninhalt gelöscht werden, ist die Option *[Inhalte löschen...] [Alles]* im Menü *[Bearbeiten]* zu wählen.

1.3.4 Löschen einer Tabelle

Für das Löschen einer Tabelle bestehen mehrere Möglichkeiten:

- Löschen im Betriebssystem DOS
- Löschen im Dateimanager von WINDOWS
- Löschen mit Hilfe des Datei-Managers von EXCEL

Löschen im DOS

Mit der Tastenkombination Strg+ESC wird zum Programm-Manager gewechselt. Die Eingabeaufforderung wird gestartet. Der entsprechende DOS-Befehl ist einzugeben, z.B. del c:\ ablage\datei-xlw.

Der DOS-Prompt wird mit „Exit" verlassen. Es erfolgt die Rückkehr ins WINDOWS.

Löschen im Dateimanager von WINDOWS

Mit der Tastenkombination **Strg+ESC** wird zum Programm-Manager gewechselt. Der Dateimanager wird gestartet. Das entsprechende Verzeichnis und die entsprechende Datei wird gewählt. Im Menü *[Datei]* wird die Option *[Löschen...]* gewählt. Die Sicherheitsabfrage wird bestätigt.

Löschen im Datei-Manager von EXCEL

Im Menü *[Datei]* wird der Datei-Manager gestartet. Der entsprechende Suchpfad ist einzustellen. Die markierte Datei wird dann mit der Option *[Befehle] [Löschen]* entfernt.

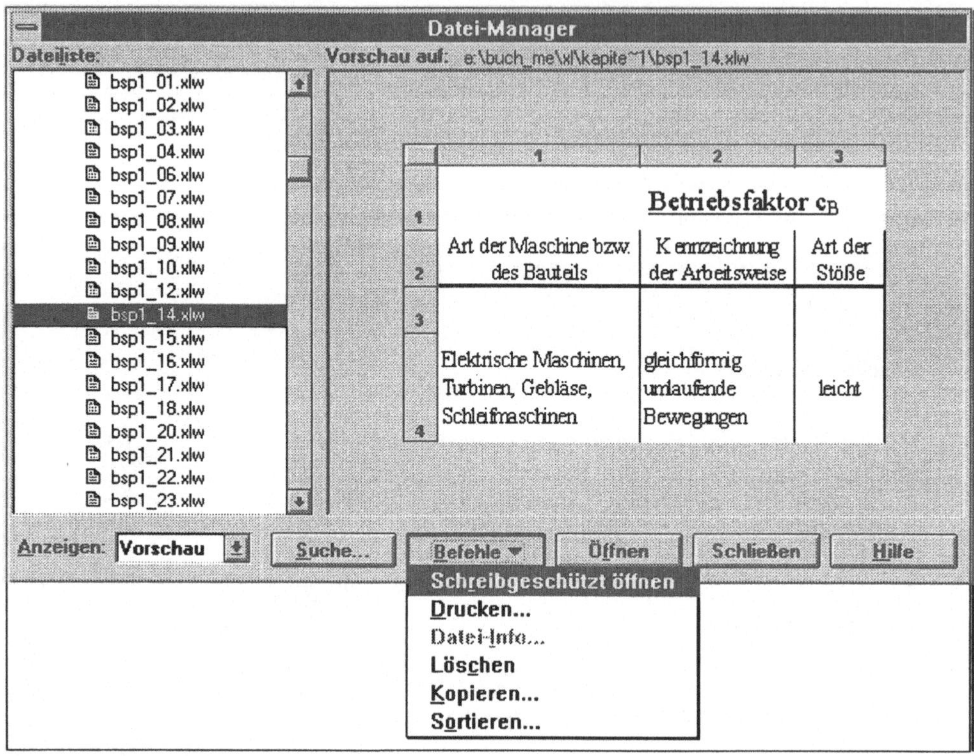

Bild 1-83: Der Datei-Manager

2 Tabellenkalkulation für mathematisch-technische Anwendungen

Das vorausgegangene Kapitel stellt eine Einführung in das Arbeiten mit EXCEL und damit in das Arbeiten mit einer beliebigen Tabellenkalkulation dar, indem hier die wichtigsten Befehle, Optionen und prinzipiellen Vorgehensweisen von EXCEL erläutert und in Beispielen veranschaulicht wurden. Bei dem Leistungsumfang von EXCEL ist es nicht möglich, alle Befehle und Optionen in dieser Form zu behandeln. Außerdem soll das vorliegende Buch kein Ersatz für das EXCEL-Handbuch sein, sondern seine Zielsetzung besteht - wie bereits an anderer Stelle ausgeführt - darin, auf die Möglichkeiten der Anwendung von Tabellenkalkulationen auf mathematisch-technische Aufgabenstellungen hinzuweisen und die Grundlagen hierfür bereitzustellen. Es werden im einzelnen folgende Anwendungen betrachtet:

- Darstellen von Funktionen,
- Ermitteln von Näherungslösungen,
- Automatisieren von Berechnungen und
- Auswerten von technischen Tabellen

und die erforderlichen Befehle und Optionen von EXCEL 5.0 - in gleicher Weise wie im Kapitel 1 - behandelt.

2.1 Erstellen von Wertetabellen für Funktionen

Bei einer Vielzahl in der Technik vorkommender Problemstellungen, wie z.B der Schwingung eines Körpers oder der Biegung eines Balkens, lassen sich die Zusammenhänge zwischen den jeweiligen Größen durch Funktionen beschreiben. Die Darstellungen solcher Funktionen sollen in diesem und dem nächsten Kapitel behandelt werden. Es bieten sich hierfür im wesentlichen die folgenden beiden Möglichkeiten an:

- Aufstellen einer Wertetabelle und
- Darstellen des zugehörigen Grafen

Mit Hilfe einer Tabellenkalkulation läßt sich dies relativ einfach realisieren. Im Gegensatz zu Programmen in einer Hochsprache erhält man hier quasi auf „Knopfdruck“ und ohne Programmieraufwand für eine vorliegende Wertetabelle den Kurvenverlauf einer Funktion.

■ Beispiel 2-1: Erstellen einer Wertetabelle

Für die Sinusfunktion $y = f(x) = \sin(x)$ ist für ein beliebiges Intervall $x_U \leq x \leq x_O$ eine Wertetabelle mit einer festen Anzahl von 51 Stützstellen zu erstellen.

Aufgrund dieser Vorgabe ist das durch die Grenzen x_U und x_O festgelegte Intervall in 50 Teilintervalle aufzuspalten. Eine mögliche Tabelle hierfür wäre:

	1	2	3	4	5
1	Wertetabelle der Sinus-Funktion			x	f(x)
2	Funktion y = f(x) = sin x			0,00	0,0000
3	Untere Grenze:	0,00		0,13	0,1296
4	Obere Grenze:	6,28		0,26	0,2571
5	Anzahl der Stützstellen:	51		0,39	0,3802
6	Schrittweite:	0,13		0,52	0,4969
7				0,65	0,6052
8				0,78	0,7033
9				0,91	0,7895
10				1,04	0,8624
11				1,17	0,9208
12				1,30	0,9636
13				1,43	0,9901
14				1,56	0,9999
15				1,69	0,9929
16				1,82	0,9691
17				1,95	0,9290
18				2,08	0,8731
19				2,21	0,8026
20				2,34	0,7185

Bild 2-01: Wertetabelle für eine Sinus-Funktion

Nach der Eingabe der Texte, wie z.B. „Wertetabelle der Sinus-Funktion" in die Zelle Z1S1, erfolgt die Festlegung der eigentlichen Berechnungszellen in folgender Weise:

[Z6S2] { Runden der Schrittweite }
=RUNDEN((+Z(-2)S-Z(-3)S)/(+Z(-1)S-1);2) <↵>
[Z2S4] **=Z(1)S(-2) <↵>** { Untere Grenze der Funktion }
[Z3S4] **=Z(-1)S+Z6S2 <↵>** { Berechnung des nächsten x-Wertes }
[Bearbeiten] [Kopieren] { Kopieren }
[Z4S4:Z52S4] **<↵>** { Alles einmalig einfügen }
[Z2S5:Z52S5] **=sin(zs(-1)** { Formel für die Funktion }
<Strg> + <↵> { Gleichzeitige Eingabe in mehrere Zellen }

☞ *Hinweis: Gleichzeitige Eingabe von Formeln in mehrere Zellen*

Es besteht die Möglichkeit, ohne den Umweg über das Kopieren in die Zwischenablage und dem Einfügen an der Zielposition, gleichzeitig mehrere Zellen mit dem gleichen Inhalt auszufüllen. Dazu markiert man den Bereich, schreibt die Formel in eine beliebige Zelle des markierten Bereiches und betätigt anschließend die Tastenkombination **<Strg> + <Return>**.

☞ *Hinweis: Formelübergabe mit Return*

Eine Formeleingabe kann mit einem Return **<↵>** abgeschlossen werden. Mit einem Klick in eine andere Zelle wird die Formel ebenfalls übernommen, ein **<↵>** kann also entfallen.

Wegen der besseren Übersichtlichkeit wird anschließend für die Zellen mit x-Werten ein Zahlenformat mit zwei Nachkommastellen und ferner für die Zellen mit den zugehörigen Sinuswerten ein Zahlenformat mit vier Nachkommastellen festgelegt. Außerdem wird bis auf die Zellen Z3S2 und Z4S2 für die Eingabe der unteren und oberen Grenze des Darstellungsbereichs die Tabelle gegen Eingaben und Änderungen geschützt.

☞ *Hinweis: Formatierung der Zellen mit Rahmen, Linien, Schriftgrößen usw.*

Durch die Verwendung der Formatierungsmöglichkeiten von EXCEL lassen sich Tabellen übersichtlicher gestalten. Sie finden sich alle im Menü *[Format] [Zellen]*. Im wesentlichen sind dies entsprechend Bild 1-19:

- Zahlenformatierungen (Nachkommastellen, als Währung, als Prozentangaben, als Text, als Datum usw.)
- Ausrichtungsformatierungen (horizontal und vertikal zentriert, links- oder rechtsbündig, u.ä.)
- Formatierung der Schriftart (Schriftart, Schriftstil, Schriftgröße, Unterstreichungen, Farbe, Hoch- und Tiefstellengen u.a.)
- Rahmen (gesamter Rahmen, einzelne Linien, verschiedene Linienstärken usw.)
- Muster (Hintergrund- und Vordergrundmuster, Schraffierungen, Farben u.ä.) sowie
- der Zellschutz

Entsprechend der im Beispiel 2-1 gewählten Vorgehensweise können, für beliebige weitere Funktionen von einer unabhängigen Veränderlichen, Wertetabellen erstellt werden. Eine andere Möglichkeit besteht darin, eine vorhandene Tabelle durch Ändern auf eine neue Funktion anzuwenden. Dies soll im folgenden Beispiel veranschaulicht werden.

■ Beispiel 2-2: Erstellen einer Wertetabelle durch Ändern

Unter Verwendung des EXCEL-Arbeitsblattes aus dem Beispiel 2-1 ist für die Tangens-Funktion y=f(x)=tan(x) eine Wertetabelle mit der gleichen Anzahl Stützstellen zu erstellen. Die Tangenswerte sind dabei im Zahlenformat mit zwei Nachkommastellen darzustellen.

Nach dem Laden der Tabelle SinusTab sind in den Zellen Z1S1, Z2S1, und Z2S4:Z52S4 Änderungen erforderlich. Zweckmäßigerweise ist die so erhaltene neue Tabelle unter einem entsprechenden Namen, hier z.B. TanTab, abzuspeichern. Anschließend kann die Tabelle wie vorher benutzt werden, um für bestimmte x-Bereiche eine Wertetabelle zu erstellen, in der folgenden Tabelle beispielsweise für x-Werte in der Nähe der Polstelle x=π/2=1,5708.

	1	2	3	4
1	Wertetabelle der Tangens-Funktion		x	f(x)
2	Funktion y = f(x) = tan x		1,45	8,2381
3	Untere Grenze:	1,45	1,46	8,9886
4	Obere Grenze:	1,75	1,47	9,8874
5	Anzahl der Stützstellen:	51	1,48	10,9834
6	Schrittweite:	0,01	1,49	12,3499
7			1,50	14,1014
8			1,51	16,4281
9			1,52	19,6695
10			1,53	24,4984
11			1,54	32,4611
12			1,55	48,0785
13			1,56	92,6205
14			1,57	1255,7656
15			1,58	-108,6492
16			1,59	-52,0670
17			1,60	-34,2325
18			1,61	-25,4947
19			1,62	-20,3073
20			1,63	-16,8711

Bild 2-02: Wertetabelle für eine Tangens-Funktion

Die notwendigen Änderungen des Arbeitsblattes sind folgendermaßen auszuführen:

Zunächst sind die Zellinhalte in Z1S1 und Z2S2 entsprechend Bilder 2-02 und 2-03 abzuändern:

	1	2	3	4
1	Wertetabelle der Tangens-Funktion		x	f(x)
2	Funktion y = f(x) = tan x		=Z(1)S(-1)	=TAN(ZS(-1))
3	Untere Grenze:	1,45	=Z(-1)S+Z6S2	=TAN(ZS(-1))
4	Obere Grenze:	1,75	=Z(-1)S+Z6S2	=TAN(ZS(-1))
5	Anzahl der Stützstellen:	51	=Z(-1)S+Z6S2	=TAN(ZS(-1))
6	Schrittweite:	=RUNDEN((+Z(-2)S-Z(-3)S)/(+Z(-1)S-1);2)	=Z(-1)S+Z6S2	=TAN(ZS(-1))
7			=Z(-1)S+Z6S2	=TAN(ZS(-1))
8			=Z(-1)S+Z6S2	=TAN(ZS(-1))
9			=Z(-1)S+Z6S2	=TAN(ZS(-1))
10			=Z(-1)S+Z6S2	=TAN(ZS(-1))
11			=Z(-1)S+Z6S2	=TAN(ZS(-1))
12			=Z(-1)S+Z6S2	=TAN(ZS(-1))
13			=Z(-1)S+Z6S2	=TAN(ZS(-1))

Bild 2-03: Darstellung von Formeln

[Z2S5:Z52S5] =tan(zs(-1) **<Strg> +<↵>** { Formeleingabe }
[Format] [Zellen...] [Zahlen] [Formate:] { Zahlenformatierung
0,0000 <↵> auf 4 Nachkommastellen }

☞ *Hinweis: Die Formeldarstellung*

Die Formeldarstellung entsprechend Bild 2-03 kann gegebenenfalls sehr nützlich sein, wie in diesem Beispiel. Sie wird im Menü *[Extras] [Optionen...] [Ansicht]* aktiviert und auch wieder ausgeschaltet.

☞ *Hinweis: Die Formeleingabe*

Die Eingabe von Formeln sollte grundsätzlich mit kleinen Buchstaben erfolgen. Ist die Formel fehlerfrei, erkennt EXCEL dies, und es erfolgt automatisch eine Umsetzung in Großbuchstaben. Dies stellt dann eine Art „Rechtschreibprüfung“ dar.

☞ *Hinweis: Eigene Zahlenformate erstellen*

Eigene Zahlenformate können erstellt und wieder gelöscht werden. Die EXCEL-Standardformate sind nicht löschbar.

☞ *Hinweis: Variable Anzahl von Stützstellen*

Durch entsprechende Änderungen in den Zellen Z5S2 und Z6S2 können Wertetabellen mit einer beliebigen Anzahl von Stützstellen erstellt werden. Unter Umständen ist bei sehr kleinen oder sehr großen Schrittweiten die Rundung der Schrittweite auf eine andere Stellenzahl vorzusehen bzw. das Zahlenformat für die x-Werte in geeigneter Weise anzupassen.

♦ Aufgabe 2-1: Wertetabelle für eine Biegelinie

Für die Biegelinie f eines einseitig eingespannten Trägers, der am Ende mit einer Einzellast F belastet ist, gilt folgende Beziehung:

$$f = f(x) = \frac{F\,l^3}{3EI}\left[1 - \frac{3}{2}\frac{x}{l} + \frac{1}{2}\left(\frac{x}{l}\right)^3\right] \quad in\ mm\ für\ 0 \le x \le l$$

Dabei sind die Werte für die Größen:

- Balkenlänge l in mm,
- Einzellast F in kN,
- Elastizitätsmodul E in N/mm^2 und
- Flächenmoment 2. Ordnung I in mm^4

vorgegeben. Man sehe für die Wertetabelle 41 Stützstellen vor, und speichere das zugehörige Arbeitsblatt unter dem Namen **Biegel** ab.

In vielen Fällen interessieren neben den eigentlichen Funktionswerten einer Funktion auch die zugehörigen Werte für ihre Ableitungen, beispielsweise um Hinweise auf eventuelle Extremwerte oder Wendepunkte zu gewinnen. Durch einfache Änderungen und geringfügige Erweiterungen können die in diesem Kapitel entwickelten Arbeitsblätter entsprechend modifiziert werden, so daß hiermit Wertetabellen für f(x), f'(x) und f''(x) erstellt werden können. Am Beispiel eines Polynom 3. Grades soll die prinzipielle Vorgehensweise veranschaulicht werden.

■ Beispiel 2-3: Wertetabelle einer Funktion mit Ableitungen

Für ein Polynom 3. Grades mit:

$$y=f(x)=x^3-4x^2-2{,}25x+9 \quad \text{für } x_u \le x \le x_o$$

ist ein Arbeitsblatt zur Ausgabe von f(x), f'(x) und f''(x) für 51 Stützstellen zu entwickeln und unter dem Namen **Polynom** abzuspeichern.

Aufbauend auf der Tabelle TanTab (Bild 2-02) ergibt sich durch geeignetes Anpassen und Erweitern die Tabelle Polynom entsprechend Bild 2-04.

Im einzelnen sind folgende Schritte durchzuführen:

- Laden der Tabelle TanTab
- Verschieben des Zellbereichs Z3S1:Z6S2 um zwei Zeilen nach unten
- Anpassen der Labels in den Zellen Z1S1:Z2S1
- Eingabe neuer Labels für die Ableitungen in die Zellen Z3S1 und Z4S1
- Eingabe neuer Labels für die Ableitungen in die Zellen Z1S5 und Z1S6

[Z2S3] **=Z(3)S(-1) <↵>**	{ Festsetzung des Anfangswertes für x }
[Z3S3:Z52S3]	{ Ermitteln der nächsten x-Werte }
=Z(-1)S+Z8S2 <Strg> + <↵>	
[Z2S4] **=ZS(-1)^3-4*ZS(-1)^2-2,25*ZS(-1)+9 <↵>**	{ Formel für f(x) }
[Z2S5] **=3*ZS(-2)^2-8*ZS(-2)-2,25 <↵>**	{ Formel für f'(x) }
[Z2S6] **=6*ZS(-3)-8 <↵>**	{ Formel für f''(x) }
[Z2S4:Z2S6] [Bearbeiten] [Kopieren]	{ Kopieren }
[Z3S4:Z52S4] **<↵>**	{ Einfügen }

Abspeichern der Tabelle unter dem Namen **POLYNOM.**

	1	2	3	4	5	6
1	Wertetabelle eines Polynoms		x	f(x)	f'(x)	f''(x)
2	f(x)=x^3-4*x^2-2,25*x+9		-2,00	-10,5	25,8	-20,0
3	f'(x)=3*x^2-8*x-2,25		-1,87	-7,3	23,2	-19,2
4	f''(x)=6*x-8		-1,74	-4,5	20,8	-18,4
5	Untere Grenze:	-2,00	-1,61	-1,9	18,4	-17,7
6	Obere Grenze:	4,50	-1,48	0,3	16,2	-16,9
7	Anzahl der Stützstellen:	51	-1,35	2,3	14,0	-16,1
8	Schrittweite:	0,13	-1,22	4,0	12,0	-15,3
9			-1,09	5,4	10,0	-14,5
10			-0,96	6,6	8,2	-13,8
11			-0,83	7,5	6,5	-13,0
12			-0,70	8,3	4,8	-12,2
13			-0,57	8,8	3,3	-11,4
14			-0,44	9,1	1,9	-10,6
15			-0,31	9,3	0,5	-9,9

POLYNOM

Bild 2-04: Wertetabelle mit Ableitungen

Hinweis: Aus der Zwischenablage einfügen

Um Zellinhalte aus der Zwischenablage in einen Zielbereich einzufügen, muß der Zielbereich entweder absolut genauso groß sein wie der Quellbereich, oder es wird nur die linke obere Zelle des Zielbereiches markiert. Im Zweifelsfall ist letzterem der Vorzug zu geben.
Soll ein Quellbereich einmalig eingefügt werden, ist dies am schnellsten mit dem **Markieren** der linken oberen Zelle des Zielbereiches **und** einem **Return** geschehen. Dabei wird die Zwischenablage gelöscht, es ist also kein weiteres Einfügen mehr möglich.

Durch Hinzufügen weiterer Spalten in der Tabelle können für eine Funktion die dritte und höhere Ableitungen ermittelt werden. Ebenso lassen sich Wertetabellen für mehrere Funktionen in einem Arbeitsblatt darstellen. Hierzu soll eine beliebige Schwingung betrachtet werden.

■ Beispiel 2-4: Wertetabelle für mehrere Funktionen

Für die Auslenkung x zur Zeit t bei einer freien gedämpften Schwingung gilt die Beziehung:

$$x = x(t) = A \cdot e^{-\delta t} \cdot \sin(\omega t + \varphi) \quad \text{für } 0 \le t \le t_{max}$$

Die Werte für die Amplitude A, den Dämpfungsfaktor δ, die Kreisfrequenz ω und die maximale Zeit t_{max} sind vorgegeben.

Da alle Werte der Sinusfunktion zwischen -1 und +1 liegen, gilt für die Schwingungsfunktion x:

$$h_1(t) \le x(t) \le h_2(t) \quad \text{für } 0 \le t \le t_{max}$$

Dabei gelten für die sogenannten Hüllkurven h_1 und h_2 folgende Beziehungen:

$$h_1 = h_1(t) = A \cdot e^{-\delta t} \quad \text{bzw.} \quad h_2 = h_2(t) = A \cdot e^{-\delta t}$$

Man entwickle ein Arbeitsblatt, mit dem eine Wertetabelle für die Funktionen x, h_1 und h_2 erstellt wird, und speichere es unter dem Namen **Schwing1** ab.

Ausgehend von der im Beispiel 2-3 entwickelten Tabelle kann auf die gleiche Weise wie dort durch geeignetes Modifizieren eine neue Tabelle entwickelt werden, die der obigen Aufgabenstellung genügt.

	1	2	3	4	5	6	7	8
1	**Wertetabelle für Schwingung**				t	x(t)	h_1(t)	h_2(t)
2	$x = x(t) = A*e^{(-\delta t)}*\sin(f*t+\varphi)$				0,00	10,0	10,0	-10,0
3	Amplitude A:	10,00			0,10	8,3	9,5	-9,5
4	Dämpfung δ:	0,50			0,20	4,9	9,0	-9,0
5	Frequenz f:	5,00			0,30	0,6	8,6	-8,6
6	Phasenwinkel φ:	1,57			0,40	-3,4	8,2	-8,2
7	t-Anfangswert:	0,00			0,50	-6,2	7,8	-7,8
8	t-Endwert:	5,00			0,60	-7,3	7,4	-7,4
9	Anzahl der Stützstellen:	51			0,70	-6,6	7,0	-7,0
10	Schrittweite:	0,1			0,80	-4,4	6,7	-6,7
11					0,90	-1,3	6,4	-6,4
12					1,00	1,7	6,1	-6,1
13					1,10	4,1	5,8	-5,8
14					1,20	5,3	5,5	-5,5
15					1,30	5,1	5,2	-5,2
16					1,40	3,7	5,0	-5,0
17					1,50	1,6	4,7	-4,7
18					1,60	-0,7	4,5	-4,5
19					1,70	-2,6	4,3	-4,3
20					1,80	-3,7	4,1	-4,1

Schwingung / Aktuelle

Bild 2-05: Wertetabelle für mehrere Funktionen

Die wichtigsten Schritte sind hierbei folgende:

- Laden der Tabelle POLYNOM
- Verschieben des Zellbereichs Z5S1:Z8S2 um zwei Zeilen nach unten
- Anpassen der Labels in den Zellen Z1S1 und Z2S1 und Z1S5:Z1S8
- Eingabe neuer Labels im Zellbereich Z3S1 und Z6S1
- Einfügen von zwei Spalten in S3 und S4
- Formatierung mit Rahmen, Einstellen der Zeilenhöhe und Spaltenbreite
- waagerechte und senkrechte Ausrichtung

[Z2S5] **=Z(5)S(-3) <↵>** { Festsetzung des Anfangswertes für x }
[Z3S5:Z52S5] { Ermitteln der nächsten x-Werte }
=Z(-1)S+Z10S2 <Strg> + <↵>
[Z2S6] { Formel für x(t) }
=Z3S2*EXP(-Z4S2*ZS(-1))*SIN(+Z5S2*ZS(-1)+Z6S2) <↵>
[Z2S7] **=Z3S2*EXP(-Z4S2*ZS(-2)) <↵>** { Formel für h_1(t) }
[Z2S8] **=-Z3S2*EXP(-Z4S2*ZS(-3)) <↵>** { Formel für h_2(t) }
[Z2S6:Z2S8] [Bearbeiten] [Kopieren] { Kopieren }
[Z3S6:Z52S6] **<↵>** { Einfügen }

Abspeichern der Tabelle unter dem Namen **POLYNOM1.**

♦ Aufgabe 2-2: Überlagerung zweier Sinusschwingungen

Eine Schwingung ergibt sich aus der Überlagerung zweier Sinusschwingungen, und zwar gelte:

$$x = x(t) = \sin(t) + \sin(3t) \quad \text{für} \quad 0 \leq t \leq t_{max}$$

Man erstelle eine Wertetabelle für x und die Ableitungen x' sowie x'' und speichere diese unter dem Namen **Schwing2** ab.

2.2 Grafische Darstellung von Funktionen

Die im vorausgegangenen Kapitel erstellten Wertetabellen liefern dem Anwender bereits eine Reihe von Informationen über die jeweiligen Funktionen. Beispielsweise kann aufgrund eines Vorzeichenwechsels in der Spalte für die Funktionswerte auf die Existenz einer Nullstelle geschlossen und für diese ein Näherungswert ermittelt werden. Entsprechendes gilt für mögliche Extremwerte und Wendepunkte einer Funktion, wenn in gleicher Weise die Spalten für die erste und zweite Ableitung untersucht werden. Diese Informationen kann man sehr viel einfacher und häufig umfassender aus der grafischen Darstellung einer zu untersuchenden Funktion erhalten. Mit Hilfe des Diagramm-Assistenen in EXCEL lassen sich für vorgegebene Arbeitsblattdaten verschiedene Grafiken erstellen, z.B. der Graf einer Funktion aufgrund ihrer Wertetabelle als sogenanntes XY-Diagramm bzw. die Häufigkeiten für das Vorkommen bestimmter Größen als Balken- oder Kreisdiagramm.

Das Erstellen einer Grafik wird EXCEL in der Regel in folgenden Schritten durchgeführt:

- Festlegen der Art der grafischen Darstellung
- Auswahl der darzustellenden Dateibereiche
- Darstellen der Grafik auf dem Bildschirm
- Beschriften der Grafik
- Benennen und Abspeichern der Grafik im Arbeitsblatt
- Abspeichern des Arbeitsblattes
- gegebenenfalls Ausdruck der Grafik

Im weiteren soll der Diagramm-Assistent und seine wichtigsten Optionen näher behandelt werden.

Der Diagramm-Assistent erstellt ein Diagramm in fünf Schritten:

Der erste Schritt

Diagramm-Assistent - Schritt 1 von 5
Wenn die markierten Zellen nicht die Daten enthalten, die Sie im Diagramm darstellen möchten, wählen Sie jetzt einen neuen Bereich.
Schließen Sie die Zellen mit Zeilen- und Spaltenbeschriftungen ein, um Beschriftungen im Diagramm darzustellen.
Bereich: =Z31S1:Z1532S2;Z31S4:Z1532S4
Hilfe | Abbrechen | < Zurück | Weiter > | Ende

Bild 2-06: Der Diagramm-Assistent, Schritt 1

Im ersten Schritt sind der darzustellende Bereich, bzw. die darzustellenden Bereiche anzugeben. Mehrere Bereiche werden durch Semikolons getrennt, die Zellen eines Bereiches werden durch einen Doppelpunkt getrennt. Der Bereich kann mit der Maus gezogen werden. Auch Bereiche in anderen Tabellen können dargestellt werden. Überschreibende Zeilen oder Spalten sind mitzumarkieren, wenn sie in die Diagrammbeschriftung einbezogen werden sollen.

Der zweite Schritt

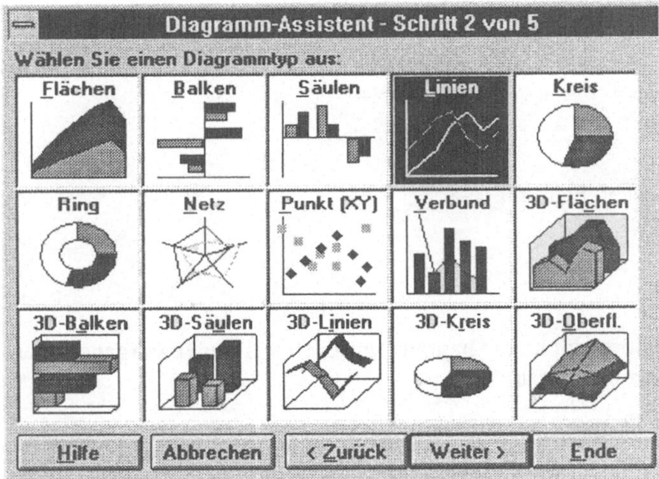

Bild 2-07: Der Diagramm-Assistent, Schritt 2

Im zweiten Schritt wird der Diagrammtyp gewählt. Zur Verfügung stehen 15 Diagrammtypen entsprechend Bild 2-07.

- Mit der Option **Weiter** gelangt man zum nächsten Schritt,
- **Zurück** bringt einen Schritt zurück,
- **Abbrechen** beendet den Diagramm-Assistenten,
- **Hilfe** führt in die benutzerspezifische Hilfe, und
- **Ende** stellt das Diagramm mit den Standardeinstellungen sofort zur Verfügung.

Der dritte Schritt

Im dritten Schritt wird die Art der Formatierung des gewählten Diagrammtyps vorgenommen. Zur Verfügung stehen je nach gewähltem Diagrammtyp mehrere Arten. Die gewählte Diagrammformatierung kann später wieder geändert werden, es ist also eine Art Voreinstellung. Der Diagrammtyp kann mit der Option **Zurück** gewechselt werden. Sollen keine weiteren Einstellungen vorgenommen werden, wird der Diagramm-Assistent mit **Ende** geschlossen, das Diagramm wird dabei erstellt.

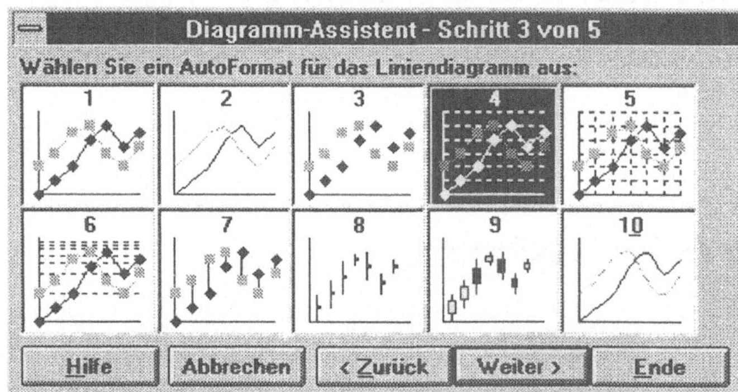

Bild 2-08: Der Diagramm-Assistent, Schritt 3

Der vierte Schritt

Im vierten Schritt werden drei wichtige Diagrammgrundeinstellungen vorgenommen. Folgende Optionen stehen zur Auswahl:

- **Datenreihen in**

  bestimmt, ob sich die Datenreihen in Zeilen oder in Spalten befinden. Im Bild 2-09 befinden sich die Datenreihen in Spalten.

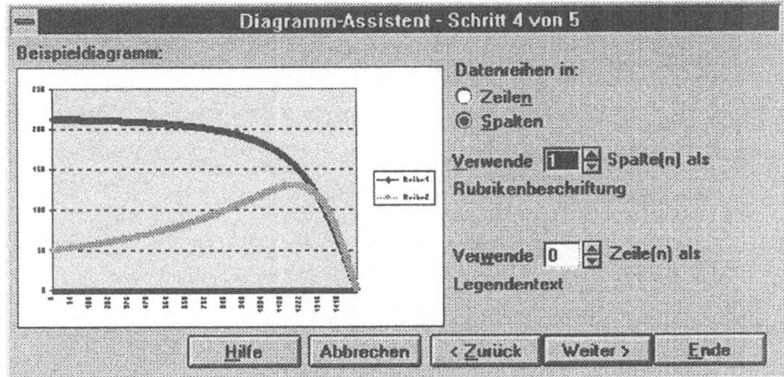

Bild 2-09: Der Diagramm-Assistent, Schritt 4, Rubrikenbeschriftung in der 1.Spalte

- **Verwendete Spalten als Rubrikenbeschriftung**

  bestimmt, welche Spalte als y-Achsen-Beschriftung verwendet wird. Während im Bild 2-09 die erste markierte Spalte als Rubrikenbeschriftung verwendet wird, ist es im Bild 2-10 die nullte Spalte, also die nicht markierte Spalte vor der Markierung. Es ergibt sich natürlich ein ganz anderes Bild des Grafen.

  Die Ursachen für fehlerhafte grafische Darstellungen liegen fast immer in diesem Schritt. Mit der Option **Zurück** ist es leicht möglich, andere Einstellungen vorzunehmen.

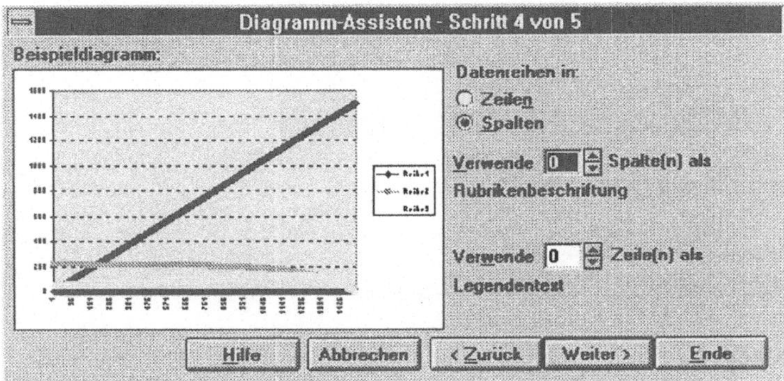

Bild 2-10: Der Diagramm-Assistent, Schritt 4, Rubrikenbeschriftung in der nullten Spalte

- **Verwendete Zeilen als Legendentext**

  bestimmt, welche Zeile für den Legendentext verwendet wird. Während in den Bildern 2-09 und 2-10 die nullte Zeile verwendet wird, wird im Bild 2-11 die zweite Zeile für den Legendentext verwendet.

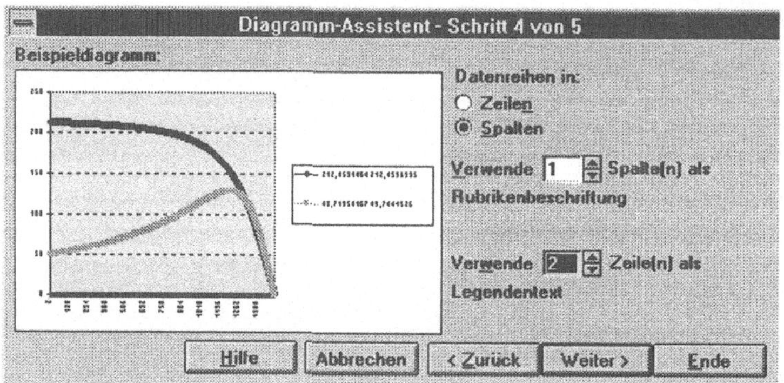

Bild 2-11: Der Diagramm-Assistent, Schritt 4, Legendentext in 2. Zeile

Der fünfte Schritt

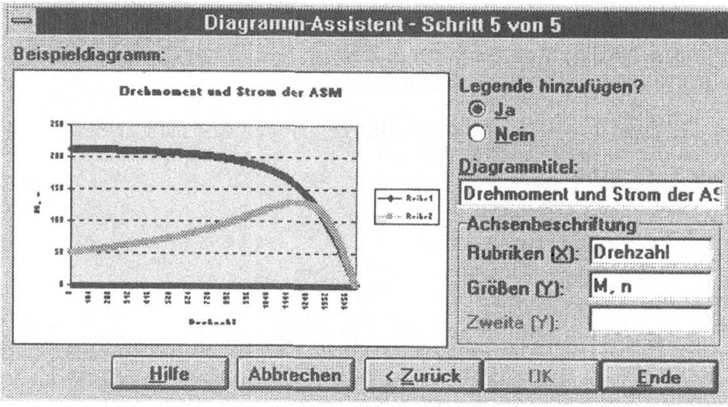

Bild 2-12: Der Diagramm-Assistent, Schritt 5

Im fünften Schritt sind folgende fünf Optionen verfügbar:

- **Legende hinzufügen**

  Eine Legende wird (nicht) hinzugefügt.

- **Diagrammtitel**

  Ein Titel für das Diagramm kann definiert werden.

- **Rubriken (X)**

  Die x-Achse kann beschriftet werden.

- **Größen (Y)**

  Die y-Achse wird damit beschriftet.

- **Zweite (Y)**

  Bei bestimmten Diagrammen (z.B. Verbunddiagrammen) kann eine zweite y-Achse mit anderer Skalierung eingefügt werden. Dann kann hier die Beschriftung erfolgen.

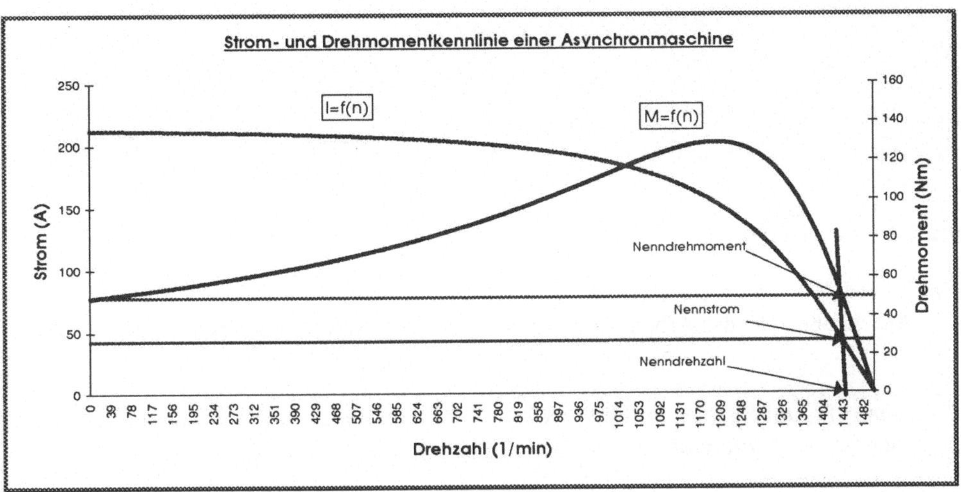

Bild 2-13: Drehmoment und Strom einer Asynchronmaschine in Abhängigkeit von der Drehzahl

Neben diesen Grundeinstellungen existieren noch sehr viele Möglichkeiten, eine Grafik zu bearbeiten. Sie werden in den wesentlichen Punkten anhand der folgenden Beispiele erläutert.

■ Beispiel 2-5: Grafische Darstellung einer Funktion

Es ist der Graf der Sinusfunktion aus Beispiel 2-1 zu zeichnen.

Anschließend ist das Arbeitsblatt unter dem Namen **Sinkurv1** zu speichern.

Man ruft zunächst das im Beispiel 2-1 erstellte Arbeitsblatt **SinusTab** auf und kann dann wie folgt vorgehen:

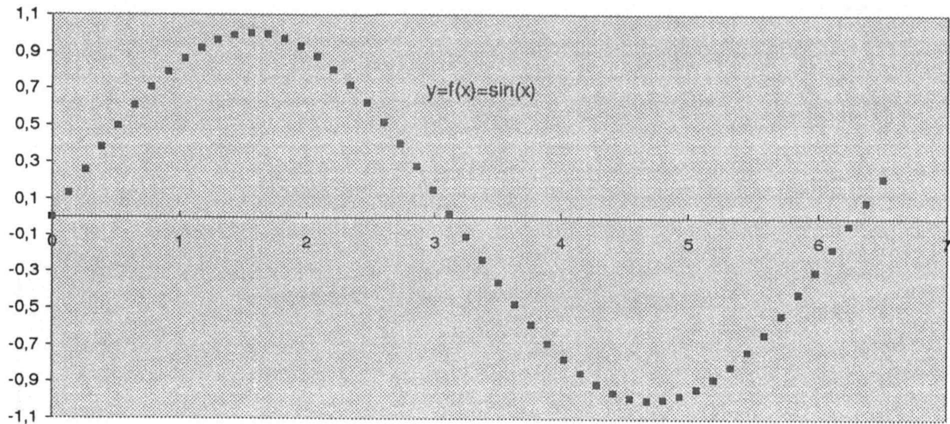

Bild 2-14: Sinuskurve

Anschließend ist das Arbeitsblatt unter dem Namen **Sinkurv1** zu speichern.

Man ruft zunächst das im Beispiel 2-1 erstellte Arbeitsblatt **SinusTab** auf und kann dann wie folgt vorgehen:

[Einfügen] [Diagramm]	{ Diagramm in die Mappe einfügen }
[Als neues Blatt]	
[Z1S6:Z52S7]	{ Darzustellender Bereich }
[Icon für den Diagramm-Assistenten anklicken]	{ Start des Diagramassistenten }
[Weiter]	{ Der zweite Schritt des Diagramm-Assistenten wird aktiviert }
[Punkt-Diagramm (x-y)]	{ Wahl des Diagrammtyps }
[Weiter]	{ Der dritte Schritt des Diagramm-Assistenten wird aktiviert }
[Format 1]	{ Wahl des Formates }
[Weiter]	{ Der vierte Schritt des Diagramm-Assistenten wird aktiviert }
[Ende]	{ Das Diagramm wird fertiggestellt }

☞ *Hinweis: Einfügen einer Verbindungslinie*

Die Punkte können nach Fertigstellung des Diagramms durch eine Linie verbunden werden. Dazu wird die Kurve doppelt angeklickt. Es öffnet sich das Dialogfeld entsprechend Bild 2-15:

Wird die Option *[Linie] [Automatisch]* gewählt und mit *[OK]* bestätigt, entsteht Bild 2-16.

Weitere Optionen stehen zur Verfügung:

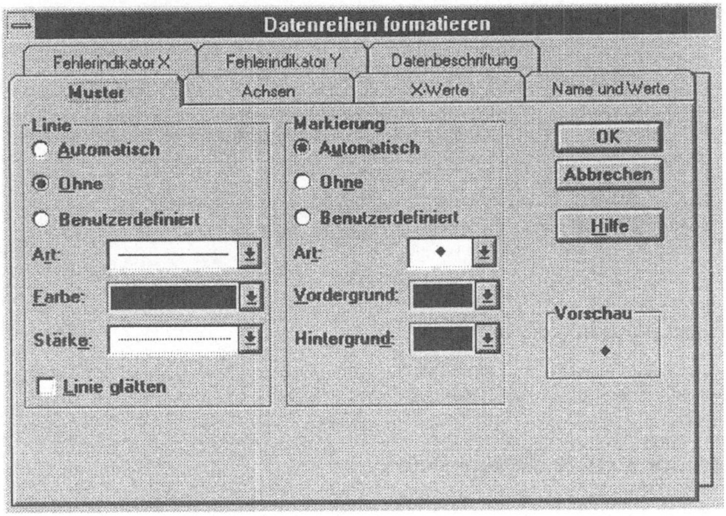

Bild 2-15: Das Dialogfeld *[Datenreihen formatieren...] [Muster]*

- Linienart, Linienstärke und Linienfarbe können eingestellt werden.
- Die Linie kann geglättet werden.
- Die Form und die Farbe der Markierung können verändert werden.

☞ *Hinweis: Speichern einer Grafik*

Eine Grafik kann

- entweder als separates Diagramm mit der Standardendung „XLC“
- oder innerhalb einer Arbeitsmappe gespeichert werden.

Neben diesen Grundeinstellungen existieren noch sehr viele Möglichkeiten, eine Grafik zu bearbeiten. Sie werden in den wesentlichen Punkten anhand der folgenden Beispiele erläutert.

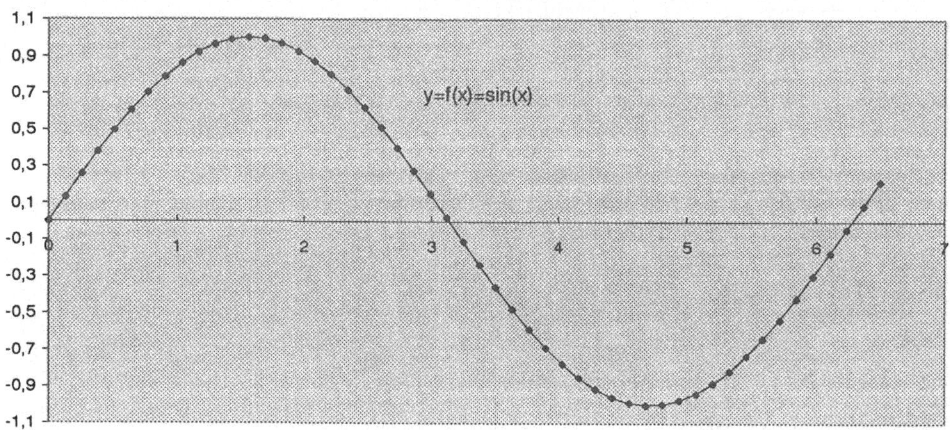

Bild 2-16: Eine Verbindungslinie einfügen

◆ Aufgabe 2-3: Zeichnen einer Tangenskurve

Aufbauend auf der Tabelle für die Tangensfunktion aus Aufgabe 2-1 ist deren Verlauf grafisch darzustellen und unter **Tankurve** abzuspeichern.

Die bisher erstellten Grafiken sind noch verbesserungsbedürftig. So fehlen beispielsweise Beschriftungen für die Achsen und die Grafik selbst. EXCEL bietet eine Reihe von Möglichkeiten, eine Grafik komfortabler und übersichtlicher zu gestalten.

Eine erstellte Grafik formatieren

Grundsätzlich ist das Grafikelement, das formatiert werden soll, doppelt anzuklicken.

- **Das Diagramm**

  Wird es doppelt angeklickt, erscheint das im Bild 2-15 dargestellte Dialogfeld.

- **Die Diagrammfläche**

  Wird an eine freie Stelle der Diagrammfläche doppelt geklickt, erscheint das im Bild 2-17 dargestellte Dialogfeld.
  Die Diagrammfläche kann mit einem Rahmen einer bestimmten Farbe, Art und Stärke versehen werden, der Hintergrund des Diagramms kann farblich gestaltet werden.

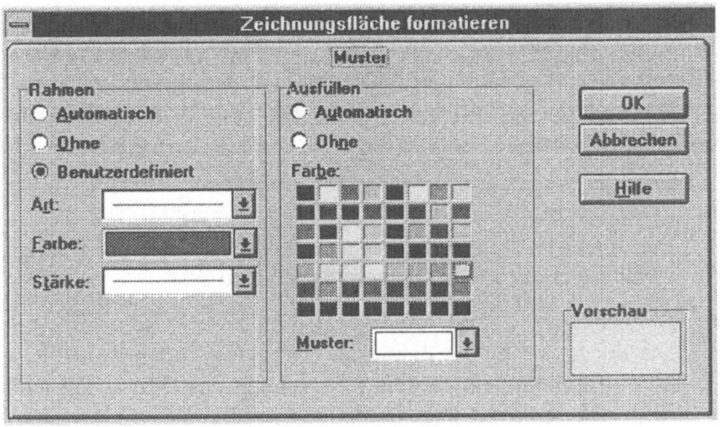

Bild 2-17: Das Dialogfeld *[Diagrammfläche formatieren]*

- **Die Achsen**

  Wird eine der beiden Achsen doppelt geklickt, erscheint das im Bild 2-18 dargestellte Dialogfeld.

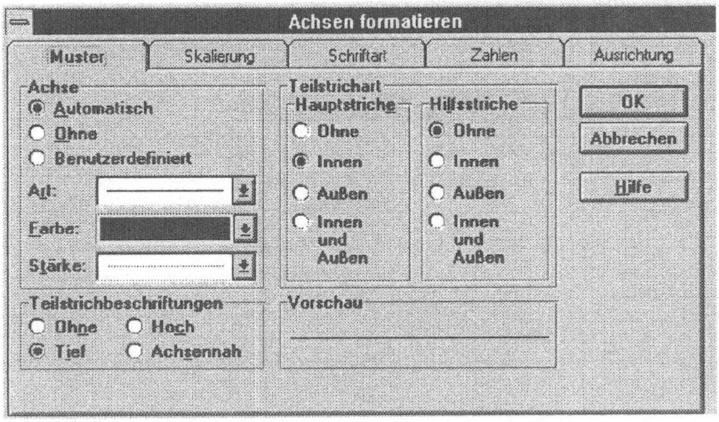

Bild 2-18: Das Dialogfeld *[Achsen formatieren...] [Muster]*

Zur Verfügung stehen fünf grundsätzliche Einstellungsmöglichkeiten:

- *[Muster]*
  Zur Disposition stehen Art, Farbe und Stärke der Achse, die Lage und Art der Hauptstriche und die Beschriftung der Hilfsstriche.

- *[Skalierung]*
  Hier wird die Skalierung (Maximal- und Minimalwert) der betreffenden Achse gewählt. Beispielsweise kann auch eine logarithmische Teilung vorgenommen werden. Auch die Lage der betreffenden Achse (oben, unten, durch den Nullpunkt) kann eingestellt werden.

Bild 2-19: Textausrichtung

- *[Schriftart]*
  Die Schriftart der Beschriftung der betreffenden Achse wird gewählt. Es erscheint das Dialogfeld nach Bild 1-19.
- *[Zahlen]*
  Die Formatierung der Zahlen an der bestreffenden Achse kann hier vorgenommen werden. Es erscheint das Dialogfeld nach Bild 1-21.
- *[Ausrichtung]*
  Verschiedene Ausrichtungsmöglichkeiten der Achsenbeschriftung entsprechend Bild 2-19 sind gegeben.

- **Die Gitternetzlinien**

Wird eine Gitternetzlinie doppelt geklickt, erscheint das im Bild 2-20 dargestellte Dialogfeld.

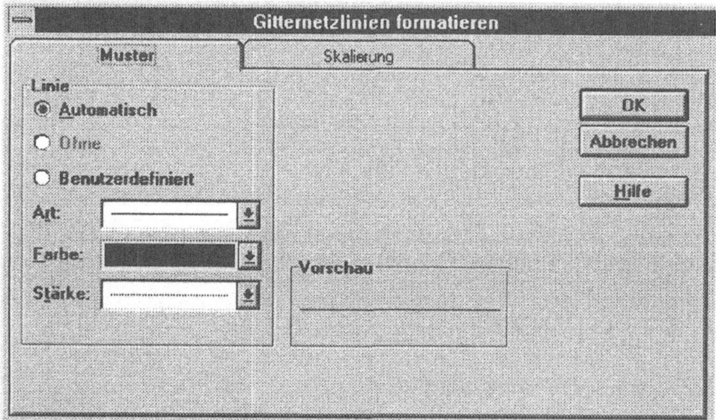

Bild 2-20: Das Dialogfeld *[Gitternetzlinien formatieren...] [Muster]*

Gitternetzlinien können farblich, in der Stärke und Art verändert werden. Sie können auch mit der Option *[Keine]* ausgeschaltet werden. Letzteres ist jedoch vom gewählten Diagrammtyp abhängig, also nicht bei jedem Diagramm möglich.

Grafiken beschriften

In einer Grafik bestehen folgende Beschriftungsmöglichkeiten:

- einen Diagrammtitel einfügen
- eine x-Achsenbeschriftung zuordnen
- die y-Achse beschriften
- eine Legende einfügen
- Datenpunkte beschriften
- ungebundenen Text einfügen

Diagrammtitel einfügen

Im Menü *[Einfügen]* steht bei aktivierter Grafik der Befehl *[Titel...]* entsprechend Bild 2-21 zur Verfügung:

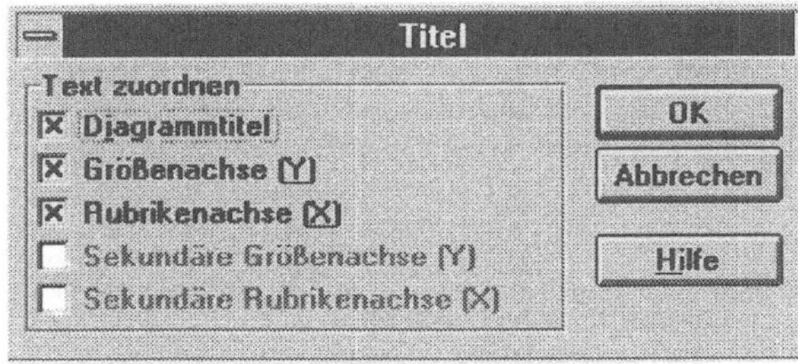

Bild 2-21: Das Dialogfeld *[Einfügen] [Titel]*

Die Achsenbeschriftungen

Entsprechend Bild 2-21 können eine erste und, bei bestimmten Diagrammtypen, z.B. bei Verbunddiagrammen, eine zweite x-und y-Achse beschriftet werden.

Eine Legende einfügen

Eine Legende wird ebenfalls im Menü *[Einfügen]* vorgenommen. EXCEL geht standardmäßig davon aus, daß eine Tabelle länger als breiter ist. Normalerweise wird deshalb für die Legende auf die Spaltenüberschriften zurückgegriffen. Das kann natürlich geändert werden.

Datenpunktbeschriftungen

Entsprechend Bild 2-22 können Datenbeschriftungen vorgenommen werden.

Bild 2-22: Datenbeschriftungen

Dabei werden entweder über die Option *[Wert anzeigen]* die y-Werte angezeigt (Bild 2-23),

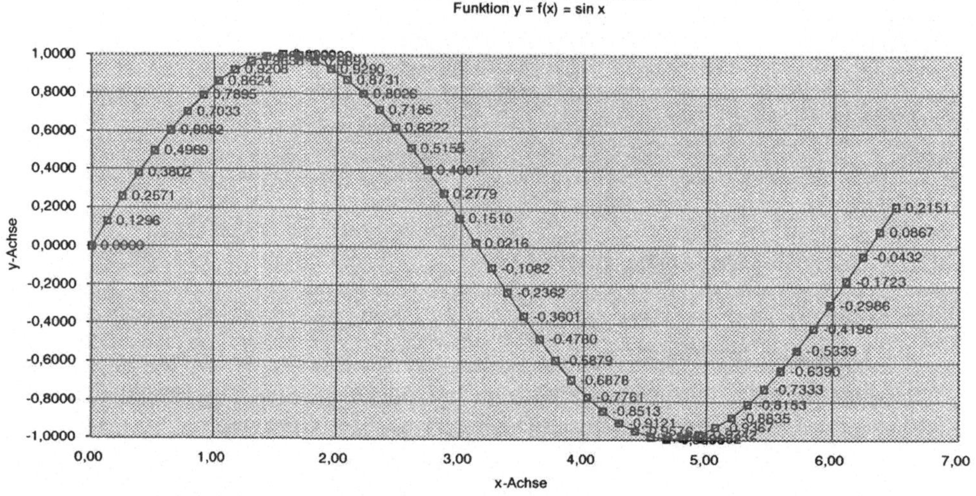

Bild 2-23: Datenbeschriftungen, Wert anzeigen

oder mit der Option *[Beschriftung anzeigen]* werden die x-Werte den Datenpunkten zugeordnet, siehe Bild 2-24:

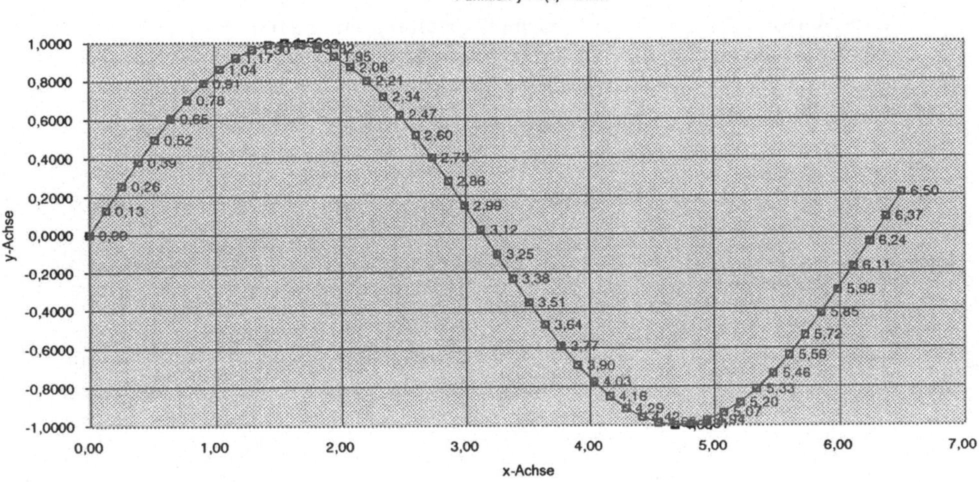

Bild 2-24: Datenbeschriftungen, Beschriftung anzeigen

Ungebundenen Text einfügen

Im Bild 2-25 ist ungebundener Text eingefügt worden. Im Gegensatz zu Achsenbeschriftungen, Datenpunktbeschriftungen, der Diagrammüberschrift und der Legende, die alle an etwas gebunden sind (z.B. an die Achsen oder an die Daten), ist ungebundener Text, wie der Name schon sagt, an nichts gebunden. Er wird eingefügt, indem man den Text einfach schreibt. Dabei erscheint er in der Bearbeitungszeile. Mit einem Return positioniert EXCEL diesen etwa in der Mitte des Diagramms. Nun kann man ihn an die gewünschte Zielposition ziehen und bearbeiten.

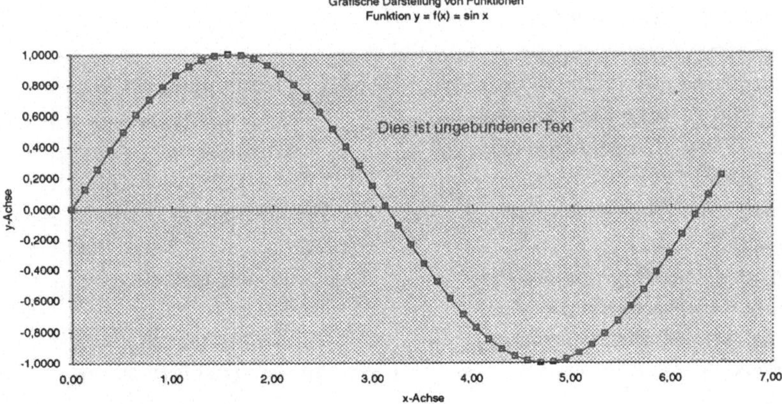

Bild 2-25: Ungebundener Text

■ Beispiel 2-6: Beschriften und Formatieren einer Grafik

Die im Beispiel 2-5 erstellte grafische Darstellung einer Sinus-Funktion ist entsprechend Bild 2-26 zu erstellen, zu formatieren und unter dem Namen SinKurv2 zu speichern.

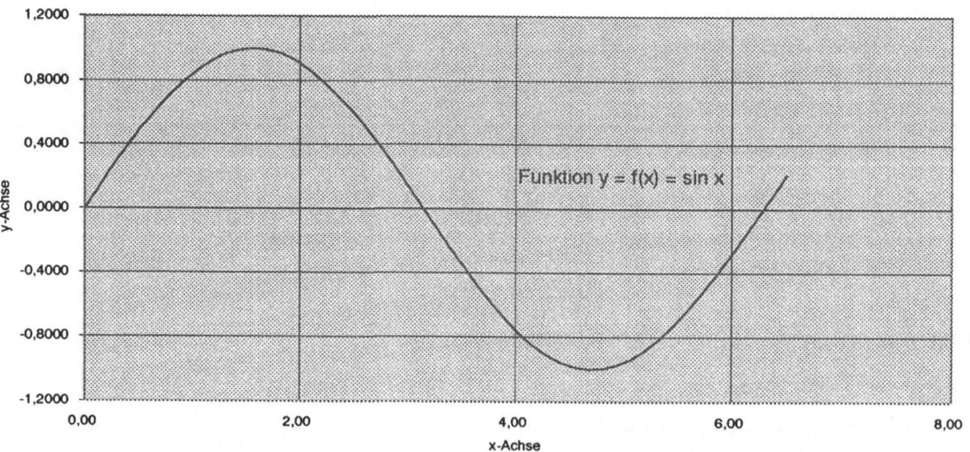

Bild 2-26: Formatierte Sinuskurve

[Doppelklick auf die Datenreihe] { Datenreihen formatieren, Muster }
[Markierung] [Ohne] [OK] { Ausblenden der Datenpunkte }
[Doppelklick auf y-Skalierung] { y-Achse skalieren }
[Skalierung] [Kleinstwert] **-1,2**
[Höchstwert] **1,2** *[Hauptintervall]* **0,4** *[OK]*
[Doppelklick auf x-Skalierung] { x-Achse skalieren }
[Skalierung] [Kleinstwert] **0** *[OK]*
[Höchstwert] **8** *[Hauptintervall]* **2** *[OK]*
[Einfügen] [Titel] [Diagrammtitel] [OK] { Diagrammtitel einfügen }
Grafische Darstellung von Funktionen <↵> { Diagrammtitel }
[Einfügen] [Titel] [Größenachse (Y)] [OK] { Beschriftung der y-Achse }
y-Achse <↵> { Achsentext }
[Einfügen] [Titel] [Rubrikenachse (X)] [OK] { Beschriftung der x-Achse }
x-Achse <↵> { Achsentext }
[Klick an eine freie Diagrammstelle]> { Ungebundenen Text eingeben }
Funktion y = f(x) = sin x <↵>
[Text an die gewünschte Stelle ziehen] { Textverschiebung }
[Doppelklick auf den Rahmen des ungebundenen Textes] { Dialogfeld Objekt formatieren }
[Schriftart] [Schriftgröße] [14] [OK] { Schriftformatierung }

Anschließend ist das Arbeitsblatt unter **SinKurv2** abzuspeichern.

☞ *Hinweis: Einfügen der Titel in ein Diagramm*

Das Einfügen aller Titel (Diagrammtitel, x-Achsenbeschriftung und y-Achsenbeschriftung) ist durch Ankreuzen aller drei Optionen möglich (entspricht einer ODER-Funktion). Nach Bestätigung mit *[OK]* muß dann jeweils der entsprechende Titel angeklickt und der neue Text eingegeben werden.

♦ Aufgabe 2-4: Beschriften und Formatieren der Tangenskurve

Die Darstellung der Tangenskurve aus Aufgabe 2-3 ist analog zum Beispiel 2-6 zu verbessern und unter dem gleichen Namen abzulegen.

In vielen Fällen ist es zweckmäßig, in einer Zeichnung mehrere Kurvenverläufe darzustellen. Mit den Optionen *[Legende einfügen]* und *[Kurve formatieren]* lassen sich solche Darstellungen übersichtlicher gestalten.

■ Beispiel 2-7: Darstellung mehrerer Funktionen in einem Diagramm

Für die im Beispiel 2-4 behandelte Schwingung ist ihr Schwingungsverlauf mit den zugehörigen Hüllkurven in einer Grafik darzustellen. Die Grafik ist zu beschriften und im Arbeitsblatt **Schwing3** zu speichern.

Das Blatt Schwing1 wird zunächst geladen. Anschließend kann man, wie auf der nächsten Seite beschrieben, verfahren. Man sollte als Ergebnis die im Bild 2-27 dargestellten Kurven erhalten.

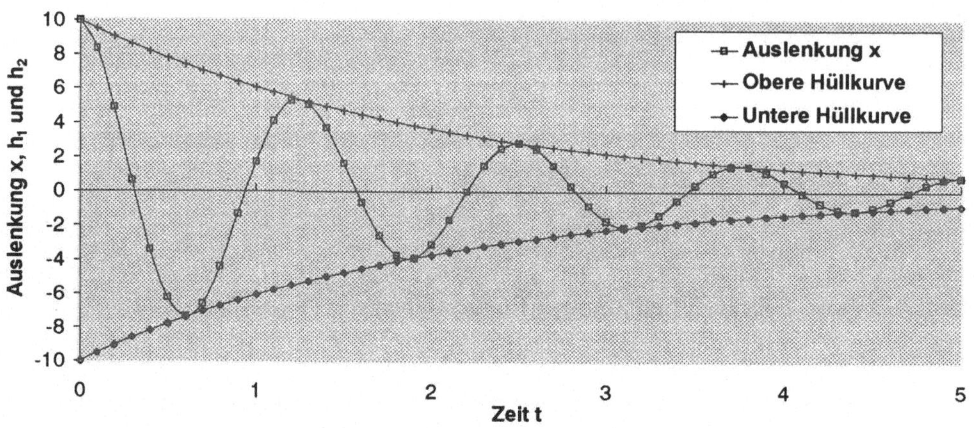

Bild 2-27: Kurvendarstellung mit Legende

Zunächst wird ein neues Diagrammblatt in die Mappe eingefügt, vgl. dazu Beispiel 2-5.

[Z1S5:Z52S8] { Darzustellender Bereich }
[Icon für den Diagramm-Assistenten anklicken] { Start des Diagrammassistenten }
[Weiter] { Der zweite Schritt des Diagramm-Assistenten wird aktiviert }
[Punkt-Diagramm (x-y)] { Wahl des Diagrammtyps }
[Weiter] { Der dritte Schritt des Diagramm-Assistenten wird aktiviert }
[Format 2] { Wahl des Formates }
[Weiter] { Der vierte Schritt des Diagramm-Assistenten wird aktiviert }
[Ende] { Das Diagramm wird fertiggestellt }
[y-Achse doppelklicken] { Formatierung der y-Achse }
[Zahlen] [Format] **0** *[OK]*
[x-Achse doppelklicken] { Formatierung der x-Achse }
[Zahlen] [Format] **0**
[Skalierung] [Hauptintervall] **1** { Skalierung der x-Achse }
[Muster] [Hilfstriche] [Außen]
[Teilstrichbeschriftungen] [Tief] [OK] { Ausrichtung der Teilstriche }
[Titel einfügen] { siehe Beispiel 2-6 }
[Obere Hüllkurve markieren] { Legendenänderung }
[Format] [Markierte Datenreihen...]
[Namen und Werte] [Namen markieren]

Obere Hüllkurve *[OK]*
[Untere Hüllkurve markieren]
[Format] [Markierte Datenreihen...]
[Namen und Werte] [Namen markieren]
Untere Hüllkurve *[OK]*
[Auslenkung markieren]
[Format] [Markierte Datenreihen...]
[Namen und Werte] [Namen markieren]
Auslenkung x *[OK]*
[Legende markieren und ziehen] { Legendenposition verändern }
[Legende durch Ziehen vergrößern] { Legendengröße ändern }
[Auslenkung x doppelt anklicken] { Die Kurve wird geglättet }
[Muster] [Linie glätten]

Jetzt sind noch die Achsen und das gesamte Diagramm entsprechend Beispiel 2-6 zu beschriften. Anschließend ist die Mappe wie vorgesehen abzuspeichern.

♦ Aufgabe 2-5: Sinus- und Cosinuskurven darstellen

Die Kurven für die Funktionen y = sin x und y = cos x sind gemeinsam in einer Zeichnung darzustellen. Die Speicherung der Tabelle erfolge unter dem Namen **SinCos**.

Mit der im Beispiel 2-7 behandelten Vorgehensweise kann man in einer Grafik mehrere Kurvenverläufe darstellen, z.B auch die Grafen für eine Funktion und für ihre Ableitungen. Da die Funktionswerte und die Ableitungswerte von ihrer Größenordnung sehr unterschiedlich sein können, ist die gemeinsame Darstellung der Funktion mit ihren Ableitungen in einer Zeichnung u.U. unübersichtlich und schlecht auswertbar. In einem solchen Fall ist es häufig günstiger, die einzelnen Kurven in jeweils einer Grafik darzustellen. Diese Einzelgrafiken sollten zweckmäßigerweise auf die gleiche Wertetabelle Bezug nehmen, d.h., sie sollten einem Arbeitsblatt zugeordnet sein. Das Erstellen und Verwalten mehrerer Grafiken für ein Arbeitsblatt kann mit dem Einsatz einer Arbeitsmappe realisiert werden.

■ Beispiel 2-8: Darstellung einer Funktion und deren Ableitungen

Aufgrund der Wertetabelle aus Beispiel 2-3 sind für das Polynom und seiner 1. und 2. Ableitung die zugehörigen Kurven einzeln darzustellen. Die jeweiligen Grafikfestlegungen sind in der Mappe unter den Namen **PolKurv0, PolKurv1** und **PolKurv2** abzuspeichern (Bild 2-28). Die Arbeitsmappe mit den gespeicherten Grafiken ist unter dem Namen **Polynom2** zu speichern.

POLYNOM / POLKURV2 / POLKURV1 / POLKURV0

Bild 2-28: Arbeitsmappe **Polynom**

Unter Anwendung der bisher behandelten Grafik-Optionen ergeben sich folgende drei Einzeldarstellungen für die 0., 1. und 2. Ableitung des Polynoms.

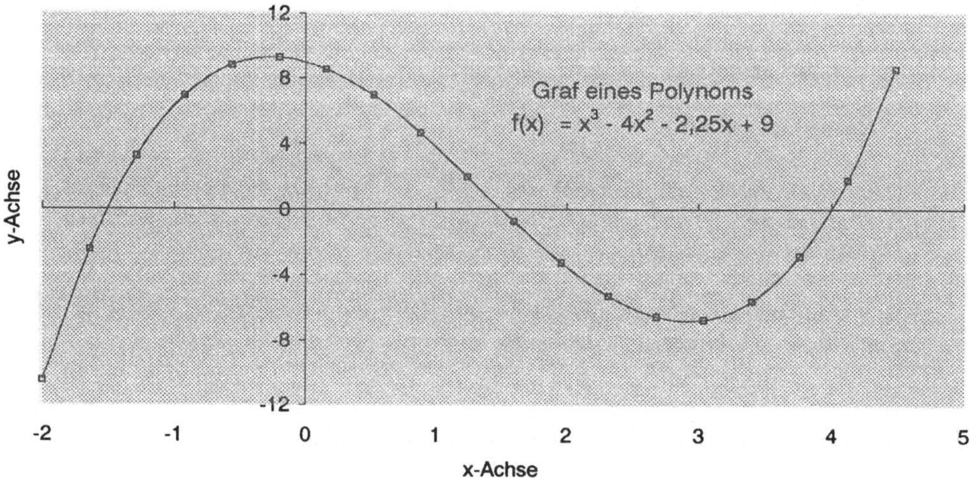

Bild 2-29: Graf eines Polynoms 3.Grades

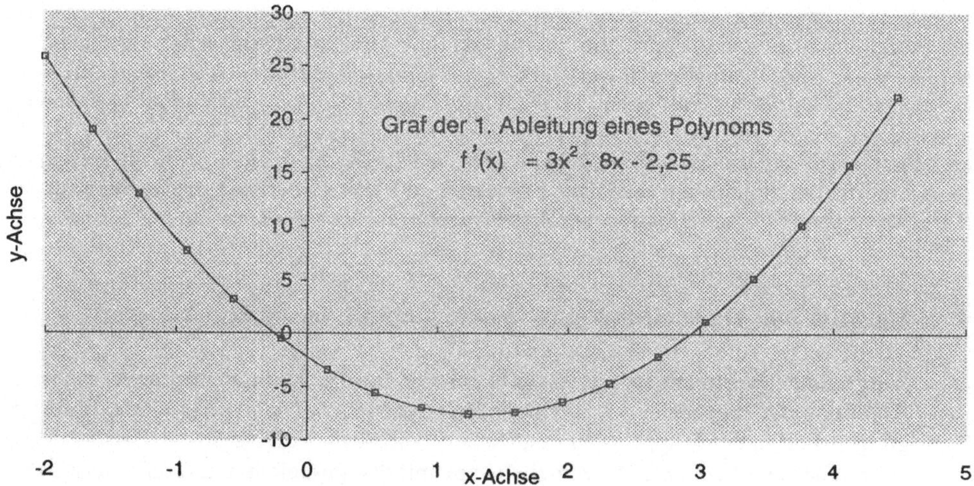

Bild 2-30: Graf der 1.Ableitung eines Polynoms 3.Grades

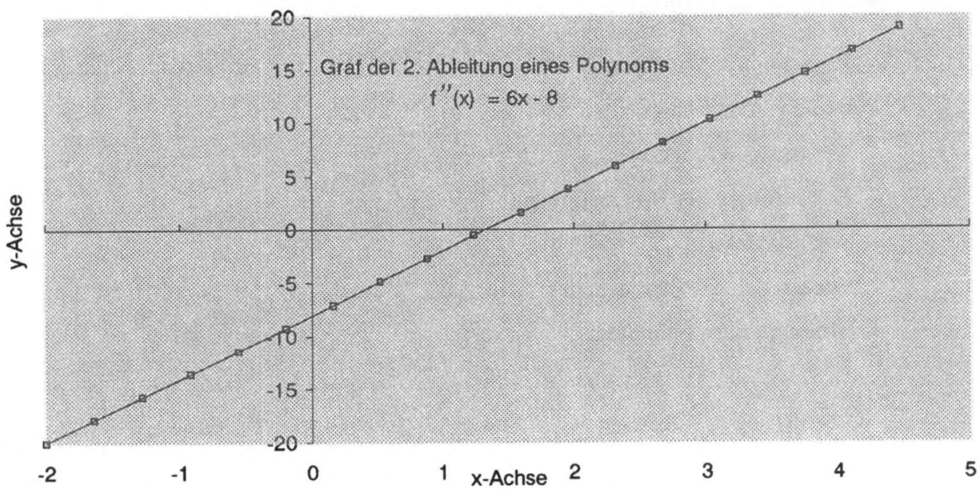

Bild 2-31: Graf der 2.Ableitung eines Polynoms 3.Grades

Die grundsätzliche Vorgehensweise könnte so aussehen:

Die Tabelle **Polynom** wird geladen.

[Einfügen] [Diagramm] [Als neues Blatt] { POLYKURV0 (f(x) }
[POLYNOM!Z1S5:Z20S6] [Weiter]
[Punktdiagramm] [Weiter]
[Format 2] [Ende] [Kurve doppelt anklicken]
[Linie glätten] [Namen doppelt anklicken]
POLYKURV0 <↵>
[Tab POLYNOM aktivieren] { POLYKURV1 f'(x) }
[Einfügen] [Diagramm] [Als neues Blatt]
[POLYNOM!Z1S7:Z20S7] [Weiter]
[Punktdiagramm] [Weiter]
[Format 2] [Ende] [Kurve doppelt anklicken]
[Linie glätten] [Namen doppelt anklicken]
POLYKURV1 <↵>
[Tab POLYNOM aktivieren] { POLYKURV2 (f''(x) }
[Einfügen] [Diagramm] [Als neues Blatt]
[POLYNOM!Z1S8:Z20S8] [Weiter]
[Punktdiagramm] [Weiter]
[Format 2] [Ende] [Kurve doppelt anklicken]
[Linie glätten] [Namen doppelt anklicken]
POLYKURV2 <↵>

Nun erfolgt die Formatierung:

- Diagrammtitel einfügen
- x-und y-Achse beschriften
- Achsenskalierungen
- Zahlenformat der Beschriftungen
- Schriftartwahl
- Hochstellen der Exponenten
- Hintergrundformatierung

Die Formatierungen wurden in den vorherigen Beispielen weitestgehend erläutert.

Die Arbeitsmappe sollte dann unter dem Namen **POLYNOM2.xlw** gespeichert werden.

[Datei] [Speichern unter] **POLYNOM2.XLW**
[Dateityp] [Microsoft Excel-Arbeitsmappe] [OK]

☞ *Hinweis: Externe Bezüge*

Soll auf Zellen oder Zellbereiche einer anderen Tabelle, eines anderen Diagramms oder eines anderen Makros Bezug genommen werden, geschieht das mit einem „!" zwischen dem Namen des Blattes und der Zelle oder des Zellbereiches.

Beispiel: **POLYNOM!Z1S5:Z20S6**

♦ Aufgabe 2-6: Darstellen der Winkelfunktionen

Für die Winkelfunktionen sin(x), cos(x), tan(x) und cot(x) sind für das x-Intervall von 0 bis 2π in einer Arbeitsmappe **WinkFunk** eine geeignete Wertetabelle zu erstellen. Ferner sind die Sinus- und Cosinus-Kurve gemeinsam in einer Grafik darzustellen, entsprechend die Tangens- und Cotangenskurve in einer anderen Grafik. Die beiden Grafiken sind unter den Namen **SinCos** und **TanCot** in der Mappe einzuordnen.

Die übrigen von EXCEL zur Verfügung gestellten Diagrammarten spielen für die grafische Darstellung von Funktionen keine besondere Rolle und sollen hier nur kurz an zwei Beispielen für Säulen- und Kreis-Diagramme behandelt werden. Diese Art von Diagrammen finden im wesentlichen Anwendung beim Erstellen sogenannter Geschäftsgrafiken.

■ Beispiel 2-9: Erstellung eines Säulendiagramms

Für die wesentlichen Kosten der in der Tabelle nach Beispiel 1-22 gespeicherten Kosten eines Lochwerkzeugs ist eine Übersicht in Form eines Säulendiagramms zu erstellen und unter dem Namen **s_diagramm** abzuspeichern. Die Mappe sollte dann die Tabelle und die Säulengrafik enthalten. Die Säulengrafik ist im Bild 2-32 dargestellt.

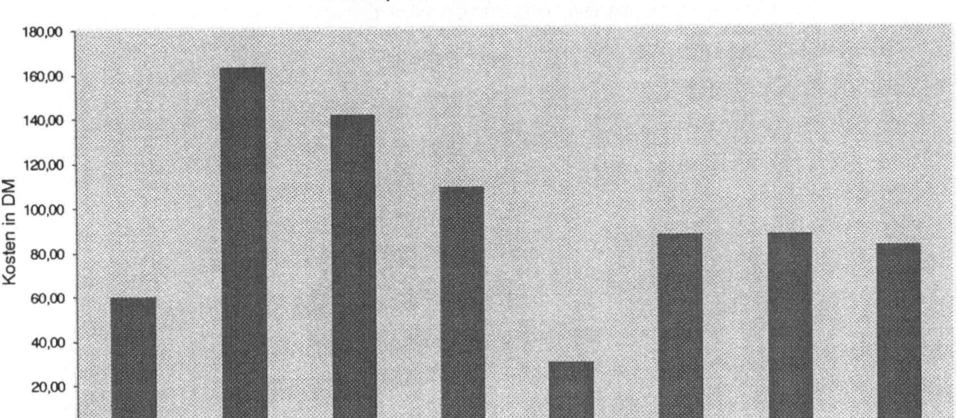

Bild 2-32: Säulendiagramm für Kostenübersicht

Das Erstellen des obigen Säulendiagramms wird nach dem Laden der Tabelle, analog wie für XY-Diagramme, in folgenden Schritten durchgeführt:

[Einfügen] [Diagramm] [Als neues Blatt] { Neues Diagramm einfügen }
[Stückliste!G2:G10] [Weiter]
[Säulendiagramm] [Weiter]
[Format 1] [Ende]

Nun erfolgt, entsprechend den vorangegangenen Beispielen die Formatierung.

☞ *Hinweis: Anwendung von Säulen- und Balkendiagrammen*

In Säulendiagrammen werden auf der x-Achse Texte abgetragen. Auf der y-Achse werden numerische Werte dargestellt, und zwar in nebeneinander angeordneten Säulen für jeweils einen X-Wert. Diese Form der Darstellung eignet sich insbesondere für Vergleiche von Werten.

In Balkendiagrammen sind die Säulen um 90^0 gegenüber dem Balkendiagramm gedreht, was einem Vertauschen von x-und y-Achse entspricht.

■ Beispiel 2-10: Erstellung eines Kreisdiagrammes

Analog zum Beispiel 2-9 ist für die Stückliste des Lochwerkzeugs ein Kreisdiagramm zu erstellen und als Diagramm unter dem Namen Kreis in die Arbeitsmappe einzufügen, dabei sollen die Benennungen der einzelnen Stücklistenpositionen als X-Datenbereich festgelegt werden. Ein entsprechendes Kreisdiagramm kann von folgender Form sein:

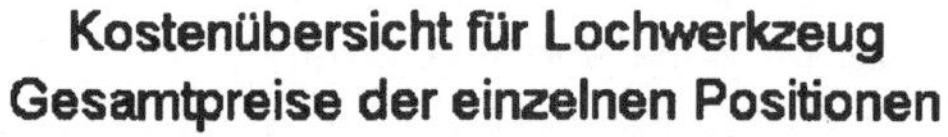

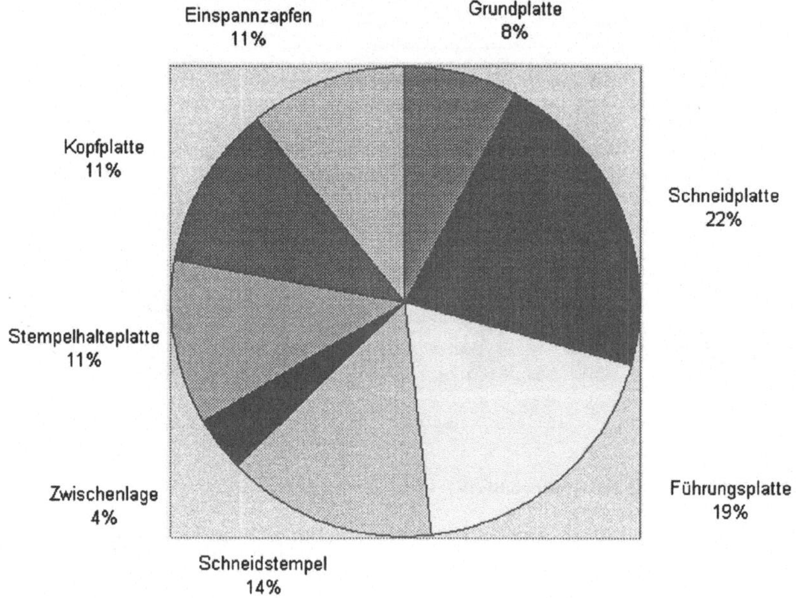

Bild 2-33: Kreisdiagramm für Kostenübersicht in Prozent

[Einfügen] [Diagramm] [Als neues Blatt] { Neues Diagramm einfügen }
[Stückliste!C2:C10;G2:G10] [Weiter]
[Kreisdiagramm] [Weiter]
[Format 7] [Ende]

Nun erfolgt, entsprechend den vorangegangenen Beispielen, die Formatierung.

☞ *Hinweis: Anwendung von Kreisdiagrammen*

Bei Kreisdiagrammen kann für die in Abhängigkeit von X darzustellenden Größen nur der Datenbereich A festgelegt werden. Die Darstellung der zugehörigen Werte erfolgt durch die Angabe ihres prozentualen Anteils am Gesamtwert und durch entsprechend große Kreissegmente. Die Vereinbarung einer Legende für den Datenbereich A ist nicht möglich.

2.3 Ermittlung von Näherungslösungen

Eine Vielzahl von Problemstellungen in der Praxis führen zu mathematischen Aufgaben, die sich nicht mehr, oder nur mit relativ großem Aufwand, geschlossen lösen lassen. Man ist in einem solchen Fall auf Näherungslösungen angewiesen, die man mit Hilfe geeigneter numerischer Verfahren anstelle der exakten Lösungen ermittelt. In diesem Kapitel soll an Beispielen:

- für die numerische Lösung von Gleichungen und
- für die numerische Integration

gezeigt werden, wie einfach sich Näherungsverfahren mit einer Tabellenkalkulation durchführen lassen. Exemplarisch werden hier folgende Verfahren:

- Intervallschachtelung
- Newton-Verfahren
- allgemeine Iteration
- Simpson-Regel

in geeigneten Arbeitsblättern realisiert. Da dem Anwender beim Arbeiten mit einer Tabellenkalkulation meist mehr Informationen zur Verfügung stehen als bei Näherungsrechnungen mit herkömmlichen Programmen, wie z.B. in Pascal, kann man auf die sonst erforderlichen Konvergenzkontrollen verzichten. Im weiteren wird davon ausgegangen, daß der Anwender aufgrund der angezeigten Zwischen- und Endergebnisse zu ungenaue oder unzulässige Näherungslösungen erkennt und geeignete Änderungen, z.B. durch die Vorgabe neuer Anfangswerte, vornimmt.

Bei der Nullstellenbestimmung einer Funktion mit einer Intervallschachtelung geht man von einem Anfangsintervall aus, dessen Grenzen Funktionswerte von unterschiedlichem Vorzeichen besitzen. Man ermittelt die Intervallmitte und den zugehörigen Funktionswert. Aufgrund des Vorzeichens dieses Wertes liegt fest, auf welcher Seite von der Intervallmitte sich die gesuchte Nullstelle befindet. Entsprechend wird mit dem linken oder rechten Teilintervall die obige Vorgehensweise fortgesetzt, bis sich eine Intervallmitte ergibt, deren zugehöriger Funktionswert im Rahmen der gewünschten Genauigkeit nahe genug bei Null liegt.

Diese Vorgehensweise kann - in etwas modifizierter Form - vom Anwender direkt auf Arbeitsblätter übertragen werden, die als Ergebnis für eine Funktion eine Wertetabelle mit zugehöriger Grafik liefern. Ausgehend von einem Anfangsintervall legt man aufgrund des sich hierfür ergebenden Verlaufs der Kurve ein neues Intervall mit Funktionswerten unterschiedlichen Vorzeichens fest. Im Prinzip können die im vorausgegangenen Kapitel erstellten Tabellen ohne weitere Änderungen oder Ergänzungen zur Durchführung einer solchen Intervallschachtelung benutzt werden. Aus Gründen einer besseren Übersicht und genauerer Ergebnisse kann es u.U. zweckmäßiger sein, mit weniger Stützstellen bzw. einer größeren Zahl von Nachkommastellen zu arbeiten.

■ Beispiel 2-11: Ermittlung einer Nullstelle durch Intervallschachtelung

Mit Hilfe der Methode der Intervallschachtelung bestimme man näherungsweise die Nullstellen des Polynoms aus Beispiel 2-8. Die dort entwickelte Tabelle **Polynom2** ist zu übernehmen und wie folgt zu ändern:

- Verringerung der Anzahl der Stützstellen auf 19, damit die gesamte Wertetabelle auf dem Bildschirm erscheint,
- Festsetzen des Festkommaformats für x und f(x) auf 2 Nachkommastellen,
- Aktivieren der Grafik für die Darstellung der Funktion f(x).

Nach dem Laden und Ändern der Tabelle ergibt sich das neue Arbeitsblatt:

	1	2	3	4	5	6	7	8
1	Wertetabelle eines Polynoms				x	f(x)	f'(x)	f''(x)
2	f(x)=x^3-4*x^2-2.25*x+9				-1,00	6,3	8,8	-14,0
3	f'(x)=3*x^2-8*x-2.25				-1,03	6,0	9,2	-14,2
4	f''(x)=6*x-8				-1,06	5,7	9,6	-14,4
5	Untere Grenze:	-1,00			-1,09	5,4	10,0	-14,5
6	Obere Grenze:	-1,60			-1,12	5,1	10,5	-14,7
7	Anzahl der Stützstellen:	19			-1,15	4,8	10,9	-14,9
8	Schrittweite:	-0,03			-1,18	4,4	11,4	-15,1
9					-1,21	4,1	11,8	-15,3
10					-1,24	3,7	12,3	-15,4
11					-1,27	3,4	12,7	-15,6
12					-1,30	3,0	13,2	-15,8
13					-1,33	2,6	13,7	-16,0
14					-1,36	2,1	14,2	-16,2
15					-1,39	1,7	14,7	-16,3
16					-1,42	1,3	15,2	-16,5
17					-1,45	0,8	15,7	-16,7
18					-1,48	0,3	16,2	-16,9
19					-1,51	-0,2	16,7	-17,1
20					-1,54	-0,7	17,2	-17,2

POLYNOM / f(x) / f'(x) / f''(x)

Bild 2-34: Wertetabelle für ein Polynom

Beginnt man die Näherungsrechnung mit dem Anfangsintervall: $-2,0 \leq x \leq 5,0$, so ist folgender Ablauf möglich:

[Z5S2] **-2 <↵>** { Untere Grenze }
[Z6S2] **5 <↵>** { Obere Grenze }
[Grafik f(x) aktivieren] { Wechsel in das Diagramm }

Die Grafik zeigt, daß eine der Nullstellen bei ca. -1,5 liegen dürfte, die obere Grenze soll deshalb korrigiert werden.

[POLYNOM!Z6S2] **-1 <↵>** { Obere Grenze }
[Grafik f(x) aktivieren] { Wechsel in das Diagramm }

Jetzt sollen beide Grenzen angepaßt werden, um die Nullstelle noch besser lokalisieren zu können.

[Z6S2] **-1,3 <↵>** { Beide Grenzen anpassen }
[Z5S2 **-1,6 <↵>**
[Grafik f(x) aktivieren] { Wechsel in das Diagramm }

Aufgrund des Kurvenverlaufs und der Wertetabelle ist ersichtlich, daß die erste Nullstelle des Polynoms bei x = -1,5 liegt. Die beiden weiteren Nullstellen findet man auf die gleiche Weise.

☞ *Hinweis: Bestimmung von Extremwerten und Wendepunkten*

Die Extremwerte und Wendepunkte einer Funktion lassen sich ganz analog ermitteln. Man hat für seine Betrachtungen nur die entsprechende Spalte und Grafik für $f'(x)$ bzw. $f''(x)$ zu wählen und die Nullstellen hierfür zu ermitteln, da für Extremwerte und Wendepunkte die notwendige Bedingung: $f'(x) = 0$ bzw. $f''(x) = 0$ gelten muß. Die Art des Extremwerts, ob ein relatives Maximum oder Minimum vorliegt, kann aufgrund des Grafs für f(x) entschieden werden.

♦ Aufgabe 2-7: Nulldurchgang einer Schwingung

Für die in der Aufgabe 2-2 behandelte zusammengesetzte Schwingung bestimme man näherungsweise die Zeit, nach welcher die Auslenkung erstmalig nach dem Beginn der Schwingung den Wert Null annimmt.

Bei der Bestimmung der Nullstelle x_n einer Funktion y = f(x) mit dem Newton-Verfahren geht man von einer Anfangsnäherung x_0 aus und ermittelt die Tangente im Punkt $P_0(x_0,f(x_0))$. Als neue Näherung x_1 wählt man den Schnittpunkt der Tangente mit der x-Achse. Entsprechend verfährt man mit der neuen Näherung und allen weiteren, und zwar solange, bis man eine hinreichend gute Näherung für x_n gefunden hat. Allgemein gilt bei bekannter Ableitung f'(x) für eine beliebige Näherung x_{n+1} folgende Iterationsvorschrift:

$$x_{n+1} = x_n - \frac{f(x_n)}{f'(x_n)} \quad \textit{für} \ f'(x_n) \neq 0 \quad \textit{und} \ n = 0, 1, 2, \ldots$$

Mit EXCEL lassen sich Iterationen - wie z.B. beim Newton-Verfahren - durchführen, und zwar z.B. mit Hilfe einer geeigneten Tabelle für die Näherungswerte oder unter Anwendung einer sogenannten Schleife. Im folgenden Beispiel sollen die Näherungswerte in Tabellenform ermittelt werden.

■ Beispiel 2-12: Newton-Verfahren in Tabellenform

Das Newton-Verfahren soll zur iterativen Ermittlung der Nullstellen des Polynoms aus dem letzten Beispiel herangezogen werden. Man entwickle eine Tabelle zur Bestimmung der verschiedenen Näherungswerte für die gesuchte Nullstelle des Polynoms aus der im Beispiel 2-11 verwendeten Wertetabelle.

Die Folge der Näherungswerte erhält man auf einfache Weise, indem man die x-Werte in der Spalte F der Tabelle Polynom3 nicht mehr durch Aufaddieren der durch die Intervallgrenzen vorgegebenen Schrittweite ermittelt, sondern aufgrund der Iterationsvorschrift nach Newton aus dem jeweils unmittelbar vorausgegangenen x-Wert. Eine entsprechend geänderte neue Tabelle **Polynom4** könnte den Aufbau entsprechend Bild 2-35 besitzen.

Neben den mehr redaktionellen Änderungen, wie z.B. das Löschen einiger Texte, das Löschen der Spalte 8 für die 2.Ableitungen und das Verschieben der Spalten für x, f(x) und f'(x) um zwei Spalten nach links, ist in der Zelle B6 die Eingabe der Anfangsnäherung vorzusehen und die eigentliche Näherungsrechnung in der Spalte C beginnend mit der Zelle C2 wie folgt festzulegen:

[C2] **=B6 <↵>** { Übernahme des Anfangswertes für x }
[C3:C20] **=C2-D2/E2 <↵>** { Iterationsvorschrift für neuen Näherungswert }
<Strg> + **<↵>** { Mehrfacheingabe }

Nun sollte noch eine entsprechende Zellformatierung erfolgen.

Abschließend ist die so geänderte und erweiterte Tabelle unter dem Namen **Polynom4** abzuspeichern.

	A	B	C	D	E
1	Newton-Verfahren zur Ermittlung der Nullstelle eines Polygons		x	f(x)	f'(x)
2	Iterationsvorschrift		-3,0000	-47,2500	48,7500
3	$x_{neu}=x_{alt}-f(x_{alt})/f'(x_{alt})$		-2,0308	-11,3018	26,3682
4	f(x)=x^3-4*x^2-2,25*x+9		-1,6022	-1,7753	18,2679
5	f'(x)=3*x^2-8*x-2,25		-1,5050	-0,0823	16,5846
6	Anfangswert:	-3,0000	-1,5000	-0,0002	16,5002
7			-1,5000	0,0000	16,5000
8			-1,5000	0,0000	16,5000
9			-1,5000	0,0000	16,5000
10			-1,5000	0,0000	16,5000
11			-1,5000	0,0000	16,5000
12			-1,5000	0,0000	16,5000
13			-1,5000	0,0000	16,5000
14			-1,5000	0,0000	16,5000
15			-1,5000	0,0000	16,5000
16			-1,5000	0,0000	16,5000
17			-1,5000	0,0000	16,5000
18			-1,5000	0,0000	16,5000
19			-1,5000	0,0000	16,5000
20			-1,5000	0,0000	16,5000

Bild 2-35: Newton-Verfahren für ein Polynom

☞ *Hinweis: Die A1- und die Z1S1-Darstellung*

Bild 2-35 im Beispiel ist in der A1-Darstellung zu sehen und basiert auf Bild 2-34 im Beispiel 2-11. Die Umschaltung der beiden Ansichtsmöglichkeiten kann man im Menü *[Extras] [Optionen...] [Allgemein]* vornehmen.

☞ *Hinweis: Relative und absolute Zellbezüge*

Die Formel **=B6** in C2 ist relativ. Sie bezieht sich auf den Inhalt der Zelle, die sich vier Zeilen tiefer und eine Spalte weiter links befindet. Da die Formel nicht kopiert werden muß, hätte hier auch absolut mit der Eingabe **=$B$6** in C2 gearbeitet werden können. Gleiches gilt für die Formeln in C3 bis C20. Eine „Umstellung" der Zellbezüge kann wie folgt erfolgen:

Man markiert den umzustellenden Zellbezug, es reicht auch, in diesen den Cursor zu setzen, und betätigt die Funktionstaste F4. Diese wirkt dabei wie ein „Vier-Stufenschalter". Beim Erreichen der vierten Stufe wird in die erste Stufe weitergeschaltet.

Beispiele für verschiedenartige Adressierungsmöglichkeiten:

In der Zelle C3 soll der gleiche Wert stehen, der in A1 steht.

[C3] **=A1 <↵>**	{ Ausgangssituation }
[Zwischen das A und die 1 den Cursor doppelklicken]	{ Editiermodus }
<F4>	{ =$A$1 }
<F4>	{ =A$1 }
<F4>	{ =$A1 }
<F4>	{ =A1 }

In der Z1S1-Darstellung würde das so aussehen:

In der Zelle Z3S3 soll der gleiche Wert stehen, der in Z1S1 steht.

[Z3S3] **=Z(-2)S(-2) <↵>**	{ Ausgangssituation }
[Vor das S den Cursor doppelklicken]	{ Editiermodus }
<F4>	{ =Z1S1 }
<F4>	{ =Z1S(-2) }
<F4>	{ =Z(-2)S1 }
<F4>	{ =Z(-2)S(-2) }

Die relative, absolute und gemischte Adressierung kann man entsprechend der folgenden Tabelle erkennen:

Darstellung Adressierung	A1	Z1S1
Relativ	Spalte-Zeile: *[A1], [B7], [AB11], [Z12]*	Zeile-Spalte: *[Z(-2)S(-3)], [Z(5)S(2)], [ZS(7)], [Z(-4)S]*
Absolut	Spalte-Zeile: *[$A$1], [$AA$5], [$Z$7]*	Zeile-Spalte: *[Z3S2], [Z15S7], [Z12S90]*
Gemischt	Absolute Bezüge mit vorgestelltem Dollarzeichen: *[$A4], [A$15], [$BC7], [CD$12]*	Relative Bezüge werden in Klammern gesetzt: *[Z(-2)S6], [Z12S(4)], [ZS(9)], [Z23S]*

☞ *Hinweis: Formeleingabe*

Die Eingabe von Formeln sollte möglichst weitgehend mit dem Mausklicken erfolgen. Damit vermeidet man Fehler. Beispielsweise sollte die Formeleingabe in vorgenanntem Beispiel in C3:C20 vorzugsweise so erfolgen:

[C3:C20] = [C2] { Formeleingabe per Klick und Maus }
- [D2] / [E2]
<Strg>* + *<Return> { Mehrfacheingabe }

♦ Aufgabe 2-8: Nulldurchgang der Schwingung nach Aufgabe 2-7

Analog zu der Vorgehensweise im Beispiel 2-12 ist das Arbeitsblatt aus der Aufgabe 2-7 zur näherungsweisen Berechnung des Nulldurchgangs einer Schwingung so zu ändern, daß die Ermittlung der Näherungswerte nach dem Newton-Verfahren durchgeführt wird.

Die Berechnung der Näherungswerte kann außer in der oben angegebenen Tabellenform auch direkt mit Hilfe einer Schleife realisiert werden. In EXCEL liegt eine Schleife vor, wenn eine Zelle direkt oder indirekt von sich selbst abhängt. Bei der Umsetzung von Iterationsverfahren in einer Tabellenkalkulation können solche Abhängigkeiten sinnvoll angewandt werden.

Das Berechnen von Zellen

Der Befehl *[Berechnen]* im Menü *[Extras] [Optionen...]*, in dem gesteuert wird, wann und wie Formeln in geöffneten Dokumenten berechnet werden, bietet entsprechend Bild 2-36 folgende Einstellungsmöglichkeiten:

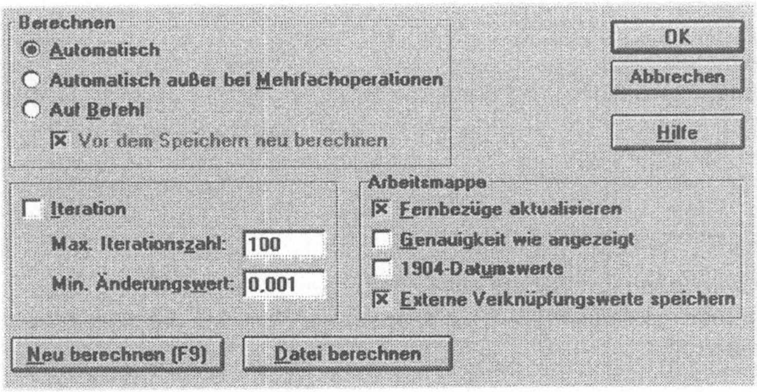

Berechnen
(•) Automatisch
( ) Automatisch außer bei Mehrfachoperationen
( ) Auf Befehl
[X] Vor dem Speichern neu berechnen
OK
Abbrechen
Hilfe
[ ] Iteration
Max. Iterationszahl: 100
Min. Änderungswert: 0,001
Arbeitsmappe
[X] Fernbezüge aktualisieren
[ ] Genauigkeit wie angezeigt
[ ] 1904-Datumswerte
[X] Externe Verknüpfungswerte speichern
Neu berechnen (F9)
Datei berechnen

Bild 2-36: Das Dialogfeld *[Berechnen]* im Menü *[Extras] [Optionen...]*

- *[Automatisch]*

  Alle abhängigen Formeln werden berechnet, sobald sich ein Wert, eine Formel oder ein Name ändern. Dies ist die Standardeinstellung für Berechnungen.

- *[Automatisch außer bei Mehrfachoperationen]*

  Alle abhängigen Formeln außer Mehrfachoperationen werden berechnet. Man kann Mehrfachoperationen berechnen, indem die Schaltfläche "Neu berechnen" in diesem Dialogfeld gewählt wird.

- *[Auf Befehl]*

  Geöffnete Arbeitsmappen werden nur dann berechnet, wenn die Schaltfläche "Neu berechnen" gewählt wird. Wird die Option "Auf Befehl" gewählt, wird das Kontrollkästchen "Vor dem Speichern neu berechnen" automatisch aktiviert.

- *[Iteration]*

  Die Iteration für die Zielwertsuche oder für das Auflösen von Zirkelbezügen wird definiert. Wenn nichts anderes angegeben wird, wird der Vorgang nach 100 Iterationen abgebrochen, oder wenn alle Werte sich um weniger als 0,001 ändern. Man kann die Iteration begrenzen, indem die Werte in den Feldern "Max. Iterationszahl" und/oder " Min. Änderungswert" geändert werden.

- *[Neu berechnen]*

  Alle geöffneten Tabellenblätter werden berechnet.

- *[Datei berechnen]*

  Nur das aktive Tabellenblatt wird berechnet, und nur die darin enthaltenen oder mit dem Tabellenblatt verknüpften Diagramme werden aktualisiert.

- *[Fernbezüge aktualisieren]*

  Formeln, die Bezüge zu anderen Anwendungen enthalten, werden berechnet. Ist dieses Kontrollkästchen deaktiviert, wird der letzte von der anderen Anwendung erhaltene Wert in den Formeln verwendet.

- *[Genauigkeit wie angezeigt]*

  Die maximale Genauigkeit (15 Stellen) von in Zellen gespeicherten Werten kann in das angezeigte Format geändert werden. Die angezeigten Werte werden dann bei den Berechnungen verwendet.

- *[1904-Datumswerte]*

  Das Anfangsdatum für die Berechnung aller Datumsangaben wird vom 1. Januar 1900 auf den 2. Januar 1904 geändert.

- *[Externe Verknüpfungswerte speichern]*

  Kopien der Werte, die in einem mit dem Microsoft Excel-Tabellenblatt verknüpften externen Dokument enthalten sind, werden gespeichert. Wenn ein Tabellenblatt mit Verknüpfungen zu großen Bereichen eines externen Dokumentes sehr viel Speicherplatz benötigt oder nur mit großem Zeitaufwand geöffnet werden kann, kann man durch Deaktivieren dieses Kontrollkästchens Zeit und Speicherplatz einsparen.

☞ *Hinweis: Automatische Neuberechnung*

Standardmäßig ist diese Option voreingestellt und sollte dies „normalerweise" auch sein.

☞ *Hinweis: Neuberechnung auf Befehl*

Werden große Datenmengen verwaltet, die bei der Neuberechnung viel Zeit in Anspruch nehmen, sollten erst alle Daten eingegeben und dann die Neuberechnung angeordnet werden.

☞ *Hinweis: Neuberechnung unabhängig von der Voreinstellung*

Unabhängig von der Voreinstellung im Menü *[Extras] [Optionen...] [Berechnen]* erfolgt eine Neuberechnung immer mit der Funktionstaste **<F9>**.

■ Beispiel 2-13: Newton-Verfahren mit Schleifen-Realisierung

Die im Beispiel 2-12 behandelte Nullstellenberechnung eines Polynoms soll hier mit Hilfe einer direkten Umsetzung der Iterationsregel in Schleifenform durchgeführt werden.

Bei der Neugestaltung des bisherigen Arbeitsblattes **Polynom4** können die Spalten für x, f(x) und f'(x) entfallen. Es werden nur der aktuelle Näherungswert und der zugehörige Funktionswert angezeigt. Bei der Ermittlung des Näherungswertes ist zu beachten, daß er entweder aus der Zelle für den Anfangswert übernommen oder nach der Iterationsvorschrift berechnet wird. Aus diesem Grund wird im Dialog die jeweilige Art der Bearbeitung angegeben:

- 1 für die Übernahme des Anfangswertes und
- 2 für die Ausführung einer Iteration

festzulegen. Zweckmäßigerweise vereinbare man für die manuelle Neuberechnung des neuen Arbeitsblattes **Polynom5**.

Die oben besprochene Durchführung einer Iteration wird mit der Formel in Zelle G8 realisiert. Die Ermittlung und Anzeige des Funktionswertes in Zelle G12 dient zur Information des Anwenders und hat keinen Einfluß auf die eigentliche Berechnung. Die Festlegung dieser Zellen und die Vereinbarung einer manuellen Neuberechnung sind für das neue Arbeitsblatt wesentlich und werden folgendermaßen durchgeführt:

[G8] { Näherungswert }
=WENN(C16=1;C14;G8-(G8^3-4*G8^2-2,25*G8+9)/(3*G8^2-8*G8-2,25)) <↵>
[G12] **=G8^3-4*G8^2-2,25*G8+9 <↵>** { f(x) eingeben }

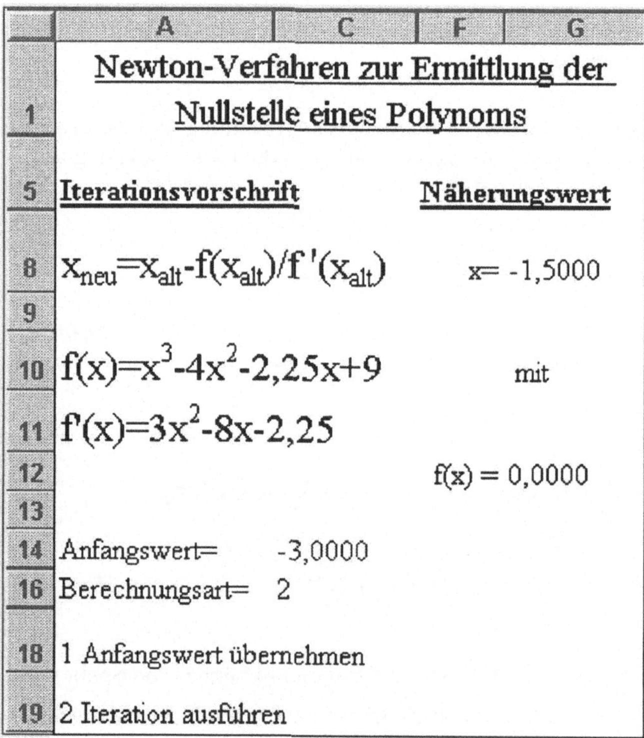

Bild 2-37: Newton-Verfahren zur Näherungsberechnung

Die Nullstellenbestimmung mit diesem Arbeitsblatt kann beispielsweise wie folgt ablaufen:

[C14] **-3 <↵>** { Anfangswert eingeben }
[C16} **-3 <↵>** { Berechnungsart Iterieren wählen }
<F9>
[C16] **2 <↵>** { Berechnungsart Iterieren wählen }
<F9> { Ausführen einer Iteration durch Neuberechnung }
<F9> { Ausführen einer weiteren Iteration }
<F9> { Ausführen einer weiteren Iteration }
<F9> { Ausführen einer weiteren Iteration }

Die Näherungsrechnung kann abgebrochen werden, da die erhaltene Lösung genügend genau ist. Durch die Eingabe eines neuen Anfangswertes in die Zelle C14 und dem gleichen Vorgehen wie oben kann eine weitere Nullstelle des Polynoms ermittelt werden.

Neben dem Newton-Verfahren gibt es eine Vielzahl weiterer Näherungsverfahren zur Nullstellenbestimmung. So erhält man durch Auflösen der Beziehung f(x)=0 in eine Form $x=\varphi(x)$ eine weitere Iterationsvorschrift:

$$x_{n+1}=j(x_n) \quad \text{für } n=0,1,2,\ldots \text{ und dem Startwert } x_0.$$

Man spricht in diesem Zusammenhang auch von einer allgemeinen Iteration. Durch geringfügige Änderungen der Arbeitsblätter für die Ermittlung von Nullstellen nach dem Newton-Verfahren erhält man geeignete Arbeitsblätter für solche allgemeine Iterationsverfahren.

■ Beispiel 2-14: Allgemeines Iterationsverfahren in Tabellenform

Gegeben ist die Funktion y = f(x) = cosx - x+1. Anhand einer Skizze oder einer - wie im Kapitel 2-2 erstellten - Grafik läßt sich leicht erkennen, daß diese Funktion nur eine einzige Nullstelle besitzt. Die zugehörige Bestimmungsgleichung cosx - x - 1 = 0 läßt sich nicht geschlossen lösen. Man entwickle daher ein allgemeines Iterationsverfahren zur Bestimmung der gesuchten Nullstelle.

Man erhält durch Auflösen der obigen Beziehung nach x die folgende Iterationsvorschrift:

$$x_{n+1}=\cos x_n+1 \qquad \text{für } n=0,1,2,\ldots$$

und einen geeigneten Startwert x_0. Eine entsprechende Näherungsrechnung nach dieser Iterationsvorschrift läßt sich mit dem folgenden Arbeitsblatt **Nulstel** ausführen.

	1	2	3	4
1	**Allgemeines Iterationsverfahren zur Nullstellenbestimmung**		x	f(x)
2	Iterationsvorschrift		1,3000	-0,0325
3	x_{neu}=cos(x_{alt}) + 1		1,2675	0,0312
4	Funktion		1,2987	-0,0299
5	f(x) = cos(x) - x + 1		1,2688	0,0287
6			1,2974	-0,0275
7	Anfangswert:	1,3000	1,2700	0,0264
8			1,2963	-0,0253
9			1,2710	0,0242
10			1,2953	-0,0232
11			1,2720	0,0223
12			1,2943	-0,0214
13			1,2730	0,0205
14			1,2935	-0,0197
15			1,2738	0,0189
16			1,2927	-0,0181
17			1,2746	0,0173
18			1,2919	-0,0166

NULSTELLENBESTIMMUNG / f(x) /

Bild 2-38: Allgemeines Iterationsverfahren

Dieses Arbeitsblatt erhält man am einfachsten, indem man die Tabelle **Polynom4** lädt, im Hinblick auf die neue Iterationsvorschrift ändert und unter dem Namen **Nulstel** abspeichert. Neben einer Reihe von textlichen Änderungen sind folgende Schritte durchzuführen:

[Z3S3:Z20S3] **=COS(Z(-1)S)+1** { Iterationsvorschrift festlegen }
<Strg> + <↵> { Mehrfacheingabe }
[Z2S4:Z20S4] **=COS(ZS(-1))-ZS(-1)+1** { Funktionswert ermitteln }
<Strg> + <↵> { Mehrfacheingabe }
[Z7S2] **1,3 <↵>** { Eingabe des Anfangswertes }

Anhand der sich ergebenden Werte für x und f(x) sieht man, daß dieses Verfahren sehr langsam konvergiert und daß die Näherungswerte abwechselnd links bzw. rechts von der gesuchten Nullstelle liegen. Man kommt aber sehr schnell zu weiteren und besseren Näherungen durch die Eingabe einer neuen Anfangsnäherung, die aus den bisherigen Ergebnissen abgelesen werden kann.

Beispielsweise erhält man durch die Eingaben

1,28 <↵> 1,283 <↵> 1,2834 <↵>

im Rahmen der durch die Formatvereinbarung möglichen Genauigkeit eine sehr gute Näherungslösung.

☞ *Hinweis: Konvergenz eines Iterationsverfahrens*

Nicht jede Umformung der Beziehung f(x) = 0 führt zu einem konvergenten Iterationsverfahren $x_{n+1} = \varphi(x_n)$, d.h. zu immer genaueren Näherungen. Man hat in einem solchen Fall eine andere Umformung zu wählen und das Arbeitsblatt entsprechend zu ändern.

♦ Aufgabe 2-9: Nullstelle eines Polynoms

Für das Polynom $y = f(x) = x^3 - 4x^2 - 2{,}25x + 9$ ist ein allgemeines Iterationsverfahren herzuleiten und in ein Arbeitsblatt **Polynom6** umzusetzen. Man gehe dabei analog wie im Beispiel 2-14 vor.

Die in den vorausgegangenen Beispielen entwickelten Tabellen lassen sich leicht auf andere Funktionen und Problemstellungen aus der Praxis anwenden. Im letzteren Fall muß zunächst für die gestellte technische Aufgabe eine entsprechende mathematische Formulierung gefunden und diese dann mit dem zugehörigen angepaßten Arbeitsblatt gelöst werden. Vielfach führen solche Aufgabenstellungen zu transzendenten Gleichungen, die keine geschlossene Lösung besitzen und nur Näherungslösungen zulassen.

■ Beispiel 2-15: Lösen einer transzendenten Gleichung

Für die Ermittlung der idealen Brennschlußhöhe einer einstufigen Rakete gilt die Beziehung:

$$h_b = v_a \cdot t_b \cdot \left(1 - \frac{\ln \mu}{\mu - 1}\right)$$

Im einzelnen haben die obigen Größen folgende Bedeutung:

- Massenverhältnis μ von Startmasse zu Endmasse
- Ausströmgeschwindigkeit v_a in km/s
- Brenndauer t_b in s
- Brennschluß h_b in km

Man ermittle für vorgegebene Werte von v_a, t_b und h_b das ideale Massenverhältnis.

Zunächst ist durch Umformen der oben gegebenen Beziehung eine Bestimmungsgleichung für μ herzuleiten. Man erhält die transzendente Gleichung:

$$\ln \mu + k \cdot (1 - \mu) = 0 \quad mit \quad k = 1 - \frac{h_b}{v_a \cdot t_b} \,,$$

die sich nicht exakt lösen läßt und hier näherungsweise mit dem Newton-Verfahren gelöst werden soll.

Durch Ändern und Ergänzen der Tabelle **Polynom4** erhält man zur Bestimmung des Massenverhältnisses die neue Tabelle **Rakete**.

	1	2	3	4	5	6
1	**Ermitteln des Massenverhälnisses μ einer einstufigen Rakete**			μ	f(μ)	f''(μ)
2	v_a in kms^{-1}	2,5		100,0000	-44,8948	-0,4900
3	t_b in s	80,0		8,3779	-1,5634	-0,3806
4	h_b in km	100,0		4,2707	-0,1836	-0,2658
5	**Iterationsvorschrift**			3,5802	-0,0147	-0,2207
6	$\mu_{neu} = \mu_{alt} - f(\mu_{alt})/f''(\mu_{alt})$			3,5137	-0,0002	-0,2154
7	$f(\mu) = \ln\mu + k(1-\mu)$			3,5129	0,0000	-0,2153
8	$f'(\mu) = 1/\mu - k$			3,5129	0,0000	-0,2153
9	mit k=	0,5000		3,5129	0,0000	-0,2153
10	Anfangswert μ:	100,0000		3,5129	0,0000	-0,2153
11				3,5129	0,0000	-0,2153
12				3,5129	0,0000	-0,2153
13				3,5129	0,0000	-0,2153
14				3,5129	0,0000	-0,2153
15				3,5129	0,0000	-0,2153
16				3,5129	0,0000	-0,2153
17				3,5129	0,0000	-0,2153
18				3,5129	0,0000	-0,2153
19				3,5129	0,0000	-0,2153
20				3,5129	0,0000	-0,2153

Bild 2-39: Massenverhältnis einer Rakete

Die wesentlichen Änderungen und Erweiterungen in dieser Tabelle werden wie folgt durchgeführt:

[Z9S2] **=1-Z(-5)S/(Z(-7)S*Z(-6)S) <↵>** { Ermitteln der Konstante k }
[Z2S5:Z20S5] { Ermitteln des Funktionswertes f(μ) }
=LN(ZS(-1))+Z9S2*(1-ZS(-1))
<Strg> + <↵> { Mehrfacheingabe }
[Z2S6:Z20S6] **=1/ZS(-2)-Z9S2** { Ermitteln des 1. Ableitung f'(μ) }
<Strg> + <↵> { Mehrfacheingabe }

Abschließend soll die Anwendung von EXCEL zur näherungsweisen Berechnung eines bestimmten Integrals der Form:

$$A = \int_a^b f(x)\, dx$$

am Beispiel der Simpson-Regel behandelt werden. Voraussetzung für die Simpson-Regel - wie auch für die übrigen Methoden der numerischen Integration - ist, daß eine Wertetabelle für den Integranden existiert. Bei der Simpson-Regel wird das Integrationsintervall $a \leq x \leq b$ in eine gerade Anzahl n von gleichlangen Teilintervallen aufgeteilt und der Graf von f(x) stückweise durch Parabeln ersetzt. Der Näherungswert für A ergibt sich aus den Funktionswerten y_0, y_1,....,y_n an den Stellen x_0=a, x_1, x_2,...x_{n-1}, x_n=b nach der folgenden Formel:

$$A = \frac{h}{3}(y_0 + 4y_1 2y_2 + 4y_3 + ... + 4y_{n-1} + y_n) \quad mit \quad h = \frac{x_n - x_n}{n}$$

Im folgenden Beispiel wird diese Formel für die Berechnung der Fläche unter der Sinuskurve im Intervall $0 \leq x \leq \pi$ verwendet.

■ Beispiel 2-16: Flächenberechnung mit der Simpson-Regel

Man ermittle die Fläche A unter der Sinuskurve in den Grenzen zwischen Null und π, indem man das zugehörige bestimmte Integral:

$$A = \int_0^\pi \sin x\, dx$$

näherungsweise nach der Simpson-Regel mit Hilfe eines Arbeitsblatts berechnet. Das Arbeitsblatt **Simpson** (nach Bild 2-40) ergibt sich durch Ändern und Ergänzen der Tabelle **SinTab**.

Die wichtigsten Ergänzungen sind:

- die Spalte 5 für die Numerierung der Stützstellen,
- die Spalte 8 für die gewichteten Funktionswerte mit 2 bzw. 4 und
- die Zelle Z11S1 für den Näherungswert von A.

	1	2	3	4	5	6	7	8
1	**Numerische Integration nach Simpson**				i	x	f(x)	gew.f(x)
2	Funktion y = f(x) = sin x				0	0,00	0,0000	0,0000
3	Untere Grenze	0,00			1	0,17	0,1692	0,6767
4	Obere Grenze	3,14			2	0,34	0,3335	0,667
5	Anzahl der Stützstelle Schrittweite	19 0,17			3	0,51	0,4882	1,9527
6					4	0,68	0,6288	1,2576
7	Ermittelter Näherungswert für				5	0,85	0,7513	3,0051
8	das bestimmte Integral der				6	1,02	0,8521	1,7042
9	Funktion f(x) in den				7	1,19	0,9284	3,7135
10					8	1,36	0,9779	1,9557
11	1,996677351				9	1,53	0,9992	3,9967
12					10	1,70	0,9917	1,9833
13					11	1,87	0,9556	3,8223
14					12	2,04	0,8919	1,7839
15					13	2,21	0,8026	3,2103
16					14	2,38	0,6901	1,3801
17					15	2,55	0,5577	2,2307
18					16	2,72	0,4092	0,8184
19					17	2,89	0,2489	0,9958
20					18	3,06	0,0815	0,0814
21								

Bild 2-40: Numerische Integration nach Simpson

Sie lassen sich wie folgt realisieren:

[Z2S5] **1 <↵>**	{ Durchnumerieren der Stützstellen }
[Z2S5:Z20S5] [Bearbeiten]	
[Ausfüllen...] [Reihe...] [OK]	{ Übernahme der Voreinstellungen }
[Z2S5 und Z20S5]	{ Funktionswerte für die erste
=SIN(ZS(-1)) <Strg> + <↵>	und letzte Stützstelle }
[Z3S8:Z20S8]	{ Gewichtete Funktions-
=WENN(REST(ZS(-3);2)=1;4*ZS(-1);2*ZS(-1))	werte mit 2 bzw. 4 }
<Strg> + <↵>	{ Mehrfacheingabe }

☞ *Hinweis: Reihe berechnen*

In vorgenanntem Beispiel wurde in der Spalte 5 eine Zahlenfolge, in dem Fall eine Numerierung, verlangt bzw. gebildet. In dieser Zahlenfolge steckt eine mathematische Gesetzmäßigkeit, die eine Reihe darstellt.

Eine Reihe bildet man im EXCEL durch zwei Möglichkeiten:

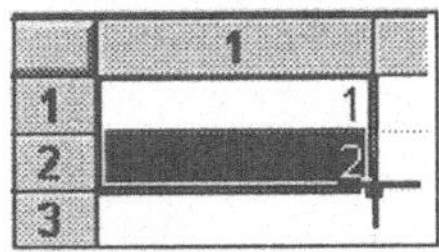

Bild 2-41: Eine Reihe durch Ziehen mit der Maus

- Ziehen mit der Maus an der rechten unteren Ecke, nachdem sich der Cursor entsprechend Bild 2-41 zu einem Kreuz verändert hat. Dazu müssen immer mindestens die ersten zwei Werte der Reihe markiert werden. Dies funktioniert aber nur, wenn im Menü *[Extras] [Optionen...] [Bearbeiten] [Drag & Drop ermöglichen]* angekreuzt ist.
- Im Menü *[Bearbeiten] [Ausfüllen...] [Reihe]*, entsprechend Bild 2-42, sind mehr Möglichkeiten vorhanden:

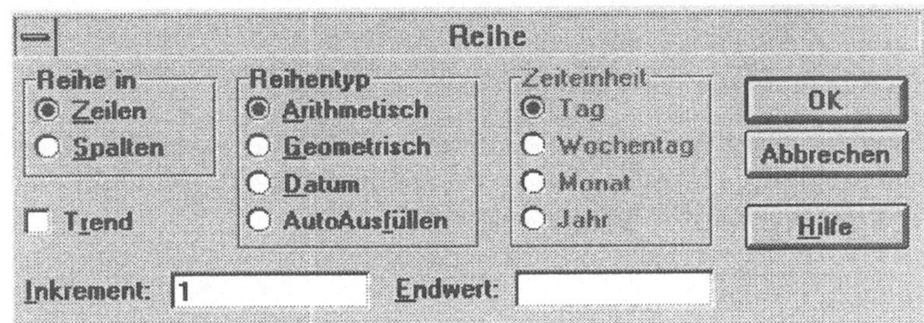

Bild 2-42: Eine Reihe berechnen

Folgende Optionen stehen zur Verfügung:

[Reihe in]

Damit wird festgelegt, ob die Reihe die Zeile oder die Spalte ausfüllen soll.

[Reihentyp]

Der Reihentyp wird ausgewählt

- Arithmetisch, z.B.
  1;2;3;4...,
  2;4;6;8...,
  100;200;300;400...,
  5;-5;-10-15...,

- Geometrisch, z.B.
  1;2;4;8...,
  1;3;9;27...,
  1;-0,5;0,25;-0,125;0,0625...,

- Datum, z.B.
  1.1.90; 2.1.90; 3.1.90...,
  1.1.90; 1.2.90; 1.3.90...,
  1.1.90; 1.1.91; 1.1.93...,

- Autoausfüllen, z.B.
  F-123-01; F-123-02; F-123-03; F-123-04...,
  Diskette 1; Diskette 2; Diskette 3; Diskette 4...,

[Inkrement]

gibt den Wert an, um den eine Reihe zu- oder abnimmt.

[Trend]

Es wird aus den vorhandenen Werten oben oder links in der Markierung ein Inkrement berechnet, um eine optimal angepaßte Gerade (bei arithmetischen Reihen) oder eine Exponentialkurve (für geometrische Reihen) zu erzeugen.

[Zeiteinheit]

Damit wird bestimmt, ob das eingegebene Datum die Basis für eine Reihe von Tagen, Wochentagen, Monaten oder Jahren bilden soll.

[Endwert]

Der letzte Wert der Reihe wird angegeben. Alternativ wird der auszufüllende Bereich vorher mit der Maus markiert.

♦ Aufgabe 2-10: Formänderungsarbeit bei der Balkenbiegung

Für einen einseitig eingespannten Balken, der an seinem freien Ende durch eine Einzelkraft belastet wird, ist die Formänderungsarbeit W zu ermitteln.

Dies kann aufgrund der Beziehung:

$$W = \frac{l}{2EI}\int_0^l M^2 dx \quad mit \quad M = M(x) = F(l - x)$$

erfolgen, dabei sind die Werte für die Größen:

- Balkenlänge l in mm
- Einzellast F in N
- Elastizitätsmodul E in N/mm^2
- Flächenmoment I in mm^4

vorgegeben. Man erstelle ein Arbeitsblatt „Biegung" zur näherungsweisen Berechnung der Formänderungsarbeit W.

Sowohl im Beispiel 2-16 als auch in der Aufgabe 2-10 läßt sich das bestimmte Integral exakt lösen. Die erhaltenen genauen Lösungen können hier zu Kontrolle der Näherungslösungen herangezogen werden. So liegt der Näherungswert für die Fläche unter der Sinuskurve mit 1.996677 relativ dicht bei der exakten Lösung von 2 . Obwohl für Aufgabenstellungen der obigen Art eine geschlossene Lösung möglich ist, lassen sich hier die erstellten Tabellen sinnvoll anwenden, um ohne großen Aufwand eine numerische Lösung zu erhalten. Außerdem sind sie unbedingt erforderlich, falls Integrale vorliegen, die nicht exakt gelöst werden können. Eine solche Aufgabenstellung wird im nächsten Beispiel behandelt.

■ Beispiel 2-17: Numerische Integration nach der Simpson-Regel

Die Schwingungsdauer T eines Fadenpendels ergibt sich aus der Formel:

$$T = 4\sqrt{\frac{l}{g}}\int_0^{\frac{\pi}{2}} \frac{dx}{\sqrt{1-\lambda^2 \cdot \sin^2 x}} \qquad mit \qquad \lambda = \sin\frac{\Phi_0}{2}$$

und den gegebenen Größen:

- Länge l des Pendels in m
- maximaler Auslenkwinkel Φ_0 im Gradmaß
- Erdbeschleunigung g mit $9{,}81\ m/s^2$

Bei dem oben angegebenen Integral handelt es sich um ein sogenanntes elliptisches Integral 1.Gattung, das nicht elementar lösbar ist. Man ist hier auf eine numerische Lösung angewiesen. Beispielsweise kann eine Näherung für die Schwingungsdauer aufbauend auf der Simpson-Regel mit dem folgenden Arbeitsblatt ermittelt werden.

	1	2	3	4	5	6	7	8
1	**Schwingungsdauer eines Fadenpendels** **Numerische Integration nach Simpson**				i	x	f(x)	gew.f(x)
2	Länge in m	2,00			0	0,00	1,0000	0,8415
3	Max. Winkel °	60,00			1	0,09	1,0010	4,004045
4	Anzahl der Stützstellen	19			2	0,18	1,0040	2,008061
5	Schrittweite	0,09			3	0,27	1,0090	4,036055
6	λ = sin(MaxWinkel/2)	0,5			4	0,36	1,0159	2,031765
7	Näherung für Schwingungsdauer in				5	0,45	1,0245	4,098091
8	3,125645172				6	0,54	1,0348	2,069551
9					7	0,63	1,0464	4,185724
10					8	0,72	1,0592	2,118446
11					9	0,81	1,0728	4,291282
12					10	0,90	1,0868	2,173657
13					11	0,99	1,1008	4,403148
14					12	1,08	1,1142	2,228369
15					13	1,17	1,1265	4,505903
16					14	1,26	1,1371	2,274224
17					15	1,35	1,1456	4,582316
18					16	1,44	1,1514	2,302882
19					17	1,53	1,1544	4,617522
20					18	1,62	1,1542	0,9145

Bild 2-43: Schwingungsdauer eines Fadenpendels

Dieses Arbeitsblatt läßt sich aus der Tabelle nach Beispiel 2-16 einfach herleiten, indem man neben einigen textlichen, im wesentlichen folgende Änderungen ausführt:

- Eingabe von Werten für l und Φ_0 in Z2S2 bzw. Z3S2
- Berechnung der Schrittweite in Z5S2
- Ermittlung von λ in Z6S2
- Ergänzen der Formel für den Näherungswert in Z8S1
- Anpassen der Formeln für f(x) in Spalte 7

und zwar mit

[Z5S2] { Berechnung der
=RUNDEN(PI()/2/(+Z(-1)S-1);2) <↵> Schrittweite }
[Z6S2] **=SIN(Z(-3)S/2/180*PI()) <↵>** { Berechnung von λ }
[Z8S1 { Berechnung des Näherungswertes }
=4*WURZEL(Z(-6)S(1)/9,81)*Z(-3)S(1)/3*SUMME(Z(-6)S(7):Z(12)S(7)) <↵>
[Z2S7:Z20S7] { Anpassen der
=1/WURZEL(1-Z6S2^2*SIN(ZS(-1))^2) Funktionswerte }
<Strg> + <Return> { Mehrfacheingabe }

Entsprechend der Vorgehensweise bei der Tabelle des vorhergehenden Beispiels zum Ermitteln der Schwingungsdauer eines Fadenpendels kann man ohne großen Aufwand für andere Anwendungen geeignete Arbeitsblätter erstellen, indem man auf bereits vorhandene zurückgreift und diese ändert.

2.4 Das Arbeiten mit Makros

Mit Hilfe von Makros können Arbeitsschritte im EXCEL automatisiert werden. Dies erleichtert und beschleunigt Routinearbeiten, fehlerhafte Eingaben werden vermieden. Das Erstellen von Makros kann bis zum automatischen Erzeugen einer benutzerspezifischen Arbeitsumgebung mit eigenen Menüs und eigenen Symbolleisten gehen.

Der neuere Begriff für ein Makro ist „Prozedur“ und kommt von der für Makros verwendeten Programmiersprache VBA (Visual Basic für Applikationen). Diese neue Programmiersprache wird künftig in allen WINDOWS-Applikationen verwendet werden.

Danach ist ein Makro eine ausführbare Folge von VBA-Anweisungen.

Grundsätzlich können Makros auf zwei Wegen erstellt werden:

- mit Hilfe des Makrorekorders und
- durch das Schreiben der Befehle in VBA mit der Tastatur.

In der Praxis wird wohl meist eine Kombination erfolgen. Da das Aufzeichnen mit dem Rekorder einfacher ist, wird oft ein Teil „zu Fuß“ geschrieben, ein Teil mit dem Rekorder aufgezeichnet und zum Schluß die einzelnen Teile „zusammenkopiert“. Viele der VBA-Anweisungen lassen sich nicht mit dem Rekorder aufzeichnen.

Im EXCEL 5.0 ist es weiterhin möglich, Makros mit der für viele Anwender noch gewöhnten Makrosprache der EXCEL-Version 4.0 aufzuzeichnen, zu bearbeiten, zu testen und zu starten. Deshalb sollen auch in den folgenden Erläuterungen beide Möglichkeiten vorgestellt und angewendet werden.

Bei den einzelnen Beispielen ist deshalb auf die verwendete Programmiermethode zu achten.

Eine Konvertierung beider Programmiersprachen ist (noch) nicht möglich, dazu sind sie zu unterschiedlich aufgebaut.

Makros oder Prozeduren werden in folgenden Schritten erstellt:

1. **Problemanalyse**

   Die Ausgangssituation und der Endzustand, damit die Zielstellung, die mit dem Makro verfolgt wird, werden definiert.

2. **Makroerstellung**

   Das Makro wird in VBA geschrieben oder mit dem Makrorekorder aufgezeichnet.

3. **Makrotest und Fehlersuche**

   Das Makro wird getestet, dies ist auch im Schrittmodus möglich. Fehler werden entfernt, Ergänzungen vorgenommen.

4. **Makroaufruf**

   Für das Makro wird eine Aufrufmöglichkeit gewählt. Zur Verfügung stehen eine beliebige Tastenkombination, ein Icon, ein Menübefehl, eine Schaltfläche oder ein spezieller Name, z.B. „auto_öffnen“, der dafür sorgt, daß das Makro beim Start automatisch ausgeführt wird.

5. **Makro speichern**

   EXCEL bindet Makros in der Version 5.0 in separaten Blättern einer Mappe mit den Namen „Modul1“, „Modul2“... ein, die natürlich beliebig geändert werden können. Jedenfalls wird das Makro damit in der Arbeitsmappe gespeichert.

Standardmäßig geht EXCEL davon aus, daß ein Makro in der VBA- Sprache aufgezeichnet werden soll. Deshalb wird ein neues Makroblatt mit Namen „Modul 1“ eingefügt. Existiert das Blatt schon, wird ein neues Blatt mit einer um 1 erhöhten Nummer eingefügt.

Wird das Einfügen eines Makroblattes in der MS-EXCEL 4.0- Makrosprache gewählt, heißt das Blatt „Makro 1“, Makro 2“ usw.

Das Starten des Makrorekorders

Wird im Menü *[Extras]* die Option *[Makro aufzeichnen...]* gewählt, kann man sich zwischen *[Aufzeichnen...]* und *[Relativer Aufzeichnung]* entscheiden. In den allermeisten Fällen wählt man *[Aufzeichnen...]* Dabei werden vom Rekorder absolute Bezüge verwendet. Eine relative Aufzeichnung wird nur gewählt, wenn Zellreferenzen verwendet werden.

Es erscheint ein Dialogfeld, das sich nach dem Aktivieren der Schaltfläche *[Optionen]* entsprechend Bild 2-44 vergrößert:

Folgende Möglichkeiten stehen zur Verfügung:

- *[Makroname]*

  Dem Makro muß ein Name zugeordnet werden, standardmäßig vergibt EXCEL die Namen Makro1, Makro2... Man kann einen eigenen Namen eingeben, Leerzeichen sind nicht erlaubt.

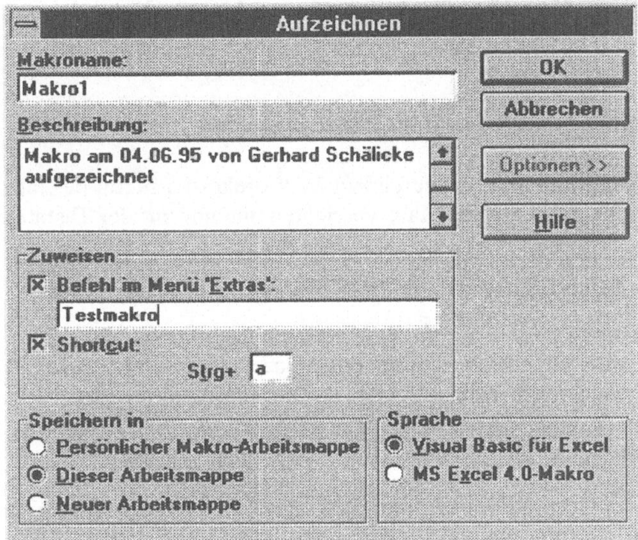

Bild 2-44: Makro mit dem Rekorder aufzeichnen

- *[Beschreibung]*

  Optional kann dem Makro eine Beschreibung zugeordnet werden.

- *[Zuweisen]*

  Dem Makro kann eine Tastenkombination und / oder ein Name im Menü *[Extras]* zugewiesen werden. Beides kann man später auch noch tun bzw. ändern.

- *[Speichern in]*

  Das Makro kann in einer neuen Arbeitsmappe gespeichert werden, die nach *[OK]* sofort von EXCEL bereitgestellt wird.
  Es kann in der aktuellen Mappe gespeichert werden (Standardvorgabe).
  Wird die persönliche Arbeitsmappe gewählt, wird das Makro in einer Mappe mit dem Namen PERSONL.XLS im Verzeichnis XLSTART gespeichert. Sie wird dann beim Starten von EXCEL sofort mitgeladen, und die Mappe steht gleich zur Verfügung. Allerdings ist sie ausgeblendet. Um sie sichtbar zu machen, müssen im Menü *[Fenster]* der Befehl *[Einblenden...]* und dann die Datei gewählt werden.

- *[Sprache]*

  Man kann sich für die EXCEL 4.0- oder die EXCEL 5.0- Programmierung entscheiden. Wurde der Makrorekorder aus einem VBA-Blatt heraus aufgerufen, wird bei der Wahl der EXCEL 4.0-Makrosprache an dieser Stelle ein neues Blatt mit z.B. dem Namen „Makro 1" eingefügt, und das Makro wird in dieses Blatt eingefügt.

Nachdem die entsprechenden Eingaben gemacht und die OK- Schaltfläche aktiviert wurde, ist der Makrorekorder eingeschaltet, und ab sofort wird jede Tasten- oder Mausbetätigung aufgezeichnet.

 *Hinweis: Tastatur- und Mauseingaben bei laufendem Makrorekorder*

Bestimmte Mausaktionen funktionieren bei laufendem Makrorekorder nicht, deshalb sollte man bei Makroaufzeichnungen auf die Maus verzichten und nur mit der Tastatur arbeiten.

Wird die Makroaufzeichnung gestartet, erscheint eine neue Symbolleiste mit Namen „Visual Basic". Alternativ kann diese Symbolleiste auch ständig eingeblendet sein, indem im Menü *[Ansicht] [Symbolleisten...]* diese angekreuzt wird.

In dieser Symbolleiste sind wichtige Icone für die Arbeit mit Makros eingebunden:

 Die Makroaufzeichnung wird gestartet.

 Die Makroaufzeichnung wird beendet.

 Das Makro in dem der Cursor steht, wird gestartet.

 Das Makro wird im Einzelschrittmodus ausgeführt.

 Aus dem Einzelschrittmodus heraus wird das Makro sofort bis zum Ende ausgeführt.

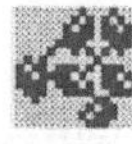 Ein neues Modul-Blatt wird in die Mappe eingefügt.

 Der Menüeditor wird geöffnet, um Makros in die Menüstruktur einzubinden.

Der Objektkatalog wird eingeblendet.

In einer Anweisungszelle wird ein Haltepunkt gesetzt.

Der aktuelle Wert des Ausdrucks wird im Einzelschrittmodus angezeigt.

Entspricht im Einzelschrittmodus dem Befehl „Weiter“ zum nächsten Schritt. Unterprogramme werden auch ausgeführt.

Entspricht ebenfalls „Weiter“, Unterprogramme werden nicht ausgeführt.

Ist das Makro vollständig ausgeführt worden, wird im Menü *[Extras] [Makro ausführen...]*, die Option *[Makro beenden]* gewählt. Wurde entsprechend Bild 2-44 eine Aufrufmöglichkeit gewählt, kann das Makro mit dieser Option gestartet werden.

■ Beispiel 2-18: Einfaches Makro zum Speichern über eine Tastenkombination und über das Menü Extras

Für die Tabelle entsprechend Beispiel 2-17 soll ein Makro erstellt werden, und zwar in beiden Programmiersprachen, mit dem man das aktuelle Arbeitsblatt per Tastendruck in einer Tabelle c:\bsp2_18.xlw sichern kann.

Nachdem die entsprechende Tabelle geladen ist, geht man wie folgt vor. Zunächst die VBA-Programmierung:

[Extras] [Makro aufzeichnen...] { Makroaufzeichnung starten }
[Aufzeichnen...] [Optionen] **Beispiel2_18** { Makroname }
[Befehl im Menü „Extras“:] { Makro in das Menü ***Extras*** einfügen }
Bsp 18 speichern { Name des Befehls im Menü ***Extras*** }
<Strg> + <s> <↵> { Tastenkombination aktivieren }
<Alt> + <D> U c:\bsp2_18.xlw <↵> { Makro ausführen }
[Extras] [Makro aufzeichnen...] { Makroaufzeichnung beenden }
[Aufzeichnung beenden]
[Blatt Modul1 doppelt anklicken] { Blattnamen ändern }
VB Makro <↵>
<Strg> + <s> *[Extras] [Bsp 18 speichern]* { Makro starten }

 *Hinweis: VB-Makro und VBA-Makro*

Die Begriffe VB-Makro und VBA-Makro sind gleichwertig.

Das VBA-Makro sieht so aus:

```
'
' Beispiel2_18 Makro
' Makro am 04.06.95 von Gerhard Schälicke aufgezeichnet
'
' Keyboard Shortcut: Ctrl+s
'
Sub Beispiel2_18()
    AktiveArbeitsmappe.SpeichernUnter Dateiname:="c:\bsp2_18.xlw"; _
    Dateiformat:=xlNormal; Kennwort:=""; Schreibschutz:=""; _
    SchreibschutzEmpfehlen:=Falsch; SicherungsdateiErstellen:=Falsch
Ende Sub
```

Bild 2-45:
Das Menü *[Extras]* mit zugeordnetem Makro

Im Menü *[Extras]* erscheint der zugeordnete Befehl entsprechend nebenstehendem Bild 2-45.

Wünschenswert wäre es noch, zwischen dem eingefügten und dem letzten standardmäßigen Befehl eine Zwischenlinie einzufügen. Dies geht natürlich auch. Dazu müßte ein weiteres Makro geschrieben werden. Eine standardmäßig eingefügte Zwischenlinie wäre sonst auch im Menü vorhanden, wenn die Datei nicht geladen wäre.

Der Befehl „Bsp 18 speichern" im Menü *[Extras]* erscheint beim Starten von EXCEL nicht. Diese Option ist nur verfügbar, wenn die Arbeitsmappe geladen ist.

Standardmäßig wird ein Makro immer dem Menü *[Extras]* zugeordnet, auch dies kann geändert werden, allerdings im nachhinein.

Die EXCEL 4.0-Programmierung entspricht der VB-Programmierung. Das Makroblatt erhält den Namen „EXCEL 4.0-Makro".

Das EXCEL 4.0-Makro sieht so aus:

```
Beispiel2_18 (s)
=SPEICHERN.UNTER("c:\BSP2_18.XLW";1;"";FALSCH;"";FALSCH)
=RÜCKSPRUNG()
```

Bild 2-46: VB-Makroblatt und EXCEL 4.0 Blatt

Werden beide Makros so realisiert, erscheint im Menü *[Extras]* die Option *[Bsp 18 sichern]* doppelt. Die Integration des Befehls im Menü entspricht der Durchführung eines Makros mit dem Namen ***„auto_öffnen“***. Diesen Fehler beseitigt man durch die Bearbeitung des Makros.

Ein Makro bearbeiten

Ein Makro kann im Menü *[Extras] [Makro...] [Bearbeiten]* bearbeitet werden:

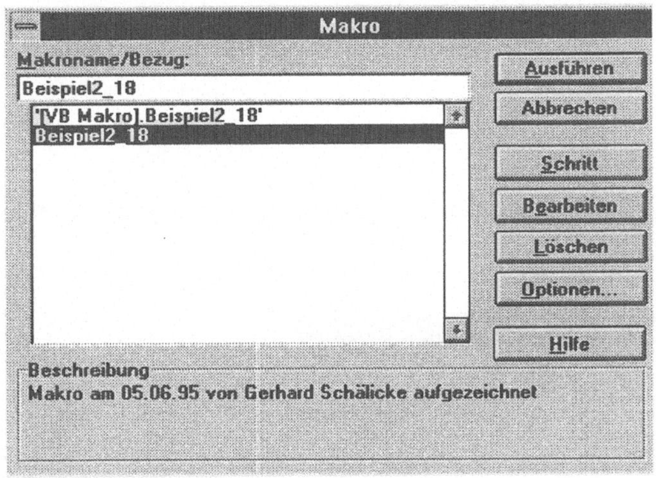

Bild 2-47: Makros bearbeiten

Zur Verfügung stehen folgende Optionen:

[Ausführen]

Das Makro wird ausgeführt.

[Abbrechen]

Die Makrobearbeitung wird abgebrochen.

[Schritt]

Das Makro wird im Schrittmodus durchlaufen. Dies ist eine sehr wichtige Option, um Fehler im Makro zu erkennen.

[Bearbeiten]

Das Makro wird aktiviert. Mit der Tastatur können nun Makrobefehle verändert werden.

[Löschen]

Das markierte Makro wird gelöscht.

[Optionen]

Die beim Start des Makrorekorders gemachten Angaben können verändert werden.

Im Beispiel 2-18 wird die doppelte Menüeintragung z.B. so beseitigt:

[Extras] [Makro...] { Die Makrobearbeitung wird gestartet }
[Beispiel2_18] [Optionen]
[Zuweisen] [Befehl im Menü „Extras“:]
[Kreuz entfernen]

Wird ein EXCEL 4.0-Makro im Schritt-Modus ausgeführt, erscheint das Dialogfeld nach Bild 2-48:

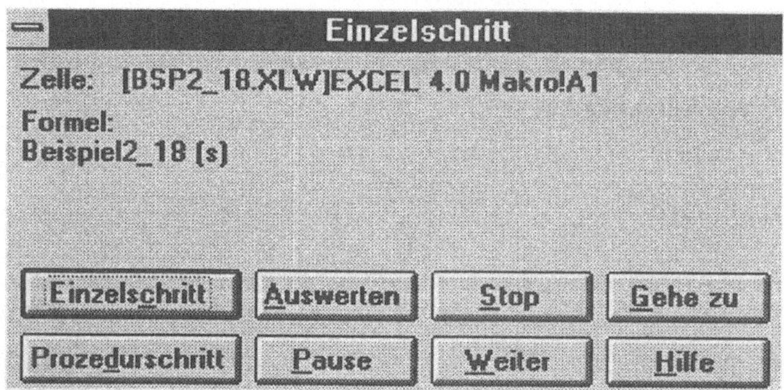

Bild 2-48: Einzelschrittmodus bei EXCEL 4.0-Makros

Im Regelfall wird die Option *[Einzelschritt]* gewählt.

Wird ein VBA-Makro im Schritt-Modus ausgeführt, erscheint Bild 2-49:

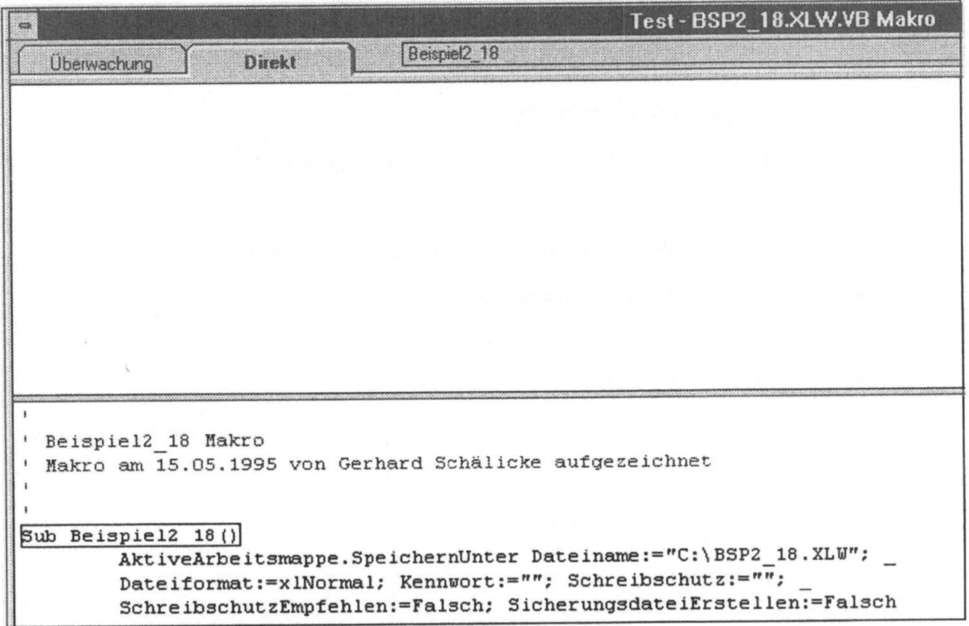

Bild 2-49: Einzelschrittmodus bei VBA-Makros

◆ Aufgabe 2-11: Makro zum Laden einer Tabelle

Es ist je ein Makro in der EXCEL 4.0- und EXCEL 5.0-Programmiersprache für das Laden der Mappe von Beispiel 2-18 zu schreiben. Die Makros sind in eine neue Mappe zu schreiben, die unter dem Namen **aufg2_11** zu speichern ist. Die Tabelle von Beispiel 2-18 soll je durch die Tastenkombination **<Strg> + <l>** und durch die Option *[Tab laden]* im Menü *[Extras]* geladen werden.

■ Beispiel 2-19: Makro mit Eingabefeld

Die im Beispiel 2-1 erstellte Wertetabelle einer Sinusfunktion ist so abzuändern, daß sie für beliebige Funktionen gilt. Beim Laden der Datei soll sofort eine Dialogbox erscheinen, in der der Benutzer aufgefordert wird, eine Funktionsgleichung einzugeben. Dann sollen die Gleichung und die Funktion eine gewisse Zeit lang nebeneinander dargestellt werden. Die Makroprogrammierung soll mit der EXCEL 4.0-Programmiersprache erfolgen.

Man geht dabei wie folgt vor:

- Editieren der Überschrift in der Zelle Z1S1
- Editieren der Formel in der Zelle Z2S1
- Benennen des Bereichs Z2S4:Z52S4 mit X für die Variable der Funktion
- Erstellen des Makros
- Erstellen des Grafikobjektes und Zuordnen desselben zum Makro
- Abspeichern unter dem neuen Namen FunkTab

Das Makro sieht wie folgt aus:

```
Eingabe
=EINGABE("Geben Sie bitte eine neue Funktion" & ZEICHEN(13) & "in
der Form '=sin(x) ein" & ZEICHEN(13) &ZEICHEN(13) & "oder wählen
Sie Abbrechen";2;"Eingabe einer neuen Funktion")
=WENN(Z2S1=FALSCH;RÜCKSPRUNG();GEHEZU(Z4S1))
=ARBEITSMAPPE.AUSWÄHLEN("Makro";"Makro")
=AUSWÄHLEN("Z2S1")
=KOPIEREN()
=ARBEITSMAPPE.AUSWÄHLEN("Tabelle";"Tabelle")
=AUSWÄHLEN("Z2S2")
=INHALTE.EINFÜGEN(3;1;FALSCH;FALSCH)
=ABBRECHEN.KOPIEREN()
=FORMEL.SUCHEN.UND.ERSETZEN("'";"";2;1;WAHR;FALSCH)
=KOPIEREN()
=AUSWÄHLEN("Z2S5:Z52S5")
=INHALTE.EINFÜGEN(2;1;FALSCH;FALSCH)
=AUSWÄHLEN("Z2S2")
=FORMEL.SUCHEN.UND.ERSETZEN("=";"'=";2;1;WAHR;FALSCH)
=NEUES.FENSTER()
=ANORDNEN(1;FALSCH;FALSCH;WAHR)
=ARBEITSMAPPE.AUSWÄHLEN("Diagramm";"Diagramm")
=WARTEN(JETZT()+0,00009)
=SCHLIESSEN()
=FENSTER.VOLLBILD()
=RÜCKSPRUNG()
```

Die Eingaben haben folgende Bedeutung:

Zelle	Makroeingabe	Bedeutung
Z1S1	Eingabe	Makroname
Z2S1	=EINGABE ("Geben Sie bitte eine neue Funk-tion" & ZEICHEN(13) & "in der Form '=sin(x) ein" & ZEICHEN(13) & ZEI-CHEN(13) & "oder wählen Sie Abbrechen"; 2; "Eingabe einer neuenFunktion")	Aufruf der Funktion EINGABE Aufforderungstext, Zeichen (13) ent-spricht einem Return; Typ der einzugebenden Daten, 2 ent-spricht z.B. Text; Bezeichnung des Eingabefeldes
Z3S1	=WENN(Z2S1=FALSCH; RÜCKSPRUNG(); GEHEZU(Z4S1))	Bei Wahl von „Abbrechen“ Makroende Sonst (bei OK) Makro weiter ausfüh-ren

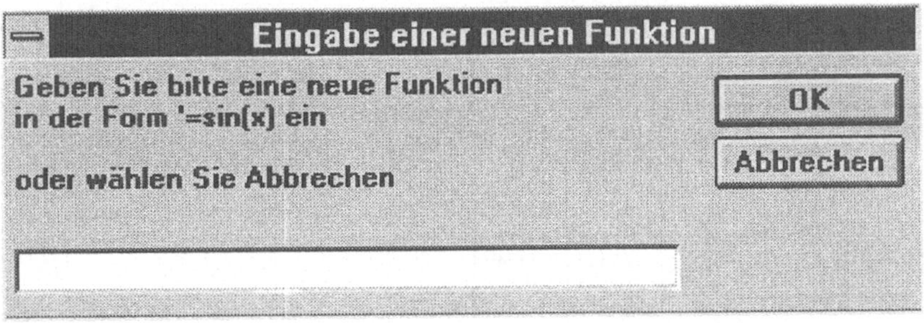

Bild 2-50: Eingabefeld

Z4S1	=ARBEITSMAPPE.AUS-WÄHLEN("Makro";"Makro")	Auswählen des Makroblattes namens „Makro“
Z5S1	=AUSWÄHLEN("Z2S1")	Auswählen der Eingabezelle
Z6S1	=KOPIEREN()	Kopieren der Eingabezelle
Z7S1	=ARBEITSMAPPE.AUS-WÄHLEN("Tabelle";"Tabelle")	Auswählen der Tabelle mit dem Na-men „Tabelle“
Z8S1	=AUSWÄHLEN("Z2S2")	Formeleingabezelle wählen
Z9S1	=INHALTE.EINFÜGEN (3; 1; FALSCH; FALSCH)	Inhalt der Zwischenablage einfügen nur die Werte keine Rechenoperation keine Zellen überspringen nicht transponieren

Z10S1	=ABBRECHEN.KOPIEREN()	Kopieren beenden
Z11S1	=FORMEL.SUCHEN.UND. ERSETZEN ("'"; ""; 2; 1; WAHR; FALSCH)	Die Funktion wird aufgerufen. Zu ersetzender Text „‘„ Neuer Text „“ (also kein Zeichen) Als Bestandteil einer Zelle, nicht als vollständiger Zellinhalt Zeilenweises Suchen Nur innerhalb der aktiven Zelle wird gesucht. Genaue Übereinstimmung
Z12S1	=KOPIEREN()	Die Formel in Z2S1 wird kopiert
Z13S1	=AUSWÄHLEN("Z2S5:Z52S5")	Wahl des Zielbereiches
Z14S1	=INHALTE.EINFÜGEN (2; 1;FALSCH;FALSCH)	Inhalt der Zwischenablage einfügen nur die Formeln entsprechend Z9S1
Z15S1	=AUSWÄHLEN("Z2S2")	Die Formel in Z2S1 wird ausgewählt.

	1	2	3	4	5
1	Wertetabelle einer Funktion			x	f(x)
2	Funktion y = f(x)	=SIN(x)		0,00	0,0000
3	Untere Grenze:	0,00		0,13	0,1296
4	Obere Grenze:	6,28		0,26	0,2571
5	Anzahl der Stützstellen:	51		0,39	0,3802
6	Schrittweite:	0,13		0,52	0,4969
7				0,65	0,6052
8				0,78	0,7033
9				0,91	0,7895
10	Formeleingabe			1,04	0,8624
11				1,17	0,9208
12				1,30	0,9636
13				1,43	0,9901
14				1,56	0,9999
15				1,69	0,9929
16				1,82	0,9691
17				1,95	0,9290
18				2,08	0,8731
19				2,21	0,8026
20				2,34	0,7185
21				2,47	0,6222
22				2,60	0,5155
23				2,73	0,4001
24				2,86	0,2779
25				2,99	0,1510
26				3,12	0,0216
27				3,25	-0,1082
28				3,38	-0,2362
29				3,51	-0,3601

Tabelle / Diagramm / Makro

Bild 2-51: Tabelle mit Makro für beliebige Funktion

Z16S1	=FORMEL.SUCHEN.UND. ERSETZEN ("="; "'="; 2;1;WAHR;FALSCH)	Die Funktion wird aufgerufen. Zu ersetzender Text „=„ Neuer Text „‘=„ entsprechend Z11S1
Z17S1	=NEUES.FENSTER()	Ein neues Fenster wird geöffnet.
Z18S1	=ANORDNEN (1; FALSCH; FALSCH; WAHR)	Fenster Anordnen Fenster nebeneinander Alle geöffneten Fenster werden angeordnet. Horizontales Synchronisieren wird ausgeschaltet. Vertikales Synchronisieren wird eingeschaltet.
Z19S1	=ARBEITSMAPPE.AUSWÄHLEN("Diagramm";"Diagramm")	Das Diagramm wird aktiviert.
Z20S1	=WARTEN(JETZT()+0,00009)	Beide Fenster werden ca. 9 Sekunden nebeneinander dargestellt.
Z21S1	=SCHLIESSEN()	Das Diagrammfenster wird geschlossen.
Z22S1	=FENSTER.VOLLBILD()	Die Tabelle wird im Vollbild dargestellt.
Z23S1	=RÜCKSPRUNG()	Makroende

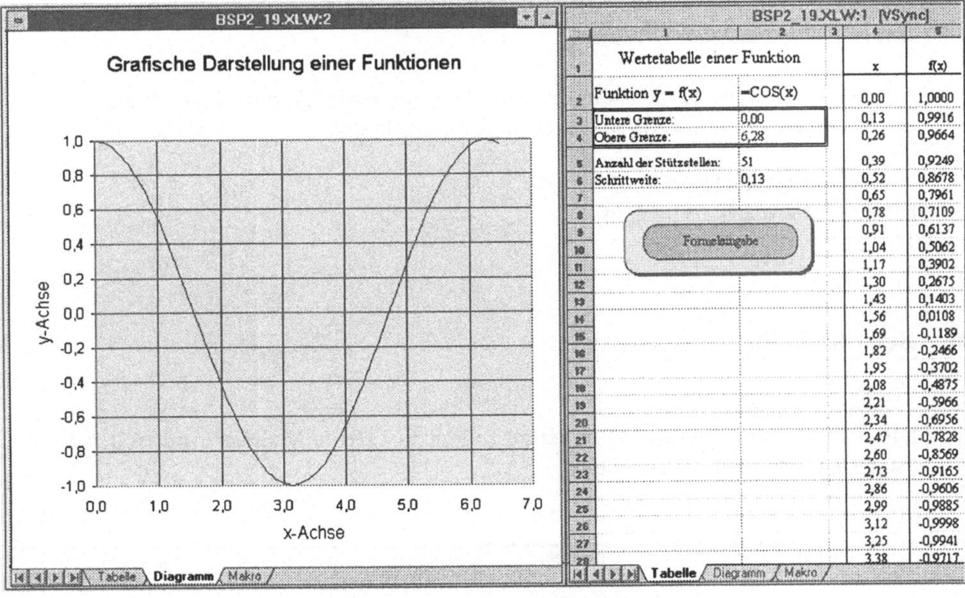

Bild 2-52: Tabelle und Diagramm nebeneinander angeordnet

☞ *Hinweis: Formel und Text*

Die Formatierung der Z2S2 in vorgenanntem Beispiel ist etwas aufwendig:

Die Eingabe der Formel geschieht im Makro durch das Dialogfeld im Textformat (z.B. '=x^2), sonst wäre der Wert „0". Diese Formel im Textformat wird dann durch das Makro (Schritt Z9S1) in Z2S2 der Tabelle kopiert.

In Z11S1 des Makros wird das Hochkomma (') entfernt und der Text damit zur Formel gemacht, damit sie kopiert werden kann.

Nach dem Kopieren wird im Makro Z16S1 die Formel wieder zum Text gemacht, ohne die Zelle zu formatieren, damit sie im Bild 2-52 zu sehen ist.

Das Makro wird beim Deaktivieren des Tabellenfensters automatisch ausgeführt.

☞ *Hinweis: Objekterstellung*

Das Makro wurde dem Objekt „Formeleingabe" zugeordnet und kann mit einem Klick darauf gestartet werden. Das Objekt wurde durch das Zeichnen eines Rechteckes und eines Textfeldes erzeugt. Beide wurden dann gruppiert und anschließend dem Makro zugewiesen. Ein solches Objekt kann mit ***Strg+Mausklick*** markiert und bearbeitet werden.

☞ *Hinweis: Die Funktion WARTEN*

Mit der Funkion ist es möglich, Zeitabläufe zu steuern, d.h. der Makroablauf wird gestoppt, bis die nach JETZT() angegebene Zeit abgelaufen ist.

=WARTEN(JETZT()+"00:00:05")
hält das Makro z.B. 5s lang an.

■ Beispiel 2-20: Automakros

Die Tabelle aus Beispiel 2-19 ist zu laden. Folgende Makros sind in der VBA-Programmiersprache zu erstellen:

Diagramm / Autoöffnen / Autoschließen / Kurve zeigen / Kurve schließen / **Neue Kurve**

Bild 2-53: Tabellen-, Diagramm- und Makroblätter

auto_öffnen ***(Autoöffnen)***

Das Makro soll eine Warnung entsprechend Bild 2-54 ausgeben, daß jetzt die Formel eingegeben werden soll.

Anschließend soll die Eingabezelle aktiviert werden.

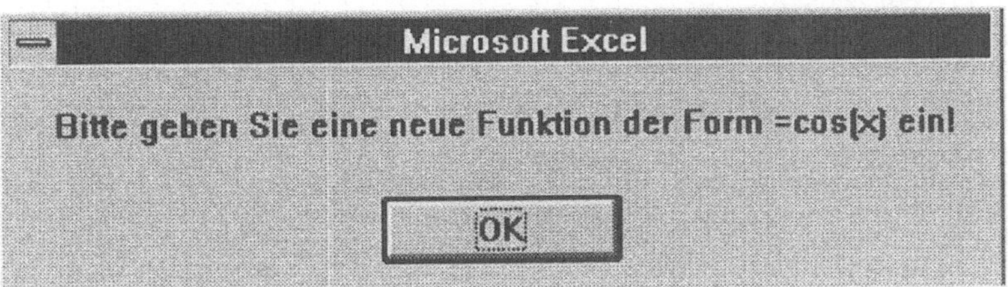

Bild 2-54: Warnungsfeld

```
' auto_öffnen Makro
' Makro am 08.06.1995 von Gerhard Schälicke aufgezeichnet
'
Sub auto_öffnen()
MeldungsDlg ("Bitte geben Sie eine neue Funktion der Form =cos(x)
ein!")
BlattListe("Tabelle").Auswählen
Bereich("B2").Auswählen
Ende Sub
```

auto_schließen ***(Autoschließen)***

Das Makro soll die Datei beim Schließen automatisch speichern.

```
' auto_schließen Makro
' Makro am 08.06.1995 von Gerhard Schälicke aufgezeichnet
'
Sub auto_schließen()
BlattListe("Tabelle").Auswählen
AktiveArbeitsmappe.Speichern
Ende Sub
```

Kurve_zeigen ***(Kurve zeigen)***

Dieses Makro soll die Tabelle und das Diagramm nebeneinander darstellen.

```
' Makro15 Makro
' Makro am 08.06.1995 von Gerhard Schälicke aufgezeichnet
'
Sub Kurve_zeigen()
Bereich("B2").Auswählen
Auswahl.Kopieren
Bereich("E2:E52").Auswählen
Auswahl.InhalteEinfügen Einfügen:=xlFormeln; Rechenoperati-
on:=xlKein_
; LeerzellenÜberspringen:=Falsch; Transponieren:=Falsch
Bereich("B2").Auswählen
AktivesFenster.NeuesFenster
FensterListe.Anordnen Anordnungsstil:=xlUnterteilt
FensterListe("BSP2_20.XLW:1").Aktivieren
BlattListe("Diagramm").Auswählen
Ende Sub
```

Kurve_schließen ***(Kurve schließen)***

Das Diagrammfenster soll geschlossen und das Tabellenfenster soll im Vollbild dargestellt werden.

```
' Makro16 Makro
' Makro am 08.06.1995 von Gerhard Schälicke aufgezeichnet
'
Sub Kurve_schließen()
FensterListe("BSP2_20.XLW:1").Aktivieren
AktivesFenster.Schliessen
AktivesFenster.Fensterzustand = xlMaximiert
Ende Sub
```

Neue_Kurve ***(Neue Kurve)***

Das Warnungsfeld nach Bild 2-54 soll erscheinen, um eine neue Funktion einzugeben.

```
' Makro17 Makro
' Makro am 08.06.1995 von Gerhard Schälicke aufgezeichnet
'
Sub Neue_Kurve()
MeldungsDlg ("Bitte geben Sie eine neue Funktion der Form =cos(x)
ein!")
BlattListe("Tabelle").Auswählen
Bereich("B2").Auswählen
Ende Sub
```

☞ *Hinweis: Makro-Schaltflächen*

Die Makros ***Kurve_zeigen, Kurve_schließen*** und ***Neue_Kurve*** des Beispiels 2-20 wurden entsprechend Bild 2-55 mit Schaltflächen gestartet. Diese Schaltflächen werden mit dem Schaltflächenicon aktiviert. Für die Arbeit mit Schaltflächen sind zwei Tastenkombinationen von Bedeutung:

- **<Shift>** + **<Mausziehen>**:
  Die Schaltfläche vergrößert oder verkleinert sich quadratisch.

- **<Alt>** + **<Mausziehen>**:
  Die Schaltfläche entspricht der Größe einer Zelle oder eines Zellbereiches.

Der Schaltfläche wird, wenn sie markiert ist, im Menü *[Extras] [Zuweisen...]* ein Makro zugewiesen, oder es wird ein Makro erstellt.

8	Kurve zeigen
9	
10	Kurve ausblenden
11	
12	Neue Kurve
13	

Bild 2-55: Schaltflächen

BSP2_20.XLW

	1	2	3	4	5	6	7
1	Wertetabelle einer Funktion			x	f(x)		
2	Funktion y = f(x)	0		0,00	0,0000		
3	Untere Grenze:	0,00		0,13	0,1296		
4	Obere Grenze:	6,28		0,26	0,2571		
5	Anzahl der Stützstellen:	51		0,39	0,3802		
6	Schrittweite:	0,13		0,52	0,4969		
7				0,65	0,6052		
8	Kurve zeigen			0,78	0,7033		
9				0,91	0,7895		
10	Kurve ausblenden			1,04	0,8624		
11				1,17	0,9208		
12	Neue Kurve			1,30	0,9636		
13				1,43	0,9901		
14				1,56	0,9999		

Tabelle / Diagramm / Autoöffnen / Autoschließen / Kurve zeigen / Kurve schließen / Neue Kurve

Bild 2-56: Makro für beliebige Funktionen

◆ Aufgabe 2-12: Simpson-Regel für beliebige Integranden

Analog zum Beispiel 2-20 ist die Tabelle mit Hilfe eines geeigneten Makros so zu erweitern, daß die näherungsweise Berechnung eines bestimmten Integrals für einen beliebigen Integranden nach der Simpson-Regel möglich ist.

■ Beispiel 2-21: Unterbrechungsfreies Makro für beliebige Funktionen mit Verhinderung des Bildschirmrollens

Das Makro „Kurve zeigen“ entsprechend Beispiel 2-20 ist so zu ändern, daß

- eine Makrounterbrechung mit der ESC-Taste unmöglich ist und daß
- der Bildschirm bei Makroausführung nicht rollt.

Weiterhin sind Rollfelder für die untere und obere Grenze sowie für die Stützstellen entsprechend Bild 2-57 einzufügen.

☞ *Hinweis: Makro abbrechen*

Es ist möglich, einen Abbruch mit der ESC-Taste zu verhindern.
Dazu wird dem Makro folgende Zeile vorangestellt:

=ABBRECHEN.TASTE(FALSCH)	EXCEL 4.0 Makro
Anwendung.AbbruchtasteAktivieren = xlDeaktiviert	VBA-Makro

☞ *Hinweis: Bildschirmrollen unterbinden*

Bei längeren Makros kommt es vor, daß ein ständiger Bildwechsel (ständiges Auf-und Abrollen, Datei- oder sogar Programmwechsel) stattfindet.
Dies wirkt sich störend auf das Auge des Benutzers aus. Das kann unterbunden werden, indem dem Makro folgende Zeile vorangestellt wird:

=ECHO(FALSCH)	EXCEL 4.0 Makro
Anwendung.BildschirmAktualisierung = Falsch	VBA-Makro

Dem ***Makro15*** sind folgende beiden Zeilen „vorzuschalten“:

```
Anwendung.AbbruchtasteAktivieren = xlDeaktiviert
Anwendung.BildschirmAktualisierung = Falsch
```

	1	2	3	4	5	6	7
1	Darstellung einer beliebigen Funktion			x	f(x)		Stützstellen
2	Funktion y = f(x)	0		0,00	0,0000		1
3	Untere Grenze:	0,00		0,22	0,2182		2
4	Obere Grenze:	11,00		0,44	0,4259		3
5	Anzahl der Stützstellen:	51	45 46	0,66	0,6131		4
6	Schrittweite:	0,22	47 48	0,88	0,7707		5
7			49 50	1,10	0,8912		6
8	Kurve zeigen		51	1,32	0,9687		7
9				1,54	0,9995		8
10	Kurve ausblenden			1,76	0,9822		9
11				1,98	0,9174		10
12	Neue Kurve			2,20	0,8085		11
13				2,42	0,6606		12
14				2,64	0,4808		13
15				2,86	0,2779		14

Bild 2-57: Rollfelder

☞ *Hinweis: Die Steuerelemente*

Das Einfügen erfolgt, indem die Symbolleiste *[Visual Basic]* im Menü *[Ansicht] [Symbolleisten...]* eingefügt wird (Bild 2-58).

Bild 2-58: Die Symbolleiste Visual Basic

Dieses Symbol wurde für die untere und obere Grenze verwendet. Mit einem Klick auf „nach oben" wird der Wert um eine ganze Zahl erhöht. Die Grenzen werden im Dialogfeld entsprechend Bild 2-59 eingegeben, daß sich auf Doppelklick in das Feld öffnet. Dabei sind der Minimalwert, der Maximalwert und die Schrittweite eingegeben. Die Schrittweite kann nur ganzzahlig angegeben werden.

Das Symbol für die Schrittweite ist ein Listenfeld. Dabei sind der Listenbereich (hier Z2S7:Z101S7) und der Ausgabebereich entsprechend Bild 2-60 einzutragen. Die im Listenbereich stehenden Werte werden im Rollfeld angezeigt.

Der gewählte Wert wird dann im Ausgabebereich eingetragen. Alle Berechnungen beziehen sich dann auf diesen Wert. Mit dem Listenfeld ist es möglich, die Dateneingabe zu vereinfachen und Fehler zu vermeiden.

Andere Steuerelemente sind noch verfügbar. Im Rahmen dieses Buches muß jedoch auf weitere Erläuterungen verzichtet werden.

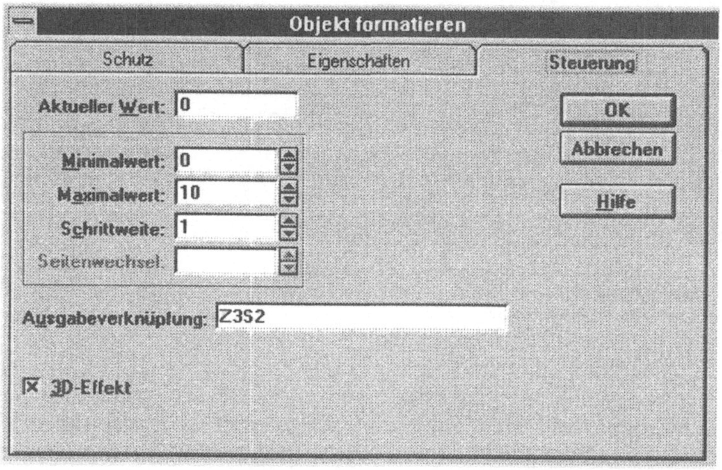

Bild 2-59: Drehfeld-Steuerung

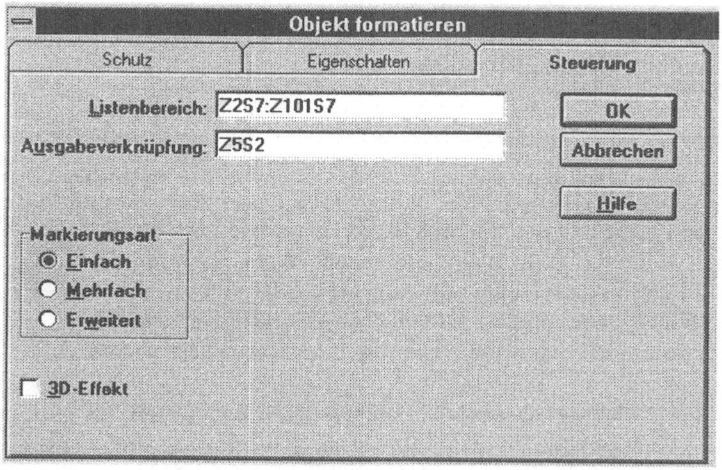

Bild 2-60: Listenfeld-Steuerung

◆ Aufgabe 2-13: Simpson-Regel für beliebige Anwendungen

Die Tabelle aus Aufgabe 2-12 ist so umzustellen, daß beliebige bestimmte Integrale näherungsweise berechnet werden können. Man sehe hierfür drei Makros vor, und zwar mit folgenden Wirkungen:

- Integrand festlegen,
- Integrationsgrenzen eingeben und
- Arbeitsblatt sichern.

Man gehe wie im vorhergehenden Beispiel vor und speichere die Tabelle unter dem Namen **SimpAllg** ab.

■ Beispiel 2-22: Die Arbeit mit eigenen Menüs

Während in der EXCEL-4.0-Version eigene Menüs und eigene Menüleisten per Makro eingefügt werden mußten, geschieht dies in der Version 5.0 durch den Menüeditor. Beim Laden der Tabelle werden die benutzerdefinierten Menüs sofort eingefügt, dies entspricht also einem Auto-Makro. Eigene Menüs beziehen sich aber immer nur auf die Tabelle. Wird in ein Diagramm oder in ein Makro gewechselt, erscheint das Standardmenü.

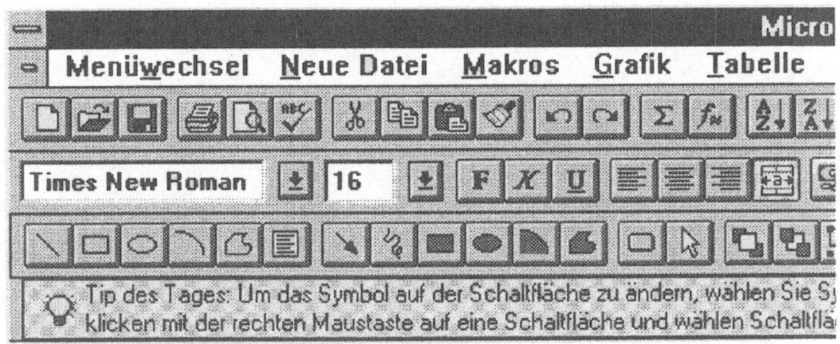

Bild 2-61: Eigene Menüleiste

Im Bild 2-61 wurden die Standardmenüs gelöscht und die benutzerdefinierten Menüs

- Menüwechsel
- Neue Datei
- Makros
- Grafik
- Tabelle

eingefügt.

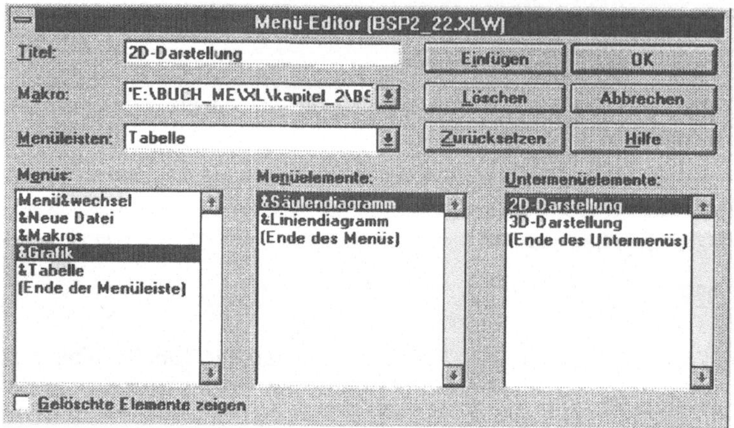

Bild 2-62: Der Menüeditor

Im Bild 2-62 sind dem Menü ***Grafik*** die Menüelemente ***Säulendiagramm*** und ***Balkendiagramm*** zugeordnet. Zum Menüelement ***Säulendiagramm*** gehören die Untermenüelemente ***2D-Darstellung*** und ***3D-Darstellung***. Das Untermenüelement ***2D-Darstellung*** wird mit dem Makro „E:\BUCH_ME\kapitel2\'BSP2_22.XLW'!Säulendiagramm_2D _zeigen gestartet. Entsprechend sind für die anderen Menüelemente bzw. Untermenüelemente die Makros zu schreiben.

Das Makro „Menüwechsel"

```
' Menüwechsel Makro
' Makro am 08.06.1995 von Gerhard Schälicke aufgezeichnet
Sub Menüwechsel()
FensterListe("BSP2_22.XLW").Aktivieren
BlattListe("Menüwechsel 1").Auswählen
Ende Sub
```

Da das EXCEL-Standardmenü beim Wechseln in ein Makro wieder eingeblendet wird, erfolgt hier einfach ein Sprung in das Makroblatt „Menüwechsel 1". Ein Klick in die Tabelle hat automatisch einen Wechsel in das benutzerspezifische Menü zur Folge. Natürlich hätte der Menüwechsel auch durch einen Klick in das Makroblatt erfolgen können. Aber die Makros stehen ja stellvertretend für andere Makros.

Das Makro „Neue Datei"

```
Sub Datei_neu()
ArbeitsmappeListe.Hinzufügen
Ende Sub
```

Damit wird eine neue Tabelle eingefügt.

Das Makro „Säulendiagramm_2D_zeigen“

```
' Säulendiagramm_zeigen Makro
' Makro am 09.06.1995 von Gerhard Schälicke aufgezeichnet
Sub Säulendiagramm_2D_zeigen()
BlattListe("Diagramm").Auswählen
AktivesDiagramm.Diagrammfläche.Auswählen
AktivesDiagramm.Typ = xlSäule
Ende Sub
```

Es erfolgt ein Sprung in das Diagramm, und das Muster „Säulendiagramm“ wird gewählt.

Das Makro „Säulendiagramm_3D_zeigen“

```
' Säulendiagramm_3D Makro
' Makro am 09.06.1995 von Gerhard Schälicke aufgezeichnet
Sub Säulendiagramm_3D()
BlattListe("Diagramm").Auswählen
AktivesDiagramm.Typ = xl3DSäulen
Ende Sub
```

Entsprechend sind die anderen Makros zu gestalten und den Menüelementen zuzuweisen.

♦ Aufgabe 2-14: Numerische Integration mit benutzerdefinierten Menüs

Für die numerische Integration nach der Simpson-Regel sind geeignete Menüs mit dem Menüeditor in die Menüleiste einzubauen. Anschließend sind die entsprechenden Makros zu erstellen und zu testen. Man gehe dabei von der Tabelle **SimpAllg** aus und wandle sie - analog zum Beispiel 2-22 - in eine neue Tabelle **SimpMenu** um.

2.5 Erstellen und Auswerten von Datenbanken

In diesem Kapitel soll das Arbeiten mit technischen Datenbanken und dabei speziell deren Erstellung und Auswertung mit Hilfe der Datenbankoptionen von EXCEL behandelt werden. Bei den hier zu besprechenden Dateien handelt es sich um relationale Dateien, da sie in Tabellenform vorliegen. Dabei besteht eine solche Datei aus einer Vielzahl von Daten, die in Zeilen und Spalten angeordnet sind. Eine Zeile stellt einen Datensatz in der Datei dar und enthält i.allg. Daten von unterschiedlichem Datentyp. Die Daten in einer Spalte sind alle vom gleichen Datentyp. Durch die Spalten - oder auch Felder genannt - wird die Struktur einer Datei festgelegt. Eine Datenbank besteht aus mehreren Dateien, die in einem bestimmten Zusammenhang stehen. Beispielsweise besteht eine Datenbank für ein Lagerverwaltungssystem u.a. aus Dateien für die Artikelstammdaten und Buchungsdaten für Zugänge und Abgänge im Lager. Ein Datensatz in der Artikelstammdatei stellt einen Artikel dar und enthält u.a. als Werte die Artikel-Nummer, die Artikel-Bezeichnung, den Einzel-Preis und Mindestbestand.

In EXCEL erfolgt die Darstellung einer Datei in einem Tabellenbereich, in dessen erster Zeile die Namen der einzelnen Felder der Datei stehen. Die Zeilen darunter stellen jeweils einen Datensatz dar. Die Kapazität einer solchen Datei hängt von der Größe des Arbeitsspeichers und des Arbeitsblattes ab. Maximal kann eine Datei 256 Felder (Spalten) und 16383 Datensätze (Zeilen) enthalten.

Die Festlegung einer Datenbank in EXCEL erfolgt durch die Eingabe von eindeutigen Feldnamen in die erste Zeile des zugehörigen Arbeitsblattbereiches. Hierbei müssen die Feldnamen Labels sein und dürfen am Anfang und Ende kein Leerzeichen haben. Die Werte für die Datensätze können von unterschiedlichem Datentyp sein und werden einzeln eingegeben oder z.B. mit Hilfe einer Datenmaske.

Bild 2-63:
Das Menü *[Daten]*

Für das Arbeiten mit Datenbanken steht der Menübefehl *[Daten]*, entsprechend Bild 2-63, zur Verfügung. Es enthält folgende Optionen:

[Sortieren...]

Damit können Datensätze in einer Datenbank nach festzulegenden Kriterien und festzulegender Reihenfolge sortiert werden. Drei Sortierkriterien sind möglich. Die Liste kann einen Zeilenkopf enthalten (Bild 2-65).

[Filter]

Datensätze können ausgefiltert werden. Entsprechend Bild 2-66 sind im Menü *[Daten]* drei Optionen verfügbar:

- Autofilter
- Alle anzeigen
- Spezialfilter

Bild 2-64: Benutzerdefinierte Sortierfolge

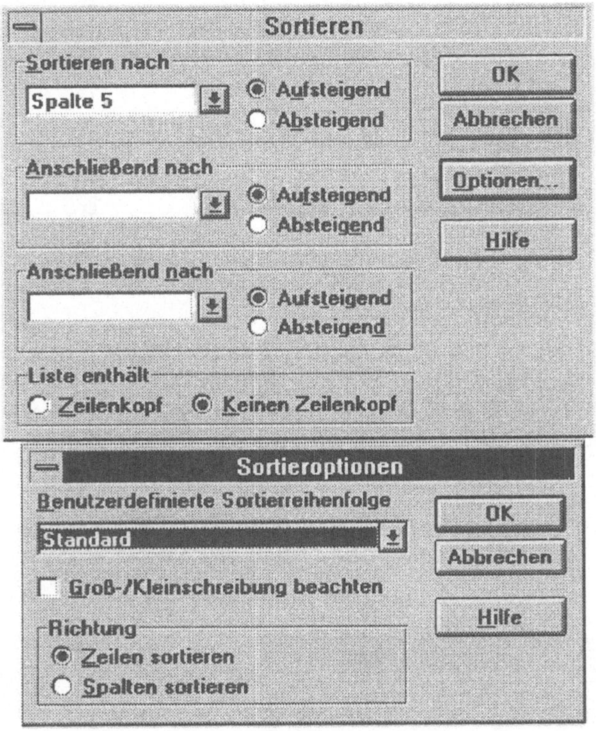

Bild 2-65: Datensätze sortieren

Bild 2-66: Filteroptionen

AutoFilter hat zur Folge, daß, entsprechend Bild 2-67, Rollpfeile in den einzelnen Spalten erscheinen. Werden diese aktiviert, erscheinen alle Begriffe der jeweiligen Spalte und werden nach entsprechender Auswahl ausgefiltert, d.h. alle anderen Begriffe werden ausgeblendet. Natürlich kann auch weiter gefiltert werden. Die Filteroption wirkt wie ein Umschalter, d.h. ein nochmaliges Anklicken der Option schaltet die Filterfunktion aus.

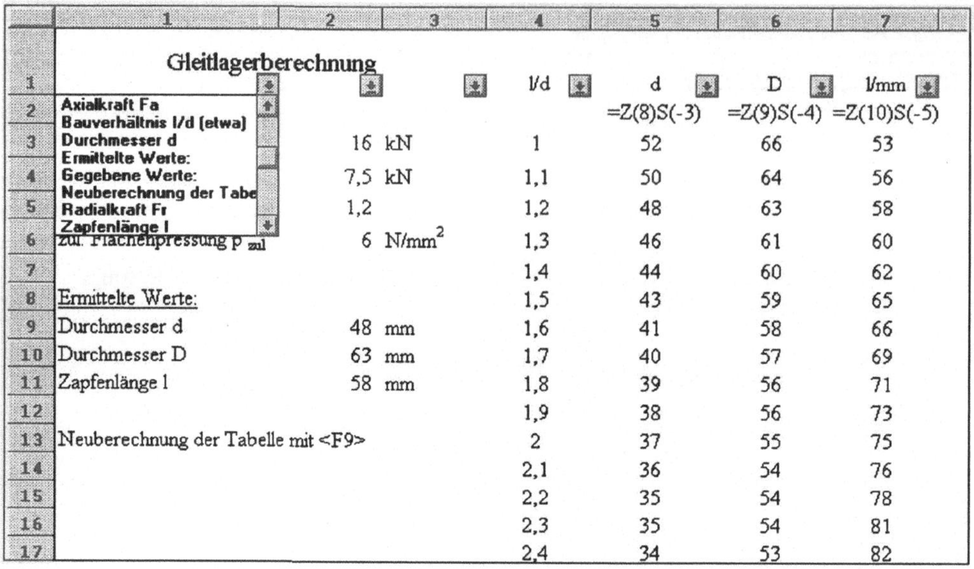

Axialkraft Fa
Bauverhältnis l/d (etwa)
Durchmesser d
Ermittelte Werte:
Gegebene Werte:
Neuberechnung der Tabe
Radialkraft Fr
Zapfenlänge l

	1	2	3	4	5	6	7
1	Gleitlagerberechnung			l/d	d	D	l/mm
2					=Z(8)S(-3)	=Z(9)S(-4)	=Z(10)S(-5)
3		16	kN	1	52	66	53
4		7,5	kN	1,1	50	64	56
5		1,2		1,2	48	63	58
6	zul. Flächenpressung p_{zul}	6	N/mm²	1,3	46	61	60
7				1,4	44	60	62
8	Ermittelte Werte:			1,5	43	59	65
9	Durchmesser d	48	mm	1,6	41	58	66
10	Durchmesser D	63	mm	1,7	40	57	69
11	Zapfenlänge l	58	mm	1,8	39	56	71
12				1,9	38	56	73
13	Neuberechnung der Tabelle mit <F9>			2	37	55	75
14				2,1	36	54	76
15				2,2	35	54	78
16				2,3	35	54	81
17				2,4	34	53	82

Bild 2-67: Datensätze filtern

Spezialfilter erlauben, Datensätze nach bestimmten Kriterien zu suchen und in einen Ausgabebereich zu kopieren. Dazu kann noch gewählt werden, ob Duplikate kopiert werden sollen oder nicht. Beispielsweise kann man mit markierter Option *[Keine Duplikate]* die Anzahl der verschiedenen Elemente ermitteln, egal wie oft diese in der Datenbank vorkommen.

Die Datenbank braucht ab EXCEL 5.0 nicht mehr markiert zu werden, EXCEL erkennt sie als Datenbank.

Spezialfilter

Vorgang
◉ Liste an gleicher Stelle filtern
○ An eine andere Stelle kopieren

OK
Abbrechen
Hilfe

Listenbereich: Z1S1:Z18S7
Kriterienbereich:
Ausgabebereich:

☐ Keine Duplikate

Bild 2-68: Spezialfilter

Maske

Eine Datenmaske, entsprechend Bild 2-69, wird aufgerufen. Der Cursor muß dabei in der Datenbank (oder Liste) stehen. EXCEL nimmt dabei standardmäßig die oberste Zeile als Feldnamen an. In der Maske kann man sich mit der Tabulatortaste, mit der Tastenkombination Alt+Unterstrichener Buchstabe oder mit der Maus bewegen. Datensätze können neu eingegeben, gesucht und gelöscht werden. Die Maske wird natürlich durch die Größe des Bildschirms begrenzt.
Außer der Standarddatenmaske kann man auch selbst benutzerdefinierte Masken erstellen (siehe Bild 2-70).

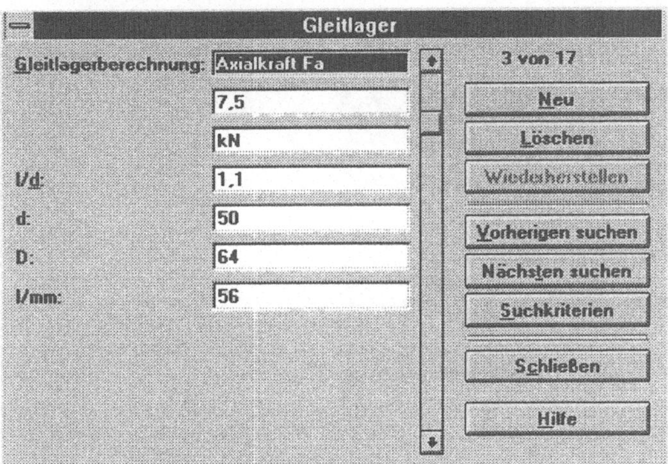

Bild 2-69: Die Standarddatenmaske

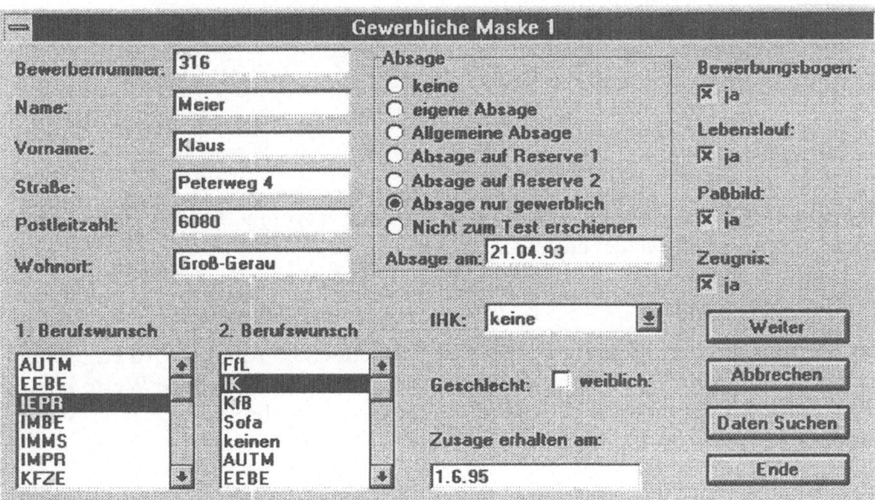

Bild 2-70: Eine benutzerdefinierte Maske

[Teilergebnisse...]

Für die markierten Spalten werden Teilergebnisse berechnet. Zur Verfügung stehen:

- Anzahl
- Maximum
- Minimum
- Mittelwert
- Produkt
- Standardabweichung
- Summe
- Varianz

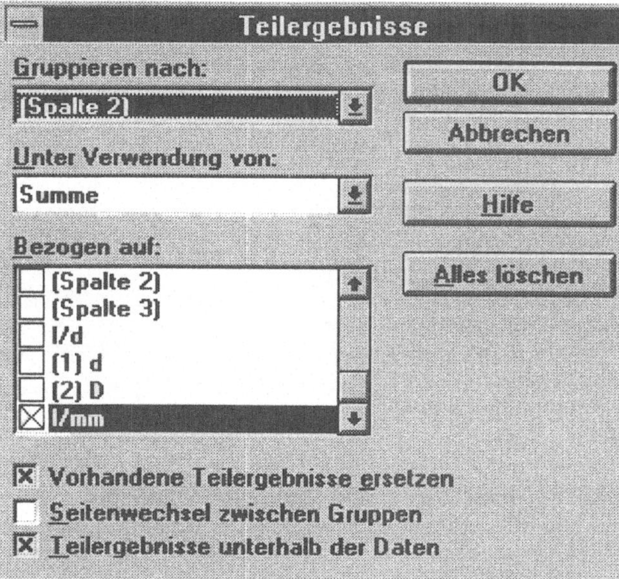

Bild 2-71: Teilergebnisse

Die berechneten Teilergebnisse werden unter die Liste eingefügt. Mit der Option *[Alles löschen]* lassen sie sich wieder entfernen.

[Mehrfachoperationen...]

Unter Verwendung von Eingabewerten und Formeln einer Tabelle wird eine Mehrfachoperation erstellt. Der Befehl wird verwendet, wenn verschiedene Werte in eine oder mehrere Formeln eingesetzt und die Berechnungsergebnisse angezeigt werden sollen.

[Text in Spalten...]

Der Text-Assistent wird gestartet, siehe dazu Pkt. 1.2.

[Konsolidieren...]

Die Daten aus einem Quellbereich oder aus mehreren Quellbereichen werden zusammengefaßt und in einem Zielbereich dargestellt. Die Quellbereiche (max. bis 256) können sich auch in verschiedenen Tabellen befinden, die dabei nicht geladen sein müssen. EXCEL erstellt für jede Zelle Verknüpfungsformel.

Bild 2-72: Konsolisieren

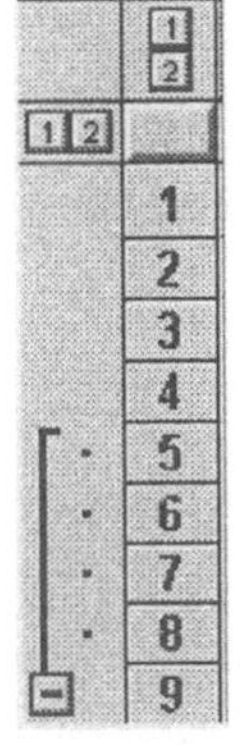

[Gliederung]

Es kann eine Gliederung (wie z.B. im Bild 2-73) erstellt werden, die es z.B. ermöglicht, nur die Endergebnisse einer Berechnung darzustellen. Dabei werden Gliederungssymbole angezeigt, mit deren Hilfe Ebenen ein- und ausgeschaltet werden können.

Bild 2-73:
Eine Gliederung

[Pivot-Tabellen]

Pivot-Tabellen (früher Kreuztabellen) werden für dreidimensionale Tabellen verwendet. Mit ihrer Hilfe können Tabellen in verschiedensten Formen dargestellt werden. Dabei werden Spaltennamen zu Zeilen-, Spalten-oder Seitenfeldern, und die Zellen in den markierten Spalten werden zu Feldelementen. Beim Aufruf meldet sich der Pivot-Tabellen-Assistent, der die gewünschte Tabelle in vier Schritten erzeugt.

Im ersten Schritt wird die Basis angegeben, auf der die Tabelle erstellt werden soll (Bild 2-74):

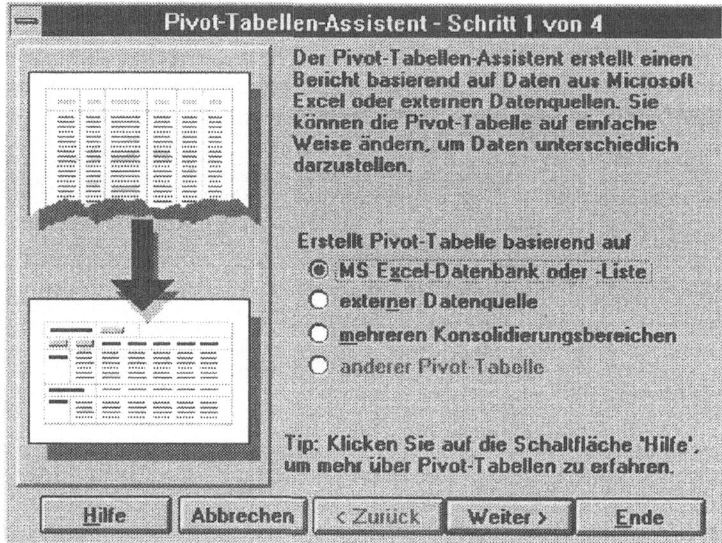

Bild 2-74: Der Pivot-Tabellen-Assistent, Schritt 1

Im zweiten Schritt wird der Tabellenbereich gewählt, aus dem die Pivot-Tabelle erstellt werden soll. Steht der Cursor in einer Tabelle, wird dieser Bereich von EXCEL vorgeschlagen (Bild 2-75):

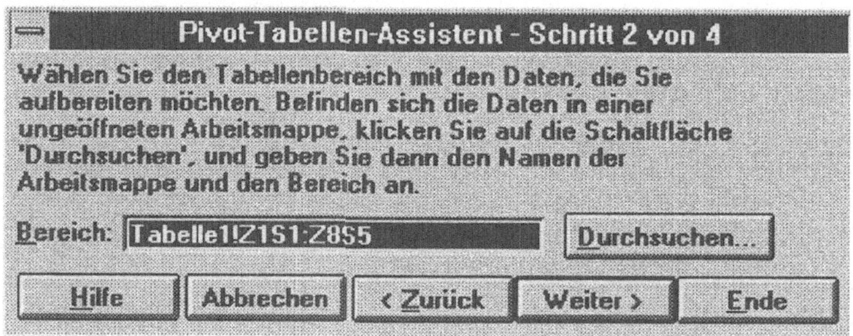

Bild 2-75: Der Pivot-Tabellen-Assistent, Schritt 2

Im dritten Schritt wird durch Ziehen mit der Maus festgelegt, wie die Tabelle später aussehen soll (Bild 2-76):

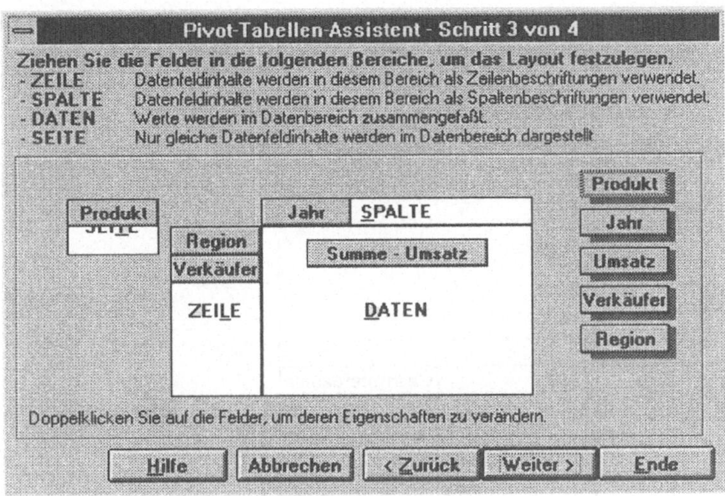

Bild 2-76: Der Pivot-Tabellen-Assistent, Schritt 3

Im vierten Schritt wird die oberste linke Zelle des Zielbereiches angeklickt.

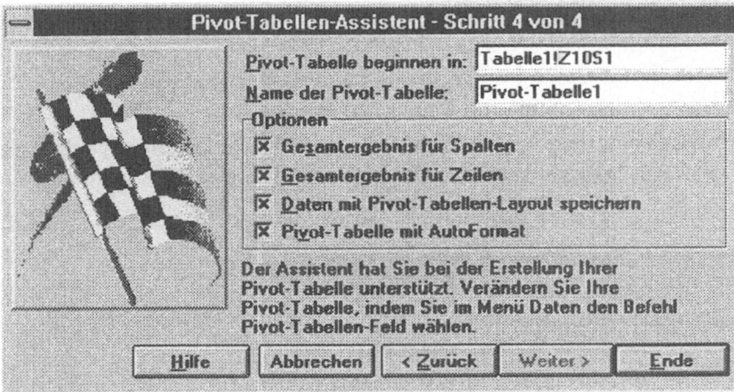

Bild 2-77: Der Pivot-Tabellen-Assistent, Schritt 4

Die ursprüngliche Tabelle und die fertige Pivot-Tabelle sind im Bild 2-78 zu sehen.

	1	2	3	4	5
1	**Produkt**	**Jahr**	**Umsatz**	**Verkäufer**	**Region**
2	Fisch	1992	7456	Petersen	Nord
3	Gemüse	1993	234	Buchheim	West
4	Gemüse	1992	23	Buchheim	Süd
5	Fisch	1993	3451	Buchheim	Süd
6	Fisch	1993	4537	Buchheim	West
7	Gemüse	1993	2599	Petersen	Ost
8	Fisch	1993	1957	Petersen	West
9					
10	Produkt	(Alle)			
11					
12	Summe - Umsatz		Jahr		
13	Region	Verkäufer	1992	1993	Gesamtergebnis
14	Nord	Petersen	7456	0	7456
15	Nord Ergebnis		7456	0	7456
16	Ost	Petersen	0	2599	2599
17	Ost Ergebnis		0	2599	2599
18	Süd	Buchheim	23	3451	3474
19	Süd Ergebnis		23	3451	3474
20	West	Buchheim	0	4771	4771
21		Petersen	0	1957	1957
22	West Ergebnis		0	6728	6728
23	Gesamtergebnis		7479	12778	20257

Bild 2-78: Ursprüngliche Tabelle und Pivot-Tabelle

[Pivot-Tabellenfeld]

Steht der Cursor in einer Pivot-Tabelle, ist diese Option im Menü Daten verfügbar. In diesem Dialogfeld kann die Zusammenstellung der Pivot-Tabelle verändert werden.

Pivot-Tabellen-Feld

Ursprungsfeld: Umsatz

Name: Summe - Umsatz

Zusammenfassen mit:

Summe
Anzahl
Mittelwert
Maximum
Minimum
Produkt
Anzahl (nur Zahlen)

OK
Abbrechen
Löschen
Zahlen...
Optionen >>
Hilfe

Bild 2-79: Pivot-Tabellenfeld

[Daten aktualisieren]

Steht der Cursor in einer Pivot-Tabelle, wird diese damit aktualisiert.

■ Beispiel 2-23: Erstellen einer Datei mit einer Eingangsgröße

Ein Gleitlager - wie in Bild 2-80 abgebildet - wird durch eine Radialkraft F_r = 16 kN und eine Axialkraft F_a = 7,5 kN belastet. Das Bauverhältnis l/d soll ungefähr 1,2 betragen. Die zulässige Flächenpressung p_{zul} ist 6 N/mm^2. Mit Hilfe einer EXCEL-Tabelle ermittle man die Werte für

- die Durchmesser d und D in mm und
- die Zapfenlänge l in mm.

Man stelle diese Werte in einer Tabelle für verschiedene Bauverhältnisse l/d dar und zwar für alle Verhältnisse von 1,0 bis 2,5 in Schritten von 0,1.

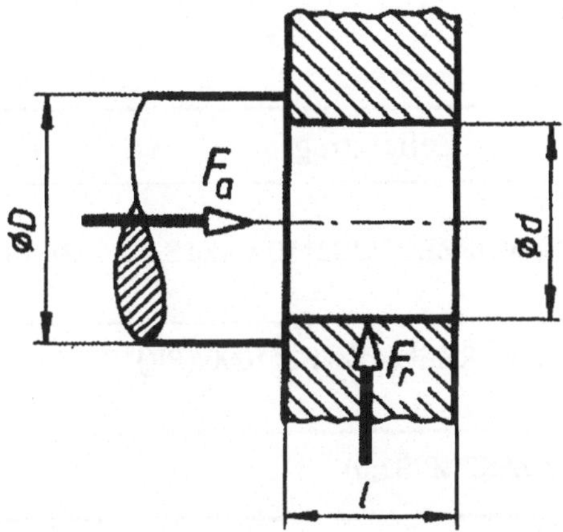

Bild 2-80: Gleitlager mit Axial- und Radialkraft

Das Arbeitsblatt entsprechend Bild 2-81 erfüllt die obige Aufgabenstellung.

Die Berechnung der gesuchten Größen d, D und l erfolgt in den Zellen Z9S2, Z10S2 und Z11S2. Es werden zunächst die für d, D und l erforderlichen Werte ermittelt, die dann zur nächstgrößeren ganzen Zahl aufzurunden sind. Die Realisierung ist in der folgenden Übersicht dargestellt.

	1	2	3	4	5	6	7
1	**Gleitlagerberechnung**			l/d	d	D	l/mm
2	Gegebene Werte:				48	63	58
3	Radialkraft F_r	16	kN	1	52	66	53
4	Axialkraft F_a	7,5	kN	1,1	50	64	56
5	Bauverhältnis l/d (etwa)	1,2		1,2	48	63	58
6	zul. Flächenpressung p_{zul}	6	N/mm²	1,3	46	61	60
7				1,4	44	60	62
8	Ermittelte Werte:			1,5	43	59	65
9	Durchmesser d	48	mm	1,6	41	58	66
10	Durchmesser D	63	mm	1,7	40	57	69
11	Zapfenlänge l	58	mm	1,8	39	56	71
12				1,9	38	56	73
13	Neuberechnung der Tabelle mit <F9>			2	37	55	75
14				2,1	36	54	76
15				2,2	35	54	78
16				2,3	35	54	81
17				2,4	34	53	82
18				2,5	33	52	83

Bild 2-81: Tabelle zur Berechnung von Gleitlagern

Zelle	Formel	Zelleintrag
Z9S2	$d_{erf} = \sqrt{\frac{F_r}{\frac{l}{d} \cdot p_{zul}}}$	=AUFRUNDEN(WURZEL(Z3S2*1000/(Z5S2*Z6S2));0)
Z10S2	$D_{erf} = \sqrt{\frac{4 \cdot F_a}{\pi \cdot p_{zul}} + d^2}$	=AUFRUNDEN(WURZEL(4*Z4S2*1000/(PI()*Z6S2) +Z9S2^2);0)
Z11S2	$l = \frac{l}{d} \cdot d$	=AUFRUNDEN(Z5S2*Z9S2;0)

[Extras] [Optionen...] [Berechnen] { Berechnen ausschalten }
[Auf Befehl] [OK]
[Z3S4] **1 <↵>** { Reihe in Spalte 4 berechnen }
[Z3S4:Z18S4] [<Bearbeiten] [Ausfüllen...]
[Reihe...] [Reihentyp] [arithmetisch]
[Inkrement] **0,1** *[OK]*
[Z2S5] = [Z9S2] **<↵>** { Formel für d eingeben }
[Z2S6] = [Z10S2] **<↵>** { Formel für D eingeben }
[Z2S7] = [Z11S2] **<↵>** { Formel für l eingeben }

[Z1S1:Z18S7] [Format] [Zellen...] { Zellschutz einschalten }
[Schutz] [Gesperrt] [Kreuz] [OK]
[Z3S2:z6S2] [Format] [Zellen...] [Schutz]
[Gesperrt] [Kreuz entfernen] [OK]
[Extras] [Dokument schützen] [Blatt...]
<„Kennwort“> <↵> <„Kennwort“> <↵>

Die Variantenberechnung für eine Eingangsgröße:

Die Berechnung erfolgt im Menü *[Daten]* mit der Option *[Mehrfachoperationen...]*

Die Vorgehensweise:

- Der rechteckige Bereich, der eine oder mehrere einzusetzende Formeln sowie die Liste der einzusetzenden Werte enthält, wird markiert.
- Im Menü *[Daten]* wird die Option *[Mehrfachoperationen...]* gewählt.
- Stehen die einzusetzenden Werte in Spalten, ist *[Werte aus Spalten]* zu aktivieren, stehen sie in Zeilen, ist *[Werte aus Zeilen]* zu aktivieren.
- Die Zelle, in der die variable Größe steht, ist anzuklicken, und Return ist zu aktivieren.

In vorgenanntem Beispiel 2-23 bedeutet dies:

[Z2S4:Z18S7] [Daten] { Mehrfachoperationen aktivieren }
[Mehrfachoperationen...] [Werte aus Spalten]
[Z5S2] **<↵>**

In Z2S5:Z18S5 stehen dann die gleichen Formeln:

=MEHRFACHOPERATION(;Z5S2)

Nach der Eingabe neuer Bauverhältnisse kann die Tabelle durch Drücken der Funktionstaste F9 sehr einfach aktualisiert werden, es sei denn, die automatische Berechnung ist eingeschaltet. Die neuen Lösungsvarianten für die gesuchten Größen ergeben sich quasi auf 'Knopfdruck'.

Soll die Variable geändert werden, ist dies leicht möglich, z.B. für die Flächenpressung:

[Z2S4:Z18S7] [Daten] { Mehrfachoperationen aktivieren }
[Mehrfachoperationen...] [Werte aus Spalten]
[Z6S2] **<↵>**

Nun steht in Z2S5:Z18S5 die Formel

=MEHRFACHOPERATION(;Z6S2)

Die Optionen *[Reihe...]* im Menü *[Bearbeiten], [Ausfüllen...]* und *[Mehrfachoperationen...]* im Menü *[Daten]* können auch zum Erstellen von Wertetabellen für Funktionen benutzt werden. Dabei wird durch die Anwendung von *[Reihe...]* die Spalte für die x-Werte der Tabelle und mit *[Mehrfachoperationen...]* die der zugehörigen y-Werte ermittelt. Unmittelbar über einer solchen Wertetabelle ist vorher eine zusätzliche Zeile mit der jeweiligen Funktionsbeziehung vorzusehen. Am Beispiel der Wertetabelle für eine beliebige Funktion, wie sie im Arbeitsblatt entsprechend Beispiel 2-21 behandelt wurde, soll die prinzipielle Vorgehensweise verdeutlicht werden.

■ Beispiel 2-24: Erstellen einer Funktionstabelle als EXCEL-Datei

Die Wertetabelle für eine beliebige Funktion f(x) ist als EXCEL-Datei darzustellen. Ausgehend von dem Arbeitsblatt nach Beispiel 2-21 lege man für eine weiterhin feste Anzahl von 51 Stützstellen einen Tabellenbereich D2:E53 fest, der folgenden Aufbau besitzt:

- Zelle E2 für die Funktion f(x), die durch eine Formel aus der Eingabezelle B2 übernommen wird
- Zellbereich D3..D53 für die mit *[Reihe ausfüllen...]* festzulegenden x-Werte
- Namensfestlegung für die Zelle C2
- Zellbereich E3 bis E53 für die zugehörigen y-Werte, die mit einer Mehrfachoperation ermittelt werden

Die in den Zellen B3, B4, B5 und B6 stehenden Werte für die untere und obere x-Grenze, die Anzahl der Stützstellen und der Schrittweite ergeben sich aus den x-Werten in den Zellen D3, D4 und D53. Ihre Berechnung läßt sich in der unten angegebenen Form realisieren.

Zelle	Größe	Zelleintrag
B3	Untere Grenze für x	=D3
B4	Obere Grenze für x	=D53
B5	Anzahl der Stützstellen	=1+(D53-D3)/(D4-D3)
B6	Schrittweite	=D4-D3

Man erhält für die spezielle Funktion

$$f(x)=x^3 \text{ mit } -6{,}5 \leq x \leq +6{,}5 \text{ und einer Schrittweite von } 0{,}25$$

nach Ausführung der oben angegebenen Schritte ein im Prinzip nur unwesentlich verändertes Arbeitsblatt entsprechend Bild 2-82.

B2 =x^3

	A	B	C	D	E
1	Darstellung einer beliebigen Funktion			x	f(x)
2	Funktion y = f(x)	1,0	1		1,00
3	Untere Grenze:	-6,25		-6,25	-244,14
4	Obere Grenze:	6,25		-6,00	-216,00
5	Anzahl der Stützstellen:	51		-5,75	-190,11
6	Schrittweite:	0,25		-5,50	-166,38
7				-5,25	-144,70
8				-5,00	-125,00
9				-4,75	-107,17
10				-4,50	-91,13
11				-4,25	-76,77
12				-4,00	-64,00
13				-3,75	-52,73
14				-3,50	-42,88
15				-3,25	-34,33
16				-3,00	-27,00
17				-2,75	-20,80
18				-2,50	-15,63
19				-2,25	-11,39
20				-2,00	-8,00

Bild 2-82: Arbeitsblatt einer Funktionstabelle

Die Durchführung könnte so aussehen:

[E2 **=$B$2 <↵>** { Übernahme der eingegebenen Formel }
[D3:E53] ***<Entf>*** { Alte Wertetabelle löschen }
[D3] **-6,25 <↵>** { Reihe in Spalte D berechnen }
[D3:D53] [Bearbeiten] [Ausfüllen]
[Reihe...] [Reihentyp] [arithmetisch]
[Inkrement] **0,25** *[OK]*
[C2] [Einfügen] [Namen] [Festlegen...] { Namen festlegen }
[Namen in der Arbeitsmappe] **x** *[OK]*

[B2] **=x^3 <↵>** { Formeleingabe }
[D2:E53] [Daten] { Ermittlung der f(x)-Werte }
[Mehrfachoperationen...] [Werte aus Spalten]
[B2] **<↵>**

Nun kann die Funktion in B2 beliebig verändert werden, und die Funktionswerte werden sofort aktualisiert.

Die Arbeit mit Namen

Im Menü *[Einfügen] [Namen...]* sind vier Optionen verfügbar:

- Festlegen...
- Einfügen...
- Übernehmen...
- Anwenden...

Bild 2-83: Der Umgang mit Namen

[Festlegen...]

Für eine Zelle oder einen Zellbereich wird ein Name vergeben. Der Name darf bis zu 255 Zeichen lang sein und kann Buchstaben, Ziffern, Unterstriche (_), umgekehrte Schrägstriche (\), Punkte (.) und Fragezeichen (?) enthalten. Das erste Zeichen muß ein Buchstabe, ein Unterstrich (_) oder ein umgekehrter Schrägstrich (\) sein. Namen, die Zahlen oder Zellbezügen ähneln, sind nicht zulässig. In dem Dialogfeld, das sich öffnet, können Namen auch wieder gelöscht werden.

[Einfügen...]

Ein markierter Name wird in die Bearbeitungsleiste eingefügt. Man muß sich deshalb nicht alle vergebenen Namen, einschließlich deren exakte Schreibweise, merken.

Wird die Option *[Liste einfügen]* gewählt, wird eine zweispaltige Tabelle ab der aktuellen Cursorposition eingefügt. Die erste Spalte enthält den entsprechenden Namen, in der zweiten Spalte steht der jeweilige Zellbezug.

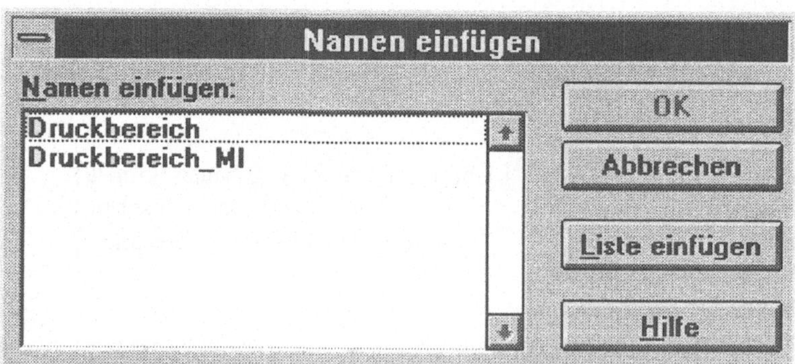

Bild 2-84: Das Dialogfeld *[Einfügen] [Namen...] [Einfügen...]*

[Übernehmen...]

Ein Name kann übernommen werden

- aus der obersten oder untersten Zeile,
- aus der linken oder rechten Spalte oder
- aus beliebigen Kombinationen, im Bild 2-85 z.B. aus der obersten Zeile und der linken Spalte.

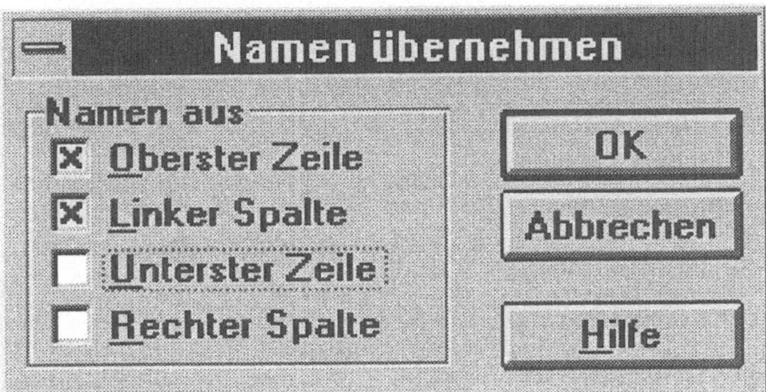

Bild 2-85: Namen übernehmen

[Anwenden...]

Alle in einer Arbeitsmappe definierten Namen werden aufgeführt. Der Name, durch den Bezüge ersetzt werden sollen, muß aktiviert werden.

Wurde für eine Spalte ein Name, z.B. „x", vergeben, und steht in der nächsten Spalte eine Funktion, z.B. „sin(x)", berechnet EXCEL die Funktion immer von dem Argument, das in der gleichen Zeile steht.

Nun sind die Makros noch anzupassen:

Das Makro ***Funktion eingeben*** besteht (sicherheitshalber) aus drei Schritten:

- Aufruf des Befehls *[Mehrfachberechnungen]* im Menü *[Daten] [Werte]* **C2**
- *[Berechnen] [Automatisch]*
- Sprung in die Zelle B2, um dort eine neue Funktion f(x) aufzunehmen

```
' Makro am 08.06.1995 von Gerhard Schälicke aufgezeichnet
Sub Neue_Kurve()
Bereich("D2:E53").Auswählen
Auswahl.Mehrfachoperation Spalteneingabe:=Bereich("C2")
Mit Anwendung
.Berechnung = xlAutomatisch
.MaxÄnderung = 0,001
Ende Mit
AktiveArbeitsmappe.GenauigkeitWieAngezeigt = Falsch
Bereich("B2").Auswählen
Ende Sub'
```

Das Makro ***Grenzen eingeben***, als EXCEL-4.0-Makro geschrieben, hat folgende Aufgaben:

- Löschen der Spalte 4
- Eingabeaufforderung für die untere Grenze
- Eingabeaufforderung für die obere Grenze
- Reihe berechnen, entsprechend dem Trend
- automatische Berechnung

```
Eingabe
=ARBEITSMAPPE.AUSWÄHLEN("Tabelle";"Tabelle")
=AUSWÄHLEN("Z3S4:Z53S4")
=INHALTE.LÖSCHEN(3)
=EINGABE("Geben Sie bitte die untere Grenze ein";2;"Untere Grenze")
=WENN(Z5S1=FALSCH;RÜCKSPRUNG();GEHEZU(Z7S1))
=ARBEITSMAPPE.AUSWÄHLEN("Grenzen festlegen";"Grenzen festle-
gen")
=AUSWÄHLEN("Z5S1")
=KOPIEREN()
=ARBEITSMAPPE.AUSWÄHLEN("Tabelle";"Tabelle")
=AUSWÄHLEN("z3s4")
=INHALTE.EINFÜGEN(3;2;FALSCH;FALSCH)
=ABBRECHEN.KOPIEREN()
=EINGABE("Geben Sie bitte die 0bere Grenze ein";2;"Obere Grenze")
=WENN(Z14S1=FALSCH;RÜCKSPRUNG();GEHEZU(Z16S1))
=ARBEITSMAPPE.AUSWÄHLEN("Grenzen festlegen";"Grenzen festle-
gen")
=AUSWÄHLEN("Z14S1")
=KOPIEREN()
```

```
=ARBEITSMAPPE.AUSWÄHLEN("Tabelle";"Tabelle")
=AUSWÄHLEN("z53s4")
=INHALTE.EINFÜGEN(3;2;FALSCH;FALSCH)
=ABBRECHEN.KOPIEREN()
=AUSWÄHLEN("z3s4:z53s4")
=DATENREIHE.BERECHNEN(2;1;1;;;WAHR)
=OPTIONEN.BERECHNEN(1;;;0,001;;FALSCH)
=RÜCKSPRUNG()
```

Die Datenreihe der Kurve ist für die x- und y-Achse auf die um eine Zeile nach unten verschobene Wertetabelle anzupassen.

☞ *Hinweis: Mehrspaltige Wertetabellen*

Wertetabellen für eine Funktion mit ihren Ableitungen können entsprechend erstellt werden. Man hat hierfür in der ersten Zeile des zugehörigen Tabellenbereichs in zusätzlichen Zellen die Beziehungen für die Ableitungen vorzusehen.

♦ Aufgabe 2-15: Numerische Integration mit Berechnungsdatei

Analog zu den im vorausgegangenen Beispiel durchgeführten Änderungen wandle man die Tabelle nach Aufgabe 2-14 in eine Tabelle um, wobei die Tabelle für die numerische Ermittlung des gesuchten bestimmten Integrals als EXCEL-Datei zu erstellen ist.

Die Variantenberechnung für zwei Eingangsgrößen:

Mit dieser Option kann eine Datei mit Werten für eine Funktion erstellt werden, die von zwei Eingangsgrößen X und Y abhängt. Für die verschiedenen Werte X_1, X_2, ..., X_n> bzw. Y_1, Y_2, ..., Y_m ergibt sich dann die Datei in der Form:

F(X,Y)	Y_1	Y_2	...	Y_m
X_1	$F(X_1,Y_1)$	$F(X_1,Y_2)$	...	$F(X_1,Y_m)$
X_2	$F(X_2,Y_1)$	$F(X_2,Y_2)$	...	$F(X_2,Y_m)$
X_3	$F(X_3,Y_1)$	$F(X_3,Y_2)$	...	$F(X_3,Y_m)$
.	.	.	...	.
.	.	.	...	.
.	.	.	...	.
X_n	$F(X_n,Y_1)$	$F(X_n,Y_2)$	...	$F(X_n,Y_m)$

Die linke obere Ecke des für die Datei vorgesehenen Tabellenbereichs enthält die jeweilige Formel.

Anstelle der Formel kann auch die Adresse der Zelle angegeben werden, in der die Formel steht. In der ersten Dateispalte stehen die Werte der Größe X und in der ersten Zeile die der Größe Y.

Zusätzlich zu den *[Werten aus Spalten]* ist die Zelle, in der die Variable steht, die die *[Werte aus Zeilen]* bestimmt, anzugeben.

■ Beispiel 2-25: Gleitlagertabelle für verschiedene Flächenpressungen

Die im Arbeitsblatt nach Beispiel 2-23 erstellte Datei für d, D und l ist durch eine Datei zu ersetzen, die den gesuchten Durchmesser d in Abhängigkeit vom Bauverhältnis und drei verschiedenen Flächenpressungen $p_{zul\ 1}$, $p_{zul\ 2}$ und $p_{zul\ 3}$ angibt. Man vergleiche hierzu das Arbeitsblatt in Bild 2-82.

Man erhält diese Tabelle aus der bereits erstellten Tabelle 2-82 im wesentlichen durch folgendes Vorgehen:

- Einfügen und Ändern der Überschriften in der Zeile 1 bzw. 2,
- Festlegen der ersten Zeile des Dateibereichs durch das Festsetzen der Formel für d in der Zelle D4 und der Werte für p_{zul} in den Zellen E3, F3 und G3 und
- Erstellen der eigentlichen Tabelle mit der Option *[Mehrfachoperationen...] [Werte aus Zeilen]* und *[Werte aus Spalten]*.

	A	B	C	D	E	F	G
1	Gleitlagerberechnung					Durchmesser d in mm	
2	Gegebene Werte:			l/d	$p_{zul\ 1}$	$p_{zul\ 2}$	$p_{zul\ 3}$
3	Radialkraft F_r	16	kN	48	6	8	10
4	Axialkraft F_a	7,5	kN	1	52	45	40
5	Bauverhältnis l/d (etwa)	1,2		1,1	50	43	39
6	zul. Flächenpressung p_{zul}	6	N/mm²	1,2	48	41	37
7				1,3	46	40	36
8	Ermittelte Werte:			1,4	44	38	34
9	Durchmesser d	48	mm	1,5	43	37	33
10	Durchmesser D	63	mm	1,6	41	36	32
11	Zapfenlänge l	58	mm	1,7	40	35	31
12				1,8	39	34	30
13	Neuberechnung der Tabelle mit <F9>			1,9	38	33	30
14				2	37	32	29
15				2,1	36	31	28
16				2,2	35	31	27
17				2,3	35	30	27
18				2,4	34	29	26
19				2,5	33	29	26

Bild 2-86: Gleitlagertabelle mit zwei Eingangsgrößen

Der letzte Schritt wird dabei wie folgt ausgeführt:

[E4:G19] **<Entf> <↵>** { Ausgabebereich löschen }
[D3:G19] { Mehrfachoperationen }
[Daten] [Mehrfachoperationen...] [Werte aus Zeilen]
[B6] [Werte aus Spalten] [B5] [OK]

Im gesamten Bereich D3:G19 steht die gleiche Formel:

=MEHRFACHOPERATION(B6;B5)

Diese Formel kann nicht, wie andere Formeln -z.B. =cos(3x), in =cos(4x)-, per Tastatur geändert werden. Versucht man, B6 in B3 zu ändern, um die geänderte Formel anschließend in den gesamten Bereich zu kopieren, erhält man eine Fehlermeldung.

In vielen Fällen stehen die zur Berechnung eines Maschinenelements erforderlichen Werte in einer Datei und sind aus dieser auszuwählen. In EXCEL steht allgemein für die Auswahl von Daten aus einer Datei die Option *[Daten] [Filter] [Spezialfilter...]* (siehe Bild 2-68) zur Verfügung.

Im weiteren soll auf die wesentlichen Punkte des Arbeitens mit dieser Option näher eingegangen werden.

Man geht bei der Auswahl von Datensätzen meist schrittweise vor:

- Bestimmen der Liste bzw. der Datenbank
- Bestimmen des Suchbereichs
- Vereinbaren der Auswahlkriterien
- Festlegen eines Ausgabebereichs für Datensätze, die die Bedingungen erfüllen

Die Datenbank (Listenbereich)

EXCEL 5.0 erkennt eine Liste von Daten als Datenbank. Dabei wird die oberste Zeile als Feldnamenzeile bezeichnet und als diese angenommen.

Der (Such-) Kriterienbereich

Durch die Anwendung dieser Option kann ein Bereich des Arbeitsblattes vereinbart werden, in dem nach Datensätzen gesucht werden soll, die eine bestimmte Bedingung erfüllen. Ein Suchbereich kann die gesamte Datei oder nur einen Teil von dieser umfassen. Im gewählten Suchbereich muß die Zeile mit den Feldnamen der Datei stehen.

Die Suchkriterien

Die Kriterien, nach denen eine Suche von Datensätzen erfolgen soll, werden in Form eines sogenannten Kriterienbereichs festgelegt. Dieser Kriterienbereich muß außerhalb der Datenbank liegen und umfaßt mindestens zwei Zeilen. Die Angabe eines Kriteriums erfolgt in zwei Zellen, die untereinander in einer Spalte stehen, und zwar

- in der oberen Zelle der Feldname für die Spalte, in der in der Datenbank gesucht werden soll, und
- in der unteren Zelle die Bedingung für die eigentliche Auswahl der Sätze.

Werden mehrere Kriterien in dieser Form in einer Zeile nebeneinander vereinbart, so erfolgt die Auswahl der Datensätze aufgrund der logischen UND-Verknüpfung der Einzelkriterien. Es werden also nur die Datensätze gefunden, die allen Kriterien genügen. Stehen die Kriterien für unterschiedliche Feldnamen in verschiedenen Zeilen, so erfolgt eine logische ODER-Verknüpfung der einzelnen Bedingungen, d.h. es werden alle Datensätze gefunden, die mindestens ein Kriterium erfüllen.

Die eigentliche Bedingung für ein Auswahlfeld wird vereinbart durch:

- ein Label — für die Suche nach Datensätzen, die dieses Label als Wert besitzen,
- eine Zahl — für die Suche nach Datensätzen, die diese Zahl als Wert besitzen und
- einen Vergleich — für die Suche nach Datensätzen, für deren Werte der Vergleich den Wahrheitswert WAHR liefert.

Die Formulierung eines Vergleichs erfolgt mit Hilfe von mathematischen und logischen Operatoren.

Die wichtigsten Vergleichsoperatoren sind

- = (gleich)
- < (kleiner als)
- > (größer als)
- <= (kleiner oder gleich)
- >= (größer oder gleich)
- <> (ungleich)

Bei der Angabe von Auswahlfeldern in einem Vergleich muß eine relative Adressierung angewandt werden. Kommen in einem Vergleich Zellen vor, die außerhalb des Suchbereichs liegen, so sind diese durch eine absolute Adressierung anzugeben.

☞ *Hinweis: Jokerzeichen bei der Suche*

Bei der Suche nach einem bestimmten Label, kann bei dessen Angabe ein sogenanntes Jokerzeichen benutzt werden. Es stehen dabei zur Verfügung:

- Fragezeichen (?) als Ersatz für ein beliebiges Zeichen,
- Stern (*) als Ersatz für eine beliebige Zeichenfolge bis zum Ende des Labels.

☞ *Hinweis: Besondere Suchkriterien*

- = Dieses Suchkriterium findet alle Datensätze, die in dieser Spalte keinen Eintrag besitzen.
- <> Gefunden werden alle Datensätze, die in dieser Spalte überhaupt einen Eintrag haben.

Der Ziel- oder Ausgabebereich

In der ersten Zeile eines Ausgabebereichs sind die Namen für die Felder aus der Datenbank anzugeben, deren zugehörige Werte für die gefundenen Datensätze in den Ausgabebereich kopiert werden sollen. Die Reihenfolge der Feldnamen ist hierbei beliebig. Zusätzlich kann durch die Vorgabe einer maximalen Zeilenanzahl der Ausgabebereich nach unten begrenzt werden.
Im Regelfall wird nur die Zeile mit den Feldnamen als Ausgabebereich definiert. Ist der definierte Bereich nämlich zu klein, erfolgt die Fehlermeldung „Ausgabebereich ist voll“ und die Ausgabe wird abgebrochen.
Allerdings ist zu beachten, daß bei einem einzeiligen Ausgabebereich alle Zeilen unterhalb des Bereiches bis zum Ende des Arbeitsblattes überschrieben werden können. Das kann zu Datenverlusten führen.

Von besonderer Bedeutung ist die Option *[Keine Duplikate]* im Bild 2-87:

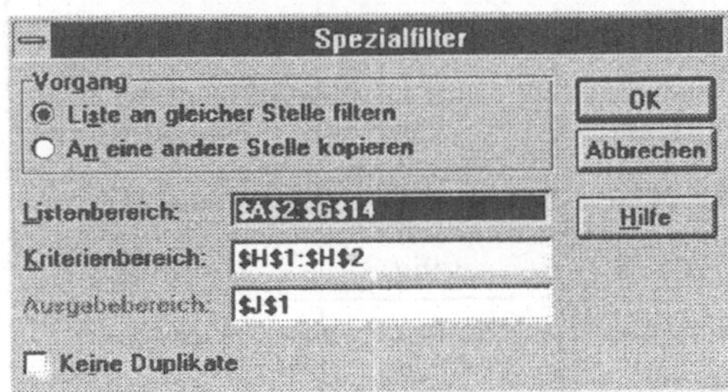

Bild 2-87: Das Dialogfeld *[Daten] [Filter...] [Spezialfilter]*

Im Bild 2-88 wurden aus der Spalte F (Preise) alle Datensätze ausgefiltert, deren Preis größer als 80 DM ist. In Spalte I ist das Ergebnis zu sehen mit Duplikaten. Die Ausgabe in Spalte J entstand, mit aktivierter Option *[Keine Duplikate]*. Die Fragestellung (was soll ausgefiltert werden?) entscheidet.

	A	B	C	D	E	F	G	H	I	J
1	Stückliste für ein Lochwerkzeug							Preis	Preis	Preis
2	Pos.	Anzahl	Benennung	Werkstoff	DIN-Sach-Nr.	Preis	Gesamtpreis	>80	163,35	163,35
3	1	1	Grundplatte	ST37-2		59,90	59,90		141,57	141,57
4	2	1	Schneidplatte	C105W1		163,35	163,35		108,90	108,90
5	3	1	Führungsplatte	C45		141,57	141,57		87,12	87,12
6	4	1	Schneidstempel	C105W1		108,90	108,90		87,12	81,68
7	5	1	Zwischenlage	C45		29,70	29,70		81,68	
8	6	1	Stempelhalteplatte	C45		87,12	87,12			
9	7	1	Kopfplatte	C45		87,12	87,12			
10	8	1	Einspannzapfen	ST50-2		81,68	81,68			
11	9	2	Zylinderstift		DIN6325-6m6*25	0,58	1,16			
12	10	2	Zylinderschraube		DIN912-M6*25	0,81	1,62			
13	11	2	Zylinderschraube		DIN912-M5*10	0,81	1,62			
14	12	2	Zylinderstift		DIN6325-5m6*15	0,35	0,70			

Bild 2-88: Keine Duplikate

Mit den oben besprochenen Optionen kann man relativ einfach eine bei der Berechnung von Maschinenelementen häufig erforderliche Tabellenauswertung durchführen. Dies soll in den beiden nächsten Beispielen für die Auswahl eines Gleitlagerwerkstoffs bzw. für die Bestimmung einer Grundtoleranz näher behandelt werden.

Bei einem Gleitlager gleitet ein bewegtes Teil - meist eine Welle oder ein Wellenzapfen - auf Gleitflächen in einer feststehenden Lagerschale oder Lagerbuchse. Für den Dauerbetrieb wird die Trennung der Gleitflächen angestrebt. Hierbei spielen die verwendeten Lagerwerkstoffe für bestimmte Betriebszustände, wie z.B. An- und Auslauf oder Aussetzen der Schmierung, eine besondere Rolle. Entsprechend hängt die Auswahl der Lagerwerkstoffe von einer Vielzahl von Parametern ab, die in den Richtlinien zur Wahl von Gleitlagerwerkstoffen zusammengestellt sind (Vgl. [2], Bild 14-63).

Kurzzeichen	Werkstoff-Nummer	Zusammensetzung (%)	Belastung	Geschwindigkeit
PbSn15SnAs	2.3390	82Pb; 15Sb; 1,3Sn	gering	niedrig
PbSn15Sn10	2.3391	74Pb; 15Sb; 10Sn	mittel	mittel
PbSn10Sn6	2.3393	83Pb; 10Sb; 6Sn	gering	mittel
SnSb12Cu6Pb	2.3790	80Sn; 12Sb; 6Cu	mittel	hoch
SnSb8Cu4	2.3791	89Sn; 8Sb; 4Cu	mittel	hoch
SnSb8Cu4Cd	2.3792	89Sn; 8Sb; 4Cu	hoch	hoch

In Verbundlagern nach DIN ISO 4381 werden beispielsweise Blei-Zinn-Gußlegierungen verwandt. In Abhängigkeit von Belastung und Geschwindigkeit wird eine spezielle Legierung aus der vorstehenden Tabelle ausgewählt.

Hiernach ist für eine geringe Belastung und eine mittlere Geschwindigkeit die Legierung mit dem Kurzzeichen PbSn10Sn6 zu wählen.

■ Beispiel 2-26: Auswahl von Daten für vorgegebene Texte

Für die Auswahl einer Blei-Zinn-Gußlegierung nach DIN ISO 4381 ist ein geeignetes Arbeitsblatt zu entwickeln.

Das zu entwickelnde Arbeitsblatt besteht im wesentlichen aus zwei Bereichen:

dem Bereich Z1S1:Z13S4 entsprechend Bild 2-89 und

	1	2	3	4
1	Auswahl von Gleitlagerwerkstoffen			
2				
3	(Blei-Zinn-Gußlegierungen nach DIN ISO 4381)			
4				
5	verlangt:	Belastung	Geschwindigkeit	
6		mittel	hoch	
7				
8	gewählt:	Kurzzeichen	Werkstoff-nummer	Zusammensetzung (in %)
9		SnSb12Cu6Pb	2.3790	80Sn; 12Sb; 6Cu
10		SnSb8Cu4	2.3791	89Sn; 8Sb; 4Cu
11				
12	Mögliche Belastung:	gering, mittel oder hoch,		
13	Mögliche Geschwindigkeit:	niedrig, mittel oder hoch,		
14				

Bild 2-89: Auswahl einer Blei-Zink-Gußlegierung

dem Bereich Z16S1:Z27S5 entsprechend Bild 2-90.

	1	2	3	4	5
14					
15					
16	Gleitlager aus Blei-Zinn-Gußlegierungen				
17					
18	(nach DIN ISO 4381)				
19					
20					
21	Kurzzeichen	Werkstoff-nummer	Zusammen-setzung (in %)	Belastung	Geschwindigkeit
22	PbSn15SnAs	2.3390	82Pb; 15Sb; 1,3Sn	gering	niedrig
23	PbSn15Sn10	2.3391	74Pb; 15Sb; 10Sn	mittel	mittel
24	PbSn10Sn6	2.3393	83Pb; 10Sb; 6Sn	gering	mittel
25	SnSb12Cu6Pb	2.3790	80Sn; 12Sb; 6Cu	mittel	hoch
26	SnSb8Cu4	2.3791	89Sn; 8Sb; 4Cu	mittel	hoch
27	SnSb8Cu4Cd	2.3792	89Sn; 8Sb; 4Cu	hoch	hoch
28					

Bild 2-90: Tabelle der Blei-Zink-Gußlegierung

Der Tabellenteil entsprechend Bild 2-90 bildet die eigentliche ***Datenbank***. Zeile 21 enthält die ***Feldnamen*** der jeweiligen Spalten (Felder). Zeile 22 bis Zeile 27 beinhaltet die Datensätze, die aus jeweils 5 ***Feldern*** (oder Daten) bestehen.

Der Tabellenteil Z1S1 bis Z14S4 enthält folgende Komponenten:

- ***Überschriften*** und ***Hinweise*** in Z1S1 (zentriert über Auswahl Z1S1 bis Z1S4), in Z3S1 sowie in Z5S1 und Z8S1,
- ***mögliche Kriterieneingaben*** in Z12S1 bis Z13S2,
- den ***Kriterienbereich*** für die Eingabe der jeweiligen Belastung und Geschwindigkeit in Z5S2 bis Z5S3 (Feldnamen) sowie Z6S2 bis Z6S3 (Suchkriterien) und
- den ***Ausgabebereich*** für die Ausgabe der hierfür geeigneten Blei-Zinn-Gußlegierungen in Z8S2 bis Z8S4 (Feldnamen) und Z9S2 bis Z10S4 (Ausgabedaten).

Die Datenausgabe erfolgt so:

[Z6S2] **mittel <↵>** { Suchkriterien eingeben }
[Z6S3] **hoch <↵>**
[Cursor in die Datenbank setzen] { Wahl der Datenbank }
[Daten] [Filter...] [Spezialfilter] { Kriterienbereich wählen }

[Kriterienbereich] [Z5S2:Z6S3]
[An eine ander Stelle kopieren] { Ausgabebereich wählen }
[Ausgabebereich] [Z8S2:Z10S2] [OK]

Für den Ausgabebereich sind drei Zeilen vorgegegeben, da maximal zwei Sätze für die Auswahl in Frage kommen. Bei einer Festlegung als einzeiliger Bereich würden beim Kopieren der gefundenen Sätze alle Zellen unterhalb der Zeile 8 gelöscht und das Arbeitsblatt unbrauchbar.

Nach dem Abspeichern des Arbeitsblattes können nacheinander Legierungen für unterschiedliche Belastungen und Geschwindigkeiten ausgewählt werden. Man gibt in den Zellen Z6S2 und Z6S3 neue Werte ein und aktiviert die Ausgabe der passenden Legierungen durch den erneuten Menüaufruf *[Daten] [Filter...] [Spezialfilter]*. Ein Makro wäre hier sehr hilfreich.

☞ *Hinweis: Feldnamen*

Die Feldnamen der Datenbank, des Kriterien- und des Ausgabebereiches müssen absolut übereinstimmen. Zweckmäßigerweise arbeitet man hier mit Kopieren und Einfügen bzw. Inhalte einfügen. Wird z.B. in der Datenbank nach Bild 2-90 der Begriff „Werkstoffnummer" aus optischen Gründen getrennt, muß dies im Kriterienbereich - er stellt ja eigentlich nur einen „Hilfsbereich" dar - nach Bild 2-89 auch geschehen. Sonst werden alle Datensätze ausgegeben.

Sollen die ausgegebenen Daten in einem anderen Programm, z.B. dem Textverarbeitungsprogramm WINWORD, weiterverarbeitet werden, sind die Bedingungen für Feldnamen dieses Programms zu beachten bzw. zu berücksichtigen. In der Serienbriefoption von WINWORD werden z.B. keine Leerzeichen zugelassen.

☞ *Hinweis: Formate bei der Datenausgabe*

Die Datenausgabe in den Zielbereich entspricht der Option *[Bearbeiten] [Einfügen] [Alles]*, d.h. auch die Formate werden in den Ausgabebereich kopiert. Sind in die Datenbank also z.B. Farben und Rahmen eingefügt worden, kann der Ausgabebereich nach der Datenausgabe sehr unschön aussehen.
Erfolgt nach einer Datenausgabe eine weitere, bei der weniger Datensätze den Suchkriterien entsprechen, werden die unterhalb der neuen Ausgabedaten befindlichen Zellformate nicht entfernt. Ein Makro kann das ändern.

☞ *Hinweis: Daten suchen, aber nicht ausgeben*

Sollen Daten nur gesucht werden, sollte die Option *[Daten] [Filter...] [Autofilter]* verwendet werden. Einer Filteroperation kann eine zweite, eine dritte... folgen. Mit dem entsprechenden Rollpfeil wird das Suchkriterium gewählt. Im Bild 2-91 sind alle Datensätze ausgefiltert, deren Belastung gering ist. Vergleiche hierzu Bild 2-90.

	1	2	3	4	5
21	Kurzzeichen	Werkstoff-nummer	Zusammen-setzung (in %)	Belastung	Geschwindigkeit
22	PbSn15SnAs	2.3390	82Pb; 15Sb; 1,3Sn	gering	niedrig
24	PbSn10Sn6	2.3393	83Pb; 10Sb; 6Sn	gering	mittel

Bild 2-91: *[Daten] [Filter...] [Autofilter]*

Auch UND- und ODER- Kombinationen sowie Jokerzeichen sind möglich. Dazu muß die Option *[Benutzerdefiniert]* im entsprechenden Rollfeld gewählt werden.

Im Bild 2-92 werden z.B. die beiden Werkstoffe PbSn15Sn10 und SnSb8Cu4 ausgefiltert, weil sie dem Suchkriterium „Werkstoffnummer“ 2.3??1 entsprechen.

Kurzzeichen	Werkstoff-nummer
PbSn15SnAs	2.3390
PbSn15Sn10	2.3391
PbSn10Sn6	2.3393
SnSb12Cu6Pb	2.3790
SnSb8Cu4	2.3791
SnSb8Cu4Cd	2.3792

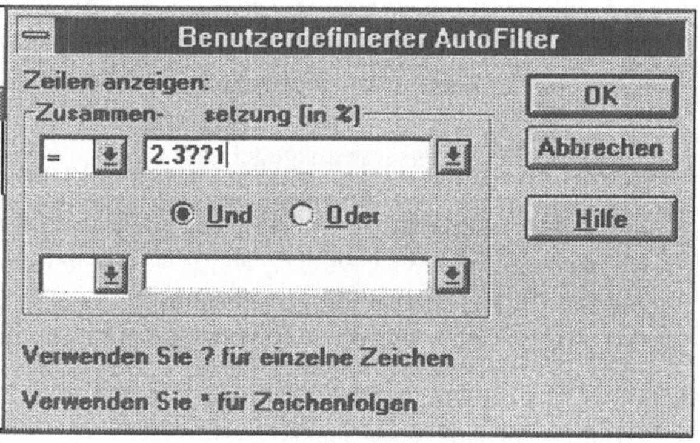

Bild 2-92: Das Dialogfeld *[Daten] [Filter...] [Autofilter] [Benutzerdefiniert]*

Die gleichen Werkstoffe wären mit den Suchkriterien „2.3?91“, „????91“ oder „?????1“ herausgefiltert worden.

♦ Aufgabe 2-16: Gleitlagerwerkstoff-Auswahl nach allgemeinen Richtlinien

Für die in [1] auf Seite 462 angegebenen Richtlinien entwickle man eine Tabelle für die Auswahl der Werkstoffe aufgrund der ersten fünf Forderungen und speichere sie ab.

Bei der Fertigung eines beliebigen Bauteils sind Abweichungen vom absoluten Nennmaß nicht zu vermeiden. Die hierbei zulässigen Toleranzen richten sich nach der Größe des Nennmaßes und dem Verwendungszweck des Bauteils. Diese sogenannten Grundtoleranzen Tg in µm sind nach DIN ISO 286 in Toleranzgrade entsprechend Bild 2-93 aufgeteilt.

Man erhält hieraus für den Toleranzgrad IT10 und einen Nennmaßbereich von 50 mm bis 80 mm eine Grundtoleranz Tg von 120 µm.

Für die Anwendung der Toleranzgrade gelten die Vereinbarungen:

- IT01 ... IT4 — vorwiegend für Meßzeuge (Lehren), Feinmeßgeräte u.ä.
- IT5 ... IT11 — allgemein für Passungen in der feinmechanischen Fertigung und im allgemeinen Maschinenbau
- IT12 ... IT18 — für gröbere Toleranzen in der spanlosen Formung, wie z.B. bei Walzwerkerzeugnissen, Schmiede- und Ziehteilen

ISO Grundtoleranzgrad	ISO Bezeichnung	Nennbereich in mm												
		1 bis 3	über 3 bis 6	über 6 bis 10	über 10 bis 18	über 18 bis 30	über 30 bis 50	über 50 bis 80	über 80 bis 120	über 120 bis 180	über 180 bis 250	über 250 bis 315	über 315 bis 400	über 400 bis 500	Klassenfaktor K
01	IT01	0,3	0,4	0,4	0,5	0,6	0,6	0,8	1	1,2	2	2,5	3	4	-
0	IT0	0,5	0,6	0,6	0,8	1	1	1,2	1,5	2	3	4	5	6	-
1	IT1	0,8	1	1	1,2	1,5	1,5	2	2,5	3,5	4,5	6	7	8	-
2	IT2	1,2	1,5	1,5	2	2,5	2,5	3	4	5	7	8	9	10	-
3	IT3	2	2,5	2,5	3	4	4	5	6	8	10	12	13	15	-
4	IT4	3	4	4	5	6	7	8	10	12	16	16	18	20	-
5	IT5	4	5	6	8	9	11	13	15	18	20	23	25	27	7
6	IT6	6	8	9	11	13	16	19	22	25	29	32	36	40	10
7	IT7	10	12	15	18	21	25	30	35	40	46	52	57	63	16
8	IT8	14	18	22	27	33	39	46	54	63	72	81	89	97	25
9	IT9	25	30	36	43	52	62	74	87	100	115	130	140	155	40
10	IT10	40	48	58	70	84	100	120	140	160	185	210	230	250	64
11	IT11	60	75	90	110	130	160	190	220	250	290	320	360	400	100
12	IT12	100	120	150	180	210	250	300	350	400	460	520	570	630	160
13	IT13	140	180	220	270	330	390	460	540	630	720	810	890	970	250
14	IT14	250	300	360	430	520	620	740	870	1000	1150	1300	1400	1550	400
15	IT15	400	480	580	700	840	1000	1200	1400	1600	1850	2100	2300	2500	640
16	IT16	600	750	900	1100	1300	1600	1900	2200	2500	2900	3200	3600	4000	1000
17	IT17	-	-	1500	1800	2100	2500	3000	3500	4000	4600	5200	5700	6300	1600
18	IT18	-	-	-	2700	3300	3900	4600	5400	6300	7200	8100	8900	9700	2500

In den beiden letzten Beispielen dieses Kapitels soll die Ermittlung einer Grundtoleranz mit Hilfe einer EXCEL-Tabelle automatisiert werden, und zwar bei vorgegebenem Toleranzgrad für einen Nennmaßbereich bzw. für ein Nennmaß selbst.

■ Beispiel 2-27: Auswahl von Daten für vorgegebene Zahlenwerte

Es ist ein Arbeitsblatt zu erstellen, mit dem durch die Vorgabe eines Toleranzgrades und der Grenzen des Nennmaßbereichs die zugehörige Grundtoleranz ermittelt wird.

Man geht hier etwa analog zum Beispiel 2-26 vor und erstellt eine Arbeitsmappe mit drei Bereichen:

- Bereich „Datenbank" sie enthält die eigentliche Datenbank,
- Bereich „Suchkriterien" hier sind die Suchkriterien eingetragen und
- Bereich „Ausgabebereich" hier werden die Daten ausgegeben.

Der Datenbankbereich umfaßt die Zellen Z3S1 bis Z16S22. In ihm sind die Grundtoleranzen in Abhängigkeit vom Nennmaßbereich für die ISO-Grundtoleranzgrade IT 01 bis IT 18 dargestellt.

Mit festgelegtem Toleranzgrad kann nun bei variablem unteren und oberen Nennmaß die zugehörige Grundtoleranz T_g ermittelt werden.

Die Datenbank der Grundtoleranz-Tabelle ist im Bild 2-93 dargestellt.

	1	2	3	4	5	6	7	8	9	10	11	12	13	14	15	16	17	18	19	20	21	22
1	**Grundtoleranzen Tg in µm nach DIN 7151**																					
2	Nennmaß-bereich		ISO Grundtoleranzgrad																			
3	über	bis	IT01	IT0	IT1	IT2	IT3	IT4	IT5	IT6	IT7	IT8	IT9	IT10	IT11	IT12	IT13	IT14	IT15	IT16	IT17	IT18
4	1	3	0,3	0,5	0,8	1,2	2	3	4	6	10	14	25	40	60	100	140	250	400	600	-	-
5	3	6	0,4	0,6	1	1,5	2,5	4	5	8	12	18	30	48	75	120	180	300	480	750	-	-
6	6	10	0,4	0,6	1	1,5	2,5	4	6	9	15	22	36	58	90	150	220	360	580	900	1500	-
7	10	18	0,5	0,8	1,2	2	3	5	8	11	18	27	43	70	110	180	270	430	700	1100	1800	2700
8	18	30	0,6	1	1,5	2,5	4	6	9	13	21	33	52	84	130	210	330	520	840	1300	2100	3300
9	30	50	0,6	1	1,5	2,5	4	7	11	16	25	39	62	100	160	250	390	620	1000	1600	2500	3900
10	50	80	0,8	1,2	2	3	4	8	13	19	30	46	74	120	190	300	460	740	1200	1900	3000	4600
11	80	120	1	1,5	2,5	4	6	10	15	22	35	54	87	140	220	350	540	870	1400	2200	3500	5400
12	120	180	1,2	2	3,5	5	8	12	18	25	40	63	100	160	250	400	630	1000	1600	2500	4000	6300
13	180	250	2	3	4,5	7	10	14	20	29	46	72	115	185	290	460	720	1150	1850	2900	4600	7200
14	250	315	2,5	4	6	8	12	16	23	32	52	81	130	210	320	520	810	1300	2100	3200	5200	8100
15	315	400	3	5	7	9	13	18	25	36	57	89	140	230	360	570	890	1400	2300	3600	5700	8900
16	400	500	4	6	8	10	15	20	27	40	63	97	155	250	400	630	970	1550	2500	4000	6300	9700

Bild 2-93: Datenbank für Grundtoleranzen in µm

Der Bereich „Suchkriterien“ für die Grundtoleranzen enthält entsprechend Bild 2-94 den „Vorschlagbereich“ in Z4S24:Z5S37.

In Z9S25 und Z9S56 werden die Suchkriterien eingetragen. Z8S25 und Z826 enthalten die Feldnamen.

Grundtoleranzen Tg in µm nach DIN 7151

Ermitteln der Grundtoleranz nach Eingabe der Toleranzreihe IT01 bis IT18

Nennmaßbereiche in mm:

über	1	3	6	10	18	30	50	80	120	180	250	315	400
bis	3	6	10	18	30	50	80	120	180	250	315	400	500

ISO-Toleranzgrad	Nennmaßbereich in mm	
	über	bis
IT15	10	18

Filtern

Bild 2-94: Bestimmung von Grundtoleranzen

Der Zielbereich ist im „Ausgabebereich“ entsprechend Bild 2-95 fixiert.

In diesem werden die den Kriterien entsprechenden Datensätze ausgefiltert. Die Option *[Filter...] [Spezialfilter]* realisiert dies.

Ausgabebereich		
ISO-Toleranzgrad	IT15	Einheit
Grundtoleranz T_g	700	µm

Bild 2-95: Ausgabebereich für Grundtoleranzen

Die wesentlichen Festlegungen erfolgen mit:

[Z14S25] **IT10 <↵>**	{ Toleranzreihe eingeben }
[Z9S25] **50 <↵>** *[Z9S26]* **80 <↵>**	{ Suchkriterien eingeben }
[Cursor in der Datenbank positionieren]	{ Wahl der Datenbank }
[Daten] [Filter...] [Spezialfilter]	{ Kriterienbereich wählen }
[Kriterienbereich] [Z8S25:Z9S29]	
[An eine ander Stelle kopieren]	{ Ausgabebereich wählen }
[Ausgabebereich] [Z14S25:Z15S25] [OK]	

Im Unterschied zur Tabelle aus Beispiel 2-26 stehen neben einer Text-Abfrage für die Suche nach einem Toleranzgrad in der Tabelle auch zwei Zahlen-Kriterien für die Auswahl des vorgegebenen Nennmaßbereichs. Eine Berechnung nach der Eingabe neuer Eingangsgrößen erfolgt im EXCEL nicht. Deshalb muß die Filteroption erneut gewählt werden.

Das folgende Makro erledigt dies. Gleichzeitig formatiert es die Zelle Z15S25 neu, indem einfach die Formate aus Zeile 15S24 kopiert und eingefügt werden. Das Makro kann mit der Schaltfläche im Bild 2-94 ausgeführt werden.

```
Sub Makro1()
Bereich("Q9").Auswählen
Bereich("A3:V16").SpeziellFiltern Aktion:=xlFilternUndKopieren; _
Kriterienbereich:=Bereich("Y8:Z9"); InBereichKopieren:=Bereich( _
"Y14:Y15"); OhneDuplikate:=Falsch
Bereich("X15").Auswählen
Auswahl.Kopieren
Bereich("Y15").Auswählen
Auswahl.InhalteEinfügen Einfügen:=xlFormate; Rechenoperation:=xlKein
_
; LeerzellenÜberspringen:=Falsch; Transponieren:=Falsch
Ende Sub
```

Beispiel 2-28: Auswahl von Daten für Formelbedingungen

Die Ermittlung einer Grundtoleranz soll in der Weise vereinfacht werden, daß man neben dem Tolarenzgrad nur noch das Nennmaß einzugeben hat, d.h. daß die Grenzen des entsprechenden Nennmaßbereichs aus der Tabelle automatisch bestimmt werden. Man modifiziere die Tabelle nach Beispiel 2-27 in geeigneter Weise und speichere die neue Tabelle ab.
Für den gleichen Suchbereich wie in der vorgegebenen Tabelle nach Beispiel 2-27 geht man im wesentlichen wie folgt vor:

- Suchen nach dem Datensatz, für den gilt:
  Wert in Spalte 'über' < vorgegebenes Nennmaß ≤ Wert in Spalte 'bis'
- Ausgabe des Wertes in der Spalte für den vorgegebenen Toleranzgrad

Die Datenbank

Sie umfaßt die Zellen Z3S1 bis Z16S22.

Der Kriterienbereich

Er findet sich im Zellbereich Z14S25 bis Z15S26.

Der Ausgabebereich

Er wird durch Z14S24 bis Z15S24 gebildet.

Der Eingabebereich

Die Eingangsgrößen werden in den Eingabebereich, der durch die Zellen Z7S25 für die Toleranzreihe und Z8S25 für das Nennmaß in mm gebildet wird, eingetragen.

	24	25	26	27	28	29	30	31	32	33	34	35	36	37
1						Grundtoleranzen Tg in µm nach DIN 7151								
2	Ermitteln der Grundtoleranz nach Eingabe des Toleranzgrades IT01 bis IT18													
3	Nennmaßbereiche in mm:													
4	über	1	3	6	10	18	30	50	80	120	180	250	315	400
5	bis	3	6	10	18	30	50	80	120	180	250	315	400	500
6														
7	ISO-Toleranzgrad	IT13												
8	Nennmaß	50,23 mm		Datenausgabe										
9	Grundtoleranz T_g	460 µm												
10														
11														
12														
13	Ausgabebereich	Kriterienbereich												
14	IT13	über	bis											
15	460	1	0											
16														

Bild 2-96: Eingabe-, Kriterien- und Ausgabebereich

Folgende Formeln kommen zum Einsatz:

Zelle	Formel
Z9S24	=Z(6)S(-1)
Z14S24	=Z(-7)S(1)
Z15S25	=Z8S25>Z(-11)S(-24)
Z15S26	=Z8S25<=Z(-11)S(-24)

Da der Wert für das vorgegebene Nennmaß in der Zelle Z8S25 eingegeben wird und da diese Zelle außerhalb des Suchbereichs liegt, muß sie in den Suchbedingungen mit einer absoluten Zelladressierung angegeben werden. Die Zelle Z4S1 und Z5S1 beziehen sich auf die erste Zeile des Suchbereichs und sind mit einer relativen Zelladressierung festzulegen.

Zur Vereinfachung des Arbeitens mit dieser Tabelle dient das folgende Makro, das mit dem Aktivieren der Schaltfläche nach Bild 2-96 ausgeführt wird:

```
Sub Makro3()
Anwendung.BildschirmAktualisierung = Falsch
Bereich("L9").Auswählen
Bereich("A3:V16").SpeziellFiltern Aktion:=xlFilternUndKopieren; _
Kriterienbereich:=Bereich("Y14:Z15"); InBereichKopieren:=Bereich _
("X14:X15"); OhneDuplikate:=Falsch
Bereich("Y15").Auswählen
Auswahl.Kopieren
Bereich("X15").Auswählen
Auswahl.InhalteEinfügen Einfügen:=xlFormate; Rechenoperation:=xlKein
_
; LeerzellenÜberspringen:=Falsch; Transponieren:=Falsch
Bereich("X1").Auswählen
Anwendung.AusschneidenKopierenModus = Falsch
```

Die erste Zeile im Makro sorgt für ein „stehendes Bild“, d.h. ein Bildschirmrollen wird unterbunden.

Aufgrund der Festlegung der Abfragebedingung:

$$\text{untere Grenze} < \text{Nennmaß} \leq \text{obere Grenze}$$

für die Suche nach dem Nennmaßbereich wird für das kleinste Nennmaß von 1 mm kein zugehöriger Datensatz gefunden. In diesem Fall ist für das Nennmaß ein geringfügig größerer Wert als 1 einzugeben, wie z.B. 1,001.

3 Tabellensammlung aus dem Bereich Maschinenbau

In diesem Kapitel werden drei Beispiele für die Anwendung des Tabellenkalkulationsprogrammes EXCEL für Problemstellungen aus dem Bereich des Maschinenbaus dargestellt:

- Auslegung von zylindrischen Schraubendruckfedern
- Ermittlung des Entwurfsdurchmessers von Achsen
- Bestimmung der Grenzmaße und der Paßtoleranz

Das Arbeiten mit den zugehörigen Arbeitsmappen soll dem Leser die vielfachen Möglichkeiten beim Arbeiten mit Tabellenkalkulationen aufzeigen und ihn ferner anregen, eigene Arbeitsmappen für Anwendungen aus technischen Bereichen zu erstellen und dabei die in den Kapiteln 1 und 2 erlernten Sachverhalte und Vorgehensweisen anzuwenden.

Bei der Behandlung der einzelnen Arbeitsmappen in den folgenden Abschnitten wird das Hauptaugenmerk auf das eigentliche Arbeiten mit den jeweiligen Tabellen gelegt. Obwohl die Erstellung der Tabellen hier nicht so sehr interessiert, werden aber zunächst doch zu jeder Tabelle die zu behandelnde allgemeine Aufgabenstellung, die vorgegebenen Eingabegrößen und die zu ermittelnden Ausgabegrößen angegeben.

Ein beliebiges Arbeitsblatt einer Tabellenkalkulation sollte - ähnlich wie ein Programm in einer Hochsprache - gut strukturiert sein. Ein solches Arbeitsblatt kann einerseits relativ leicht geändert und erweitert werden, und es ermöglicht andererseits ein einfaches und übersichtliches Arbeiten bei der Durchführung von Berechnungen. Unter Berücksichtigung dieser Zielsetzung besitzen die Tabellen dieses Kapitels folgenden einheitlichen Aufbau:

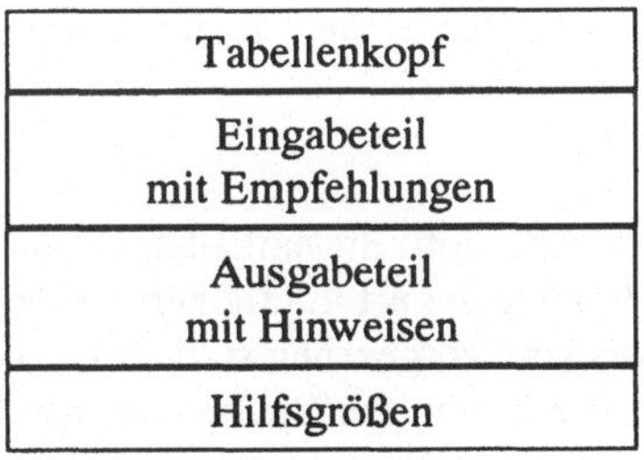

Tabellenkopf
Eingabeteil mit Empfehlungen
Ausgabeteil mit Hinweisen
Hilfsgrößen

Bild 3-01: Allgemeiner Aufbau einer Tabelle

Der Tabellenkopf enthält neben den Namen der Tabelle, des jeweiligen Beispiels und des Bearbeiters das Datum für das letzte Arbeiten mit der Tabelle und allgemeine Hinweise zu der Tabelle, wie z.B. eine Kurzbeschreibung des Anwendungsfalls und weitere spezielle Bemerkungen. Für die Tabellen der Arbeitsmappe ***Feder*** aus dem Abschnitt 3.1 hat der Tabellenkopf folgende Form:

☞ *Hinweis: Zeilen und Spalten*

In den folgenden Bildern sind die Zeile 1 und die Spalte 1 nur aus drucktechnischen Gründen eingefügt, um den linken und oberen Rahmen erkennbar zu machen.

Auftragsnummer:	Beispiel 3-1	Datum:	20.08.95
Bearbeiter:	Meier	Arb. Blatt	Feder
SCHRAUBENDRUCKFEDER 1 dynamische Belastung	Bemerkungen: kaltgeformte Druckfedern aus patentiert gezogenem Federstahldraht		
Alle Hinweise beziehen sich auf Roloff/Matek Maschinenelemente 12. Auflage, Kapitel 10	der Klasse C, D, FD, VD DIN 17223 T1 und T2 mit angelegten, geschliffenen Federenden Durchmesserbereich: $1 mm \leq d \leq 10 mm$		

Bild 3-02: Tabellenkopf

Der hier vorgegebene Tabellenkopf enthält die wichtigsten Informationen zu einer Tabelle und kann durch Ergänzungen oder Umstellungen auf eigene Bedürfnisse geändert werden. Da Arbeitsblätter - wie auch Programme - im Laufe der Zeit verändert und erweitert werden, sollte der Tabellenkopf zusätzlich zum Namen die entsprechende Version des Arbeitsblattes enthalten.

Ein wesentlicher Vorteil einer Tabellenkalkulation besteht in der Möglichkeit, durch Kopieren entsprechender Teile einer Tabelle und die Eingabe anderer Werte für eine Aufgabenstellung auf einfache Weise mehrere Lösungsvarianten zu erhalten. Die Tabellen in diesem Kapitel sehen meist drei Varianten A, B und C vor, und zwar jeweils für die Tabellenteile Eingabe, Ausgabe und Hilfsgrößen. Der Leser kann weitere Varianten in die Tabellen durch Kopieren einbauen.

Die Tabellen der einzelnen Arbeitsmappen sind untereinander verknüpft. Sie enthalten Bezüge zu anderen Tabellen. In der Eingabetabelle erfolgt die Festlegung der erforderlichen Werte im Dialog, wobei hierfür die beiden Spalten Eingabe und Ausgabe vorgesehen sind. Die eigentliche Eingabe der Werte erfolgt in der Spalte ***Eingabe***. Die Zellen der Spalte ***Ausgabe*** sind gesperrt und enthalten vom System ermittelte Zwischenergebnisse oder Empfehlungen für weitere Benutzereingaben. Die vom System gemachten Vorschläge sollten vom Benutzer möglichst befolgt werden, um fehlerhafte Ergebnisse zu vermeiden. Man vergleiche hierzu auch die Darstellungen in den folgenden Abschnitten.

Die vollständige Darstellung der Ergebnisse erfolgt in der Ausgabetabelle, und zwar getrennt für die verschiedenen Varianten. Der Anwender kann damit durch Vergleich die optimale Lösung auswählen.

Um zu übersichtlichen Tabellen und einfachen Darstellungen der einzelnen Berechnungen in den entsprechenden Zellen der Tabellen zu kommen, bietet sich das Arbeiten mit Zwischengrößen an. Diese werden zweckmäßigerweise als separate Tabelle zusammengefaßt und können dem Benutzer u.U. zusätzliche Informationen zu den Ergebnissen liefern.

Die Anwendung der hier vorgestellten Tabellen setzen Kenntnisse über die jeweiligen Maschinenelemente voraus und sollen als Werkzeug für deren Berechnung benutzt werden. Sie kann somit die Arbeit eines Konstrukteurs wesentlich erleichtern, wobei der Konstrukteur - wie beim Berechnen 'per Hand' ohne diese Tabellen - die Vorgabe und Eingabe korrekter Werte selbst beachten muß. Unsinnige Eingabewerte, wie z.B. ein negativer Durchmesser für eine Welle, führen zu unsinnigen Ergebnissen, die vom Anwender zu erkennen sind.

Bis auf die vorgesehenen Zellen für die Eingabe von Werten sind alle übrigen Zellen der Tabellen gesperrt, so daß ein versehentliches Überschreiben durch den Anwender nicht möglich ist. Die Tabellenbereiche mit zulässiger Eingabe sind durch Rasterung gekennzeichnet.

3.1 Auslegung von zylindrischen Schraubendruckfedern

3.1.1 Aufgabenstellung und Aufbau der Arbeitsmappe

Zylindrische Schraubendruckfedern haben in der Praxis vielfältige Aufgaben zu erfüllen. Sie werden beispielsweise als Spannfedern im Vorrichtungsbau, als Ventilfedern in Motoren und als Achsfedern in Fahrzeugen eingesetzt. Entsprechend ihrer Verwendung werden an sie unterschiedliche Forderungen gestellt. So wird für eine Spannfeder die maximale Federkraft F_2 bei einem vorgegebenen Federweg $s_h = s_2$ und einer minimalen Federkraft $F_1 = 0$ gefordert sein. Bei einer Ventilfeder wird der Mindestwert für die Federkraft F_1 zum Abdichten des Ventilsitzes bei $F_2 > F_1$ für einen bestimmten Ventilhub s_h, d.h. den Arbeitsweg der Feder, vorgegeben sein.

Eine entsprechende Vorgabe gilt für die Federrate R einer Fahrzeugfeder bei $F_{max} = F_2$ und dem Federweg s_h für $F_1 > F_2$. Mit der in diesem Abschnitt zu behandelnden Arbeitsmappe ***Feder*** können Druckfedern aus diesen verschiedenen Anwendungsbereichen berechnet werden. Diese Mappe ist für die Berechnung von Schraubendruckfedern mit dynamischer Belastung, d.h. mit einer Lastspielzahl N von größer oder gleich 10^4 Lastspielen, ausgelegt.

Der prinzipielle Aufbau einer Schraubendruckfeder ist im Bild 3-03 dargestellt.

Für die Berechnung einer solchen Feder sind eine Reihe von Eingabewerten erforderlich, aus denen die gesuchten Ausgabewerte zu ermitteln sind. Die zugehörigen Größen sollen im weiteren kurz angegeben werden.

Als Eingangswerte werden benötigt:

- min. Federkraft F_1 in N
- max. Federkraft F_2 in N
- Federhub s_h in mm
- äußerer bzw. innerer Windungsdurchmesser D_e bzw. D_i in mm
- Gleitmodul G in N/mm^2
- Drahtdurchmesser d in mm
- mittlerer Windungsdurchmesser D in mm
- Anzahl der federnden Windungen n
- Länge der unbelasteten Feder L_0 in mm

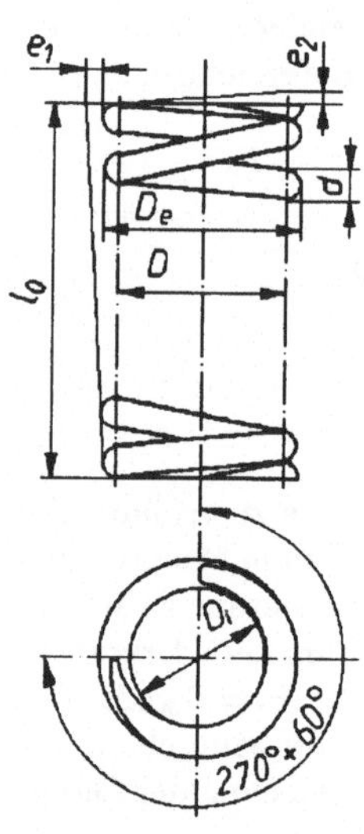

Bild 3-03: Unbelastete Schraubendruckfeder mit angelegten Federenden (Vgl. Bild 10-19 aus [1])

Als Ausgangswerte werden ermittelt

für den Festigkeitsnachweis:

- Unterspannung τ_{ku} in N/mm^2
- Oberspannung τ_{ko} in N/mm^2
- zulässige Oberspannung τ_{kO} in N/mm^2
- Hubspannung τ_{kh} in N/mm^2
- zulässige Hubspannung τ_{kH} in N/mm^2
- Blockspannung τ_C in N/mm^2
- zulässige Blockspannung τ_{Czul} in N/mm^2

für die Federabmessungen:

- Außendurchmesser D_e in mm
- Innendurchmesser D_i in mm
- Gesamtwindungszahl n_t

für die Belastungszustände 1 und 2 (zugeordnet F_1 und F_2):

- Federweg s_1 und s_2 in mm
- Länge der belasteten Feder L_1 und L_2 in mm
- Federarbeit W_1 und W_2 in Nmm
- Schubspannung τ_1 und τ_2 in N/mm^2
- korrigierte Schubspannung τ_{k1} und τ_{k2} in N/mm^2

für den Blockzustand (Windungen liegen aneinander):

- Blockkraft F_C in N
- Blockweg s_C in mm
- Blocklänge L_C in mm
- Blockarbeit W_C in Nmm
- Blockspannung τ_C in N/mm^2

und außerdem:

- Federraten $R_{(Soll)}$ und $R_{(Ist)}$ in N/mm^2
- Federhub $s_{h(Ist)}$
- Eigenfrequenz f_e in 1/s
- Summe der Windungsabstände S_a in mm
- Wickelverhältnis w

Die Ermittlung der Werte für die Ausgangsgrößen erfolgt nach den im Kapitel 10 in [1], [2] und [3] angegebenen Berechnungsformeln und Vorgehensweisen, die in der Arbeitsmappe ***Feder*** mit dem Aufbau:

Tabellenkopf
Eingabe aller Werte mit Empfehlungen
Ausgabe des Festigungsnachweises
Ausgabe der Ergebnisse
Hilfsgrößen

Bild 3-04: Grundsätzliche Vorgehensweise

durch geeignete Anwendung der Befehle und Optionen von EXCEL realisiert werden.

3.1.2 Arbeiten mit der Arbeitsmappe Feder

Das Arbeiten mit der Arbeitsmappe ***Feder*** zur Berechnung von Schraubendruckfedern erfolgt im Dialog, wobei die Änderung eines Wertes die sofortige Neuberechnung und aktualisierte Anzeige der darauf aufbauenden Werte bewirkt. Der Anwender hat somit zu jedem Zeitpunkt den neuesten Berechnungsstand zur Verfügung und kann entsprechende weitere Korrekturen vornehmen. Anhand des Beispiels 3-1 soll die prinzipielle Vorgehensweise bei der Berechnung einer Schraubendruckfeder mit der Arbeitsmappe ***Feder*** veranschaulicht werden.

■ Beispiel 3-1: Berechnung einer dynamisch belasteten Schraubenfeder

Eine Schraubendruckfeder wird als Ventilfeder zwischen den Federkräften $F_1 = 400$ N und $F_2 = 650$ N bei einem Hub $s_h = 12$ mm schwingend beansprucht. Der äußere Windungsdurchmesser soll $D_e = 36$ mm betragen. Es sollen drei Varianten mit unterschiedlichem Normdrahtdurchmesser d zum Vergleich berechnet werden. Im Bild 3-5 ist eine dynamisch belastete Schraubendruckfeder dargestellt. (Vgl. Bild 10-35 aus [1])

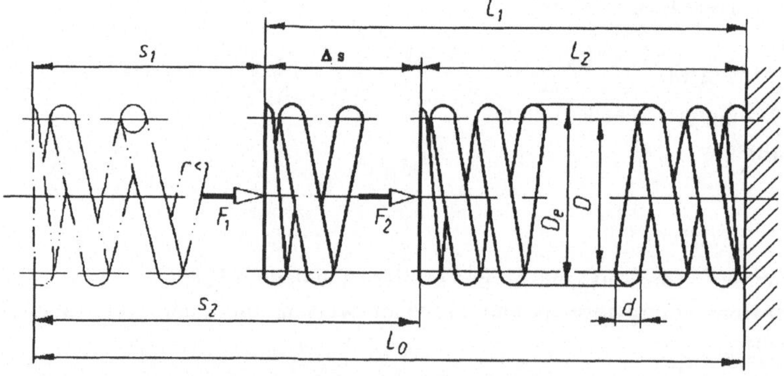

Bild 3-05: Schwingend belastete Schraubenfeder

Für diese komplexe Aufgabenstellung bietet sich eine Arbeitsmappe entsprechend Bild 3-06 an. Sie enthält folgende Tabellen:

Tabellenkopf / Eingabe / Festigkeitsnachweis / Ausgabe / Hilfsgrößen

Bild 3-06: Arbeitsmappe zu schwingend belasteten Schraubenfedern

Nach dem Öffnen einer neuen Arbeitsmappe und dem Einfügen der entsprechenden Tabellen können in die gekennzeichneten Zellen des Arbeitsblattes die durch die Aufgabenstellung gegebenen bzw. aufgrund von Zwischenergebnissen festzulegenden Werte eingegeben werden. Für die obige Aufgabenstellung ergibt sich beispielsweise die Tabelle ***Eingabe*** entsprechend Bild 3-07:

Die Eingabe der durch die Aufgabenstellung festgelegten Werte wird in den Zeilen 8 bis 10, 14 und 15 dieser Tabelle vorgenommen. Diese Werte sollten als feste Größen angesehen und in der Regel nicht verändert werden.

Zeile		Variante A		Variante B		Variante C	
2	Auftragsnummer:	Beispiel 3-1		Datum:		20.08.95	
3	Bearbeiter:	Meier		Arb. Blatt:		Feder	
4	SCHRAUBENDRUCKFEDER 1 Dynamische Belastung	Bemerkungen: kaltgeformte Druckfedern aus patentiert gezogenem Federstahldraht der Klasse C, D, FD, VD DIN 17223 T1 und T2 mit angelegten, geschliffenen Federenden Durchmesserbereich: $1mm \leq d \leq 10mm$					
5	Alle Hinweise beziehen sich auf Roloff/Matek Maschinenelemente 13. Auflage, Kapitel 10						
6	*Eingabe*	Variante A		Variante B		Variante C	
7		Eingabe	Ausgabe	Eingabe	Ausgabe	Eingabe	Ausgabe
8	maximale Federkraft F_2 [N]	650	....	650	....	650	....
9	minimale Federkraft F_1 [N]	400	....	400	....	400	....
10	Ferderhub (s_2-s_1) s_h [mm]	12	....	12	....	12	....
11	Federweg $s_{2\,(Soll)}$ [mm]	→	31,2	→	31,2	→	31,2
12	Federweg $s_{1\,(Soll)}$ [mm]	→	19,2	→	19,2	→	19,2
13	Für die Berechnung ist vorgegeben:						
14	D_e <1> D_i <2>	1	....	1	....	1	....
15	Eingabe D_e bzw. D_i →	36	....	36	....	32	....
16		Festlegung	Empfehlung	Festlegung	Empfehlung	Festlegung	Empfehlung
17	d (Festlegung nach DIN 2076) für d'	4,5	4,576	5	4,576	4,5	4,4
18	D Festlegung nach DIN 323) →	32	31,5	32	31	28	27,5
19	n festlegen (...,5) für n' →	6,5	6,12	9,5	9,33	9,5	9,13
20	L_0 gößer L_0' festlegen →	80	79,1	102	100,8	95	94,4
21	(bei "Falsche Eingabe!" neu festlegen	→	OK	→	OK	→	OK
22	Federrate $R_{(Soll)}$ [N/mm²]	→	20,83	→	20,83	→	20,83
23	Federrate $R_{(Ist)}$ [N/mm²]	→	19,61	→	20,45	→	20,03

Bild 3-07: Tabelle ***Eingabe*** zu schwingend belasteten Schraubenfedern

Für die Eingabe der Größen in den Zeilen 17 bis 20 werden dem Anwender Werte vorgeschlagen. Es findet hier ein Dialog zwischen Anwender und System statt. Die Eingabe der erforderlichen Werte für die geometrische Festlegung der Feder ist abgeschlossen, wenn in der Zeile 21 „OK“ angezeigt wird.

Falls die eingegebene Federlänge L_0 mehr als 5% größer oder kleiner als die Federlänge L_0' ist, wird eine neue Eingabe für L_0 verlangt. Der Wert für L_0 ist in Zeile 20 neu festzulegen. Die Eingabe von L_0 erfolgt offensichtlich iterativ. Diese Vorgehensweise ist typisch für das Arbeiten mit Tabellen und ermöglicht die Optimierung einer Lösung. In den Zeilen 22 und 23 werden zum direkten Vergleich die Soll- und Istwerte der Federrate R dargestellt. Je kleiner der Wert für R ist, umso weicher ist die Feder.

Nach der Ermittlung der Geometrie der Feder erfolgt in der nächsten Tabelle, nach Bild 3-08, die Durchführung des Festigkeitsnachweises.

In den Zeilen 7 und 8 erfolgt die Auswahl der verwendeten Drahtsorte C, D, FD oder VD und des Bearbeitungszustandes der Oberfläche gestrahlt oder ungestrahlt. Aufgrund dieser Festlegungen wird die Berechnung der zugehörigen Spannungen und der Vergleich mit den zulässigen Spannungswerten durchgeführt. In den Zeilen 12, 15 und 18 wird mit „OK!“ oder „Geht nicht!“ auf eine gute bzw. schlechte Dimensionierung hingewiesen. Bei einer „Geht nicht!“-Meldung, d.h. die vorhandene Spannung ist größer als die zulässige, sind die Drahtsorte, der Oberflächenzustand oder die Geometrie der Feder zu ändern.

Die Auswahl des Knickfalls nach Euler:

(1) ein Ende eingespannt, ein Ende frei
(2) beidseitig gelenkig geführt
(3) ein Ende eingespannt, ein Ende gelenkig geführt
(4) beidseitig geführt

wird in Zeile 19 vorgenommen. In der Zeile 20 wird mit „OK!“ oder „Geht nicht!“ angegeben, ob die Knicksicherheit gewährleistet ist (Bild 3-08).

Auftragsnummer:	Beispiel 3-1	Datum:	20.08.95
Bearbeiter:	Meier	Arb. Blatt:	Feder
SCHRAUBENDRUCKFEDER 1 Dynamische Belastung Alle Hinweise beziehen sich auf Roloff/Matek Maschinenelemente 13. Auflage, Kapitel 10	Bemerkungen: kaltgeformte Druckfedern aus patentiert gezogenem Federstahldraht der Klasse C, D, FD, VD DIN 17223 T1 und T2 mit angelegten, geschliffenen Federenden Durchmesserbereich: $1\,mm \le d \le 10\,mm$		

Festigkeitsnachweis	Variante A	Variante B	Variante C
Draht D und D <1>, FD <2>, VD <3>	1	1	1
gestrahlt <1>, nicht gestrahlt <2>	1	1	1
Unterspannung τ_{kU} [N/mm²]	420	313	377
Oberspannung τ_{kO} [N/mm²]	683	508	613
Oberspannung zul. τ_{kOzul} in [N/mm²]	→ 786	→ 697	→ 754
gut/schlecht: gut <OK!> schlecht < Geht nicht!>	→ OK!	→ OK!	→ OK!
Hubspannung τ_{kh} [N/mm²]	→ 263	→ 195	→ 236
Hubspannung zul. τ_{kH} [N/mm²]	→ 366	→ 384	→ 377
gut/schlecht: gut <OK> schlecht < Geht nicht!>	→ OK!	→ OK!	→ OK!
Blockspannung τ_c [N/mm²]	→ 719	→ 582	→ 665
Blockspannung zul. τ_c [N/mm²]	→ 943	→ 922	→ 943
gut/schlecht: gut <OK> schlecht < Geht nicht!>	→ OK!	→ OK!	→ OK!
Knickfall 1...4 nach TB10-13	1	1	1
Knickfallsicher: gut <OK> schlecht < Geht nicht!>	→ OK!	→ OK!	→ OK!

Bild 3-08: Tabelle ***Festigkeitsnachweis*** zu schwingend belasteten Schraubenfedern

Die Ausgabe der wichtigsten Federdaten erfolgt in der Tabelle ***Ausgabe***, und zwar in den Zellen A1 bis I46 (Bilder 3-09 und 3-10):

Auftragsnummer:	Beispiel 3-1	Datum:	20.08.95
Bearbeiter:	Meier	Arb. Blatt:	Feder
SCHRAUBENDRUCKFEDER 1 Dynamische Belastung Alle Hinweise beziehen sich auf Roloff/Matek Maschinenelemente 13. Auflage, Kapitel 10	Bemerkungen: kaltgeformte Druckfedern aus patentiert gezogenem Federstahldraht der Klasse C, D, FD, VD DIN 17223 T1 und T2 mit angelegten, geschliffenen Federenden Durchmesserbereich: $1\,mm \le d \le 10\,mm$		

Ausgabe		Variante A	Variante B	Variante C
Federabmessungen:				
Drahtdurchmesser	d [mm]	4,5	5	4,5
mittl. Windungsdurchmesser	D [mm]	32	32	28
Außendurchmesser	D_e [mm]	36,5	37	32,5
Innendurchmesser	D_i [mm]	27,5	27	23,5
Anzahl wirksamer Windungen	n [-]	6,5	9,5	9,5
Gesamtwindungszahl	n_t [-]	8,5	11,5	11,5
Federlänge	l_0 [mm]	80	102	95
Belastungszustand 1:				
Federkraft	F_1 [N]	400	400	400
Federweg	s_1 [mm]	20,4	19,6	20
Federlänge	l_1 [mm]	59,6	82,4	75
Federarbeit	W_1 [Nm]	4,08	3,91	3,99
Schubspannung	τ_1 [N/mm²]	351	256	307
Schubspannung korr.	τ_{k1} [N/mm²]	420	313	377

Bild 3-09: Tabelle ***Ausgabe*** zu schwingend belasteten Schraubenfedern (Teil 1)

	A	B	C	D	E	F	G	H	I
22		**Belastungszustand 2:**							
23		Federkraft	F_2 [N]	650		650		650	
24		Federweg	s_2 [mm]	33,1		31,8		32,5	
25		Federlänge	l_2 [mm]	46,9		70,2		62,6	
26		Federarbeit	W_2 [Nm]	10,77		10,33		10,55	
27		Schubspannung	τ_2 [N/mm²]	571		416		499	
28		Schubspannung korr.	τ_{k2} [N/mm²]	683		508		613	
29		**Blockzustand:**							
30		Blockkraft	$F_{C\,theoret}$ [N]	819		910		866	
31		Blockweg	s_C [mm]	41,8		44,5		43,3	
32		Blocklänge	L_C [mm]	38,3		57,5		51,8	
33		Blockweg	W_C [Nm]	17,09		20,25		18,73	
34		Blockspannung	τ_C [N/mm²]	719		582		665	
35		**Sonstige Daten:**							
36		Federrate	R_{soll} [N/mm]	20,83		20,83		20,83	
37		Federrate	R_{ist} [N/mm]	19,61		20,45		20,03	
38		Federlänge	l_1 [mm]	46		69		61,9	
39		Federkraft, zugeordnet	F_1 [N]	667		675		663	
40		Eigenfrequenz	f_e [1/s]	247		188		221	
41		Σ der Windungsabstände	S_a [mm]	8,6		12,7		10,8	
42		Wickelverhältnis	w [-]	7,1		6,4		6,2	
43		τ_{zul} bzw. τ_{kO}	[N/mm²]	786		697		754	
44		$\tau_{c\,zul}$	[N/mm²]	943		922		943	
45		Gleitmodul	G [N/mm²]	81500		81500		81500	
46		Elastizitätsmodul	E [N/mm²]	20600		20600		20600	
47									

Bild 3-10: Tabelle ***Ausgabe*** zu schwingend belasteten Schraubenfedern (Teil 2)

Für die einzelnen Varianten werden für die Berechnungen erforderliche Hilfsgrößen in der Tabelle Hilfsgrößen zur Verfügung gestellt (Bilder 3-11 bis 3-13):

	A	B	C	D	E	F	G	H	I	J
1										
2		Auftragsnummer:		Beispiel 3-1		Datum:		20.08.95		
3		Bearbeiter:		Meier		Arb. Blatt:		Feder		
4		SCHRAUBENDRUCKFEDER 1 Dynamische Belastung		Bemerkungen: kaltgeformte Druckfedern aus patentiert gezogenem Federstahldraht der Klasse C, D, FD, VD DIN 17223 T1 und T2 mit angelegten, geschliffenen Federenden Durchmesserbereich: $1mm \leq d \leq 10mm$						
5		Alle Hinweise beziehen sich auf Roloff/Matek Maschinenelemente 13. Auflage, Kapitel 10								
6		***Hilfsgrößen***		Variante A		Variante B		Variante C		
7		Oberspannung zul.	τ_{kO} [N/mm²]		786		697		754	
8		d für D_e	[mm]		4,5760		4,5760		4,4000	
9		d für D_i	[mm]		0,0000		0,0000		0,0000	
10		D für D_e	[mm]		31,5000		31,0000		27,5000	
11		D für D_i	[mm]		0,0000		0,0000		0,0000	
12		D_e vorh.	[mm]		36,5000		37,0000		32,5000	
13		D_i vorh.	[mm]		27,5000		27,0000		23,5000	
14		Gesamtwindungszahl	n_t [-]		8,5000		11,5000		11,5000	
15		Federweg	[mm]		20,3900		19,5600		19,9700	
16		Federweg	[mm]		33,1400		31,7800		32,4500	
17		Federweg	[mm]		34,0300		33,0000		33,1100	
18		Federlänge	[mm]		45,9700		69,0000		61,8900	
19		k_2	[-]		0,0000		0,0000		0,0000	
20		Wickelverhältnis	w		7,1111		6,4000		6,2222	
21		k	[-]		1,1965		1,2212		1,2284	
22		Blocklänge	[mm]		38,2500		57,5000		51,7500	
23		S_{amin}	[mm]		7,7155		11,5026		10,1365	
24		$S_{a(st)}$	[mm]		8,6100		12,7200		10,8000	

Bild 3-11: Tabelle ***Hilfsgrößen*** zu schwingend belasteten Schraubenfedern (Teil 1)

	B	C	E	G	I
25	korr. Schubspannung	$\tau_{k1\,vorh}$	420,1724	312,6372	377,4589
26	korr. Schubspannung	$\tau_{k2\,vorh}$	682,7801	508,0354	613,3707
27	Schubspannung	$\tau_{1\,vorh}$	351,1660	256,0000	307,2702
28	Schubspannung	$\tau_{2\,vorh}$	570,6447	416,0000	499,3141
29	zul. Schubspannung	$\tau_{2\,zul}$	785,5850	823,4223	842,1829
30	Blockkraft	F_C [N]	818,7175	910,0250	866,2975
31	Blockweg	s_C [mm]	41,7500	44,5000	43,2500
32	Blockspannung	τ_C [N/mm²]	718,7643	582,4160	665,4686
33	Federarbeit	W_1 [Nmm]	4078,0000	3912,0000	3994,0000
34	Federarbeit	W_2 [Nmm]	10770,5000	10328,5000	10546,2500
35	Federarbeit	W_C [Nmm]	17090,7278	20248,0563	18733,6834
36	Eigenfrequenz	f_e [1/s]	247,4876	188,1485	221,1704
37	C Zugfestigkeit	R_m [N/mm²]	1684,366	1646,845	1684,366
38	D Zugfestigkeit	R_m [N/mm²]	1684,366	1646,845	1684,366
39	FD Zugfestigkeit	R_m [N/mm²]	1532,458	1510,494	1532,458
40	VD-Zugfestigkeit	R_m [N/mm²]	1528,917	1509,927	1528,917
41	Oberspannungen				
42	C, D (kugelgestrahlt)	R_m [N/mm²]	785,585	697,159	753,977
43	C, D (nicht gestrahlt)	R_m [N/mm²]	699,416	612,908	668,235
44	FD (kugelgestrahlt)	R_m [N/mm²]	713,078	624,819	680,616
45	FD (nicht gestrahlt)	R_m [N/mm²]	620,841	533,087	587,952
46	VD (kugelgestrahlt)	R_m [N/mm²]	864,397	777,740	832,362
47	VD (nicht gestrahlt)	R_m [N/mm²]	724,408	637,689	693,227
48	Oberspannungen				
49	C, D (kugelgestrahlt)	R_m [N/mm²]	852,274	833,520	852,274
50	C, D (nicht gestrahlt)	R_m [N/mm²]	852,274	833,520	852,274

Bild 3-12: Tabelle ***Hilfsgrößen*** zu schwingend belasteten Schraubenfedern (Teil 2)

	B	C	E	G	I
51	FD (kugelgestrahlt)	R_m [N/mm²]	711,015	698,477	711,015
52	FD (nicht gestrahlt)	R_m [N/mm²]	711,015	698,477	711,015
53	VD (kugelgestrahlt)	R_m [N/mm²]	684,096	673,666	684,096
54	VD (nicht gestrahlt)	R_m [N/mm²]	684,096	673,666	684,096
55	maßgebender Wert				
56	C, D (kugelgestrahlt)	R_m [N/mm²]	785,585	697,159	753,977
57	C, D (nicht gestrahlt)	R_m [N/mm²]	699,416	612,908	668,235
58	FD (kugelgestrahlt)	R_m [N/mm²]	711,015	624,819	680,616
59	FD (nicht gestrahlt)	R_m [N/mm²]	620,841	533,087	587,952
60	VD (kugelgestrahlt)	R_m [N/mm²]	684,096	673,666	684,096
61	VD (nicht gestrahlt)	R_m [N/mm²]	684,096	637,689	684,096
62	maßg. Wert kugelgestrahlt	R_m [N/mm²]	785,585	697,159	753,977
63	maßg. Wert nicht gestrahlt	R_m [N/mm²]	699,416	612,908	668,235
64	zulässige Oberspannung zul τ_C	R_m [N/mm²]	785,585	697,159	753,977
65					
66					

Bild 3-13: Tabelle ***Hilfsgrößen*** zu schwingend belasteten Schraubenfedern (Teil 3)

Durch den Vergleich der Ergebnisse für die Varianten A, B und C in der Mappe ***Feder*** sollen kurz die Möglichkeiten angedeutet werden, welche die Tabellenkalkulation für die Optimierung einer Lösung liefert. Aufgrund der Empfehlung in der Zeile 17 der Tabelle ***Eingabe*** für den Drahtdurchmesser mit d'=4,576 wird für die Variante A der Drahtdurchmesser mit 4,5 mm und für die Variante B ein Durchmesser von 5,0 mm festgelegt.

Bei gleichem mittleren Windungsdurchmesser D = 32 mm wird in der Zeile 30 die Anzahl der federnden Windungen mit 6,12 (9,33) empfohlen und mit 6,5 (9,5) festgelegt. Hiermit ergibt sich eine Länge des Federkörpers von 80 mm (102 mm).

Die Variante B ergibt mit einer Ist-Federrate von 20,45 N/mm eine bessere Annäherung an die Soll-Federrate von 20,83 N/mm als die Variante A mit 19,61 N/mm. Dafür besitzt Variante A - wie oben angegeben - einen kürzeren Federkörper als Variante B. Es ist nun zu entscheiden, ob der Grad der Annäherung u.U. wichtiger als ein kurzer Federkörper ist. Hinsichtlich der Drahtsorte, des Oberflächenzustands und der Einbauverhältnisse, d.h. des Knickfalls, sind beide Varianten gleichwertig.

Bei Variante C werden ein kleinerer Durchmesser von D_e = 32 mm als bei A und B und der gleiche Drahtdurchmesser mit d = 4,5 mm gewählt. Es ergeben sich eine etwas kürzere Feder als in Variante B und eine etwas bessere Annäherung des Istwertes der Federrate an den Sollwert als in Variante A. Im Gegensatz dazu werden an die Einbauverhältnisse bei Variante C höhere Anforderungen als bei den anderen Varianten gestellt.

Da man mit Hilfe der Tabellenkalkulation sehr leicht zu einer Aufgabenstellung mehrere Alternativlösungen berechnen kann, wird man in der Praxis eher geneigt sein, mehrere Varianten zu berechnen, um zu einer guten Lösung zu kommen.

◆ Aufgabe 3-1: Berechnen einer Ventilfeder

Eine zylindrische Schrauben-Druckfeder soll als Ventilfeder zwischen einer Vorbelastung F_1 = 300 N und der Höchtsbelastung F_2 = 650 N bei einem Hub s_h = 14 mm mit hoher Lastspielzahl arbeiten. Aus konstruktiven Gründen kann die Feder nur mit einem Außendurchmesser $D_a \leq 37$ mm eingebaut werden.

Es sollen der Festigkeitsnachweis durchgeführt und die Werte für die Belastungszustände ermittelt werden.

Wie bereits in den Ausführungen zum Beispiel 3-1 erwähnt wurde, erfolgt das Arbeiten mit der Tabelle interaktiv und iterativ, d.h. der Benutzer arbeitet mit dem System im Dialog und geht u.U. aufgrund von Fehlerhinweisen eine oder mehrere Zeilen in der Tabelle zurück und ändert dort Eingabewerte. Diese Arbeitsweise wird in Bild 3-14 in modifizierter Form eines Programmablaufplans dargestellt.

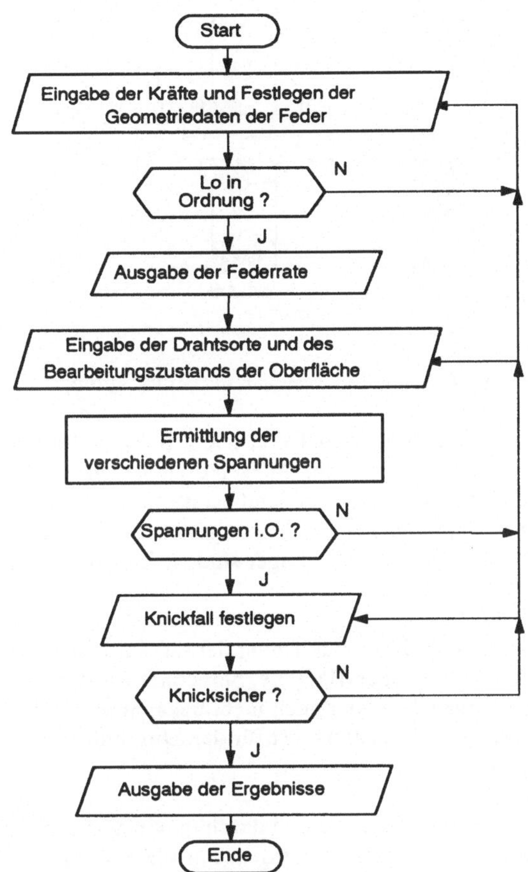

Bild 3-14: Arbeiten mit der Tabelle ***Feder***

3.2 Ermittlung des Entwurfsdurchmessers von Achsen

3.2.1 Aufgabenstellung und Aufbau der Arbeitsmappe

Man versteht unter Achsen Maschinenelemente zum Tragen und Lagern von Laufrädern, Seilrollen, Hebeln und ähnlichen Bauteilen. Sie werden meist auf Biegung durch Querkräfte und weniger auf Zug oder Druck durch Längskräfte belastet. Hierbei wird zwischen feststehenden und umlaufenden Achsen unterschieden. Man vergleiche hierzu die folgende Abbildung nach Bild 11-1 aus [1].

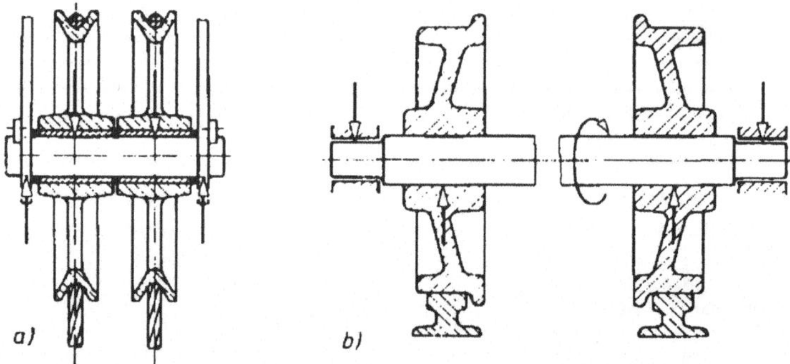

Bild 3-15: Achsen a) feststehende Achse, b) umlaufende Achse mit Achszapfen

Auf feststehenden Achsen drehen sich die gelagerten Teile, wie z.B. Seilrollen, lose. Ihre Belastung ist statisch oder schwellend. Die umlaufenden Achsen drehen sich mit den festsitzenden Bauteilen, wie z.B. Laufrädern, und werden schwellend belastet. Ihre Tragfähigkeit ist daher geringer als bei feststehenden Achsen gleicher Größe und gleichem Werkstoff. In Hinsicht auf Aus- und Einbau, Reinigen und Schmieren der Lager sind sie hingegen vorteilhafter als feststehende Achsen.

Achsen - wie auch Wellen - können nur unter Zugrundelegung der Gesamtkonstruktion, d.h. unter Berücksichtigung der mit ihnen verbundenen Bauteile, berechnet werden, dabei kann der erforderliche Einbauraum bereits vorgegeben oder noch nicht bekannt sein. Für den Fall, daß der Einbauraum nicht vorgegeben ist, erfolgt zunächst für den Durchmesser der Achse eine überschlägige Entwurfsberechnung.

Mit der Tabelle **Achse** kann für eine zweifach gelagerte und durch maximal drei Einzelkräfte belastete Achse eine solche Berechnung durchgeführt werden. Für die Belastung mit einer Einzelkraft gelten beispielsweise folgende Vereinbarungen:

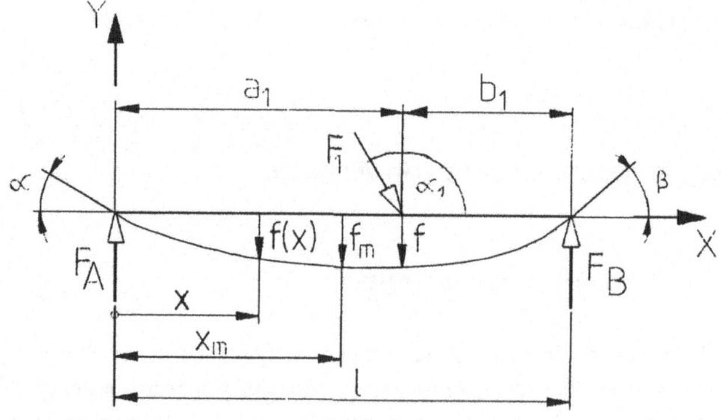

Bild 3-16: Belastungsfall einer Achse mit einer Einzelkraft

Für die durchzuführende Entwurfsberechnung sind als Eingangswerte erforderlich:

- Einzelkräfte F_1, F_2 und F_3 in N
- Winkel α_1, α_2 und α_3 der Kräfte zur X-Achse
- Abstände a_1, a_2 und a_3 der Kräfte vom Lager A in mm
- Lagerabstand l in mm
- Zugfestigkeit R_m des Werkstoffes in N/mm^2
- Lastfall I, II, oder III
- Durchmesserverhältnis $k= d_i/d_a$

Nach den im Kapitel 11.2 aus [1] besprochenen Berechnungsgrundlagen werden ermittelt:

- Außen- und Innendurchmesser d_a und d_i der Achse in mm
- Lagerkräfte F_A und F_B in N
- Axialkraft F_a in N
- Max. Biegemoment M_b in Nm
- Max. Biegespannung σ_b in N/mm^2
- Max. Durchbiegung f_m in mm
- Neigung tan α im Lager A
- Neigung tan β im Lager B
- Graf für den Biegelinienverlauf f(x)
- Graf für den Biegemomentenverlauf M(x)
- Graf für die Biegespannung b(x)
- Graf für den Querkraftverlauf Q(x)

Die hierfür entwickelte Tabelle ***Achse*** hat folgenden allgemeinen Aufbau:

Eingabe aller Werte
Ausgabe der Ergebnisse
Wertetabellen
Hilfsgrößen

Bild 3-17: Allgemeiner Aufbau des Arbeitsblattes ***Achse***

3.2.2 Abeiten mit der Arbeitsmappe Achse

Die wichtigsten Schritte beim Arbeiten mit dem Arbeitsblatt ***Achse*** sollen an dem Beispiel 3-2 näher besprochen werden.

■ Beispiel 3-2: Umlaufende Achse mit einer Einzellast

Eine umlaufende Achse aus St 50-2 wird mit einer Kraft F = 1,1 kN wechselnd auf Biegung belastet. Der Lagerabstand beträgt l = 560 mm. Die Kraft greift in einem Abstand a = 140 mm vom Lager A senkrecht von oben an. Die Achse soll als Vollwelle ausgeführt werden.

Die obige Aufgabenstellung läßt sich wie folgt darstellen:

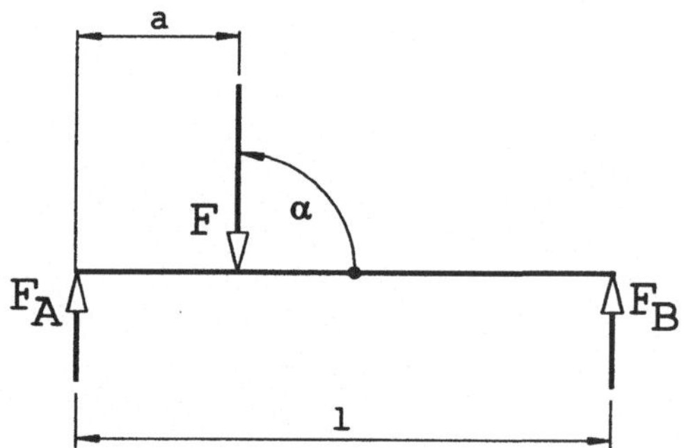

Bild 3-18: Belastungsfall der Achse vom Beispiel 3-2

Nach Aufruf der Tabelle erfolgt in den Zellen D13 bis F15 und D16 bis D19 der Tabelle Eingabe nach Bild 3-19 die Festlegung der vorgegebenen Werte für die zu berechnende Achse.

Prinzipiell werden Kräfte durch ihren Betrag und den Winkel eingegeben, den sie mit der positiven x-Achse einschließen, und zwar unter Beachtung der im Bild 3-20 getroffenen Winkelfestlegung.

Auftragsnummer:		Beispiel 3-2	Datum:		20.08.95
Bearbeiter:		Meier	Arb. Blatt:		Achse
Ermittlung des Richtdurchmessers d' FA,FB, f(x), M(x), s(x), FQ(x)					
Träger auf 2 Stützen, Punktlast (maximal 3 Kräfte) Roloff/Matek Maschinenelemente (TB 11-6, Zeile 2)		Bemerkungen: überschlägige Berechnung			
Eingabe		**1**	**2**	**3**	
Kraft	F [N]	11000	0	0	
Winkel zur pos. x-Ach	α [°]	90	0	0	
Abstand WL F - Lage	a [mm]	140	0	0	
Lagerabstand	l [mm]	560			
Zugfestigkeit	R_m [N/mm²]	470			
Lastfall II <2> oder III <3>		3	bei Vollwelle		
Durchmesser-Verhältnis $k=d_i/d_a$		0,0	ist k=0		

Bild 3-19: Tabelle ***Eingabe*** zum Beispiel 3-2

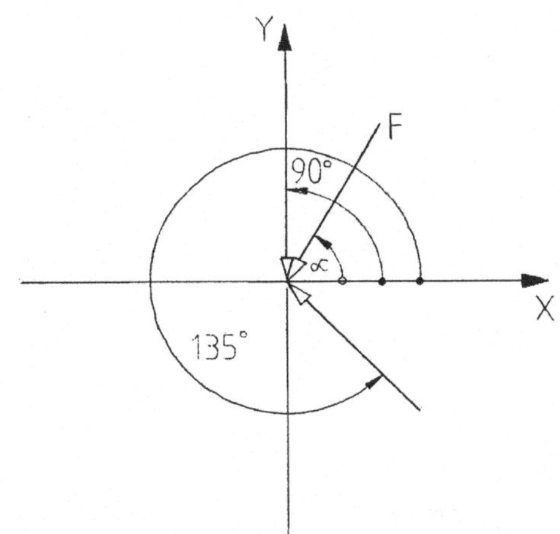

Bild 3-20: Festlegung eines Winkels für Kraftwirkungslinien

Der Wert der Zugfestigkeit R_m für den vorgesehenen Achsenwerkstoff ist der Werkstoff-Tabelle TB 1-4 in [2] zu entnehmen. In diesem Beispiel ergibt sich für den Stahl St 50-2 der Wert R_m=470 N/mm².

Für die Belastung einer zweifach gelagerten Achse sind drei Lastfälle möglich:

- Lastfall I für eine feststehende Achse mit statischer Belastung,
- Lastfall II für eine feststehende Achse mit schwellender Belastung und
- Lastfall III für eine umlaufende Achse mit wechselnder Belastung.

Im Arbeitsblatt kann zwischen den Lastfällen II und III gewählt werden. Für das Beispiel ist der Wert 3 für den Lastfall III einzugeben.

Da die Achse mit Kreisquerschnitt ausgelegt werden soll, muß für das Verhältnis von Innen- und Außendurchmesser der Wert Null eingegeben werden, da $d_i = 0$ ist.

Hieraus ergeben sich die Ergebnisse nach Bild 3-21.

Aufgrund der in den Zellen D13 und D14 ermittelten Werte für den Außen- bzw. Innendurchmesser erfolgt nach DIN 323 (Normzahlen) oder nach den Normen für Rundstähle die vorläufige Auswahl der Norm-Durchmesser der Achse. Diese Auswahl muß unter Berücksichtigung einer eventuellen Nutschwächung durchgeführt werden. Beispielsweise ist der Norm-Durchmesser beim Vorliegen einer Paßfedernut - man vergleiche hierzu Bild 3-22 - so zu wählen, daß die Differenz aus Norm-Durchmesser d und Nuttiefe t größer oder mindestens gleich dem berechneten Durchmesser d_r ist.

Auftragsnummer:		Beispiel 3-2	Datum:	20.08.95
Bearbeiter:		Meier	Arb. Blatt	Achse
Ermittlung des Richtdurchmessers d' F_A, F_B, f(x), M(x), σ(x), F_Q(x)				
Träger auf 2 Stützen, Punktlast (maximal 3 Kräfte) Roloff/Matek Maschinenelemente (TB 11-6, Zeile 2)		Bemerkungen: überschlägige Berechnung		
Ausgabe		resultierende Werte	Hinweise	
minimaler Außendurchmesser	d_a	60	Nutschwächung	
maximaler Innendurchmesser	d_i	0	berücksichtigen!	
Lagerkraft	F_A [N]	8250		
Lagerkraft	F_B [N]	2750		
Axialkraft	F_a [N]	0,0000		
maximales Biegemoment	M_b [Nm]	1120	Näherungswert	
Maximale Biegespannung	σ_b [N/mm²]	54	Näherungswert	
maximale Durchbiegung	f_m [mm]	0,2145	Näherungswert	
Neigung in Lager A	tanα	0,0014	Näherungswert	
Neigung in Lager B	tanβ	0,0010	Näherungswert	

Bild 3-21: Tabelle ***Ausgabe*** zum Beispiel 3-2

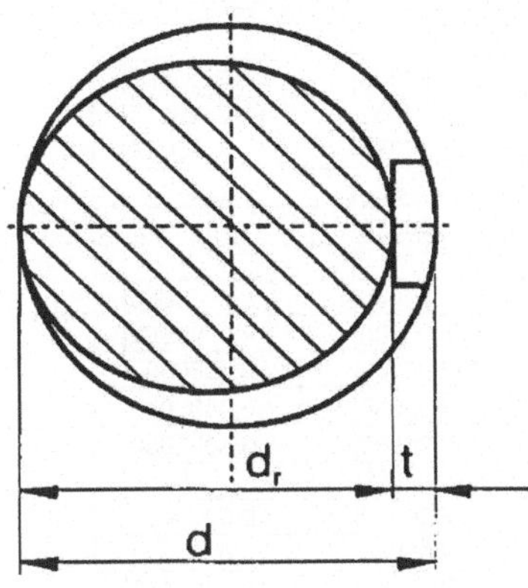

Bild 3-22: Rechnerischer Durchmesser d_r und Normdurchmesser d

Die ermittelten Werte für die Steigungen tan α und tan β an den Lagerstellen und für die Durchbiegungen gelten nur für Stahlachsen, da der Wert für den Elastizitätsmodul mit E = 210000 N/mm^2 bei den Hilfsgrößen in Zelle D15 der Tabelle ***Hilfsgrößen*** vorgegeben ist.

Die für die Näherungsrechnungen und grafischen Darstellungen erforderlichen Wertetabellen enthalten jeweils 21 Stützstellen und werden analog zur im Kapitel 2.1 behandelten Vorgehensweise ermittelt.

Der Beginn dieses Bereiches hat die Form:

	A	B	C	D	E	F	G	H
1								
2		Auftragsnummer:		Beispiel 3-2		Datum:		01.09.95
3		Bearbeiter:		Meier		Arb. Blatt:		Achse
4		Ermittlung des Richtdurchmessers d'						
5		FA,FB, f(x), M(x), σ(x), FQ(x)						
6		Träger auf 2 Stützen, Punktlast		Bemerkungen:				
7		(maximal 3 Kräfte)						
8		Roloff/Matek Maschinenelemente		überschlägige Berechnung				
9		(TB 11-6, Zeile 2)						
10								
11		*Wertetabellen*		Zähler	0	1	2	3
12				x	0	25	51	76
13								
14		Durchbiegung	f [mm]	$f_1(x)$	0,0000000	-0,0364786	-0,0719187	-0,1052816
15				$f_2(x)$	0,0000000	0,0000000	0,0000000	0,0000000
16				$f_3(x)$	0,0000000	0,0000000	0,0000000	0,0000000
17				f(x)	0,0000000	-0,0364786	-0,0719187	-0,1052816
18				f in µm	0,0000000	-36,4785982	-71,9186598	-105,2816481
19		Biegespannung	σ [N/mm^2]	σ(x)	0,0000000	10,0488222	20,0976444	30,1464665
20		Querkraft	F_Q [N]	F_{Qges} (x)	8250,0000000	8250,0000000	8250,0000000	8250,0000000
21		Biegemoment	M [Nm]	$M_1(x)$	0,0000000	-210,0000000	-420,0000000	-630,0000000
22				$M_2(x)$	0,0000000	0,0000000	0,0000000	0,0000000
23				$M_3(x)$	0,0000000	0,0000000	0,0000000	0,0000000
24				M(x)	0,0000000	-210,0000000	-420,0000000	-630,0000000

Bild 3-23: Wertetabelle zum Beispiel ***Achse***, Teil 1

Nach dem Überlagerungsprinzip werden für jede Einzelkraft die zugehörigen Durchbiegungen, Biegemomente usw. und daraus die Gesamtwerte ermittelt.

Die Berechnung der obigen Tabellen wird mit zusätzlichen Hilfstabellen durchgeführt. Diese schließen sich ab Zeile 26 im Arbeitsblatt ***Wertetabellen*** an.

	B	C	D	E	F	G
25	***Lastfall I***					
26	Durchbiegung für $0 \le x \le a$	[mm]	$f_1(x)$	0,0000000	-0,0364786	-0,0719187
27	Durchbiegung für $a \le x \le l$	[mm]	$f_1(x)$	0,0000000	-0,0154482	-0,0620237
28	Biegemoment für $0 \le x \le a$	[Nm]	$M_1(x)$	0,0	-210,0	-420,0
29	Biegemoment für $a \le x \le l$	[Nm]	$M_1(x)$	0,0	-1470,0	-1400,0
30	Querkraft F_{Q1} für $0 \le x \le l$	[N]	$F_{Q1}(x)$	8250,0	8250,0	8250,0
31	***Lastfall II***					
32	Durchbiegung für $0 \le x \le a$	[mm]	$f_2(x)$	0,0000000	0,0000000	0,0000000
33	Durchbiegung für $a \le x \le l$	[mm]	$f_2(x)$	0,0000000	0,0000000	0,0000000
34	Biegemoment für $0 \le x \le a$	[Nm]	$M_2(x)$	0,0000000	0,0000000	0,0000000
35	Biegemoment für $a \le x \le l$	[Nm]	$M_2(x)$	0,0000000	0,0000000	0,0000000
36	Querkraft F_{Q2} für $0 \le x \le l$	[N]	$F_{Q2}(x)$	0,0000000	0,0000000	0,0000000
37	***Lastfall III***					
38	Durchbiegung für $0 \le x \le a$	[mm]	$f_3(x)$	0,0000000	0,0000000	0,0000000
39	Durchbiegung für $a \le x \le l$	[mm]	$f_3(x)$	0,0000000	0,0000000	0,0000000
40	Biegemoment für $0 \le x \le a$	[Nm]	$M_3(x)$	0,0000000	0,0000000	0,0000000
41	Biegemoment für $a \le x \le l$	[Nm]	$M_3(x)$	0,0000000	0,0000000	0,0000000
42	Querkraft F_{Q3} für $0 \le x \le l$	[N]	$F_{Q3}(x)$	0,0000000	0,0000000	0,0000000
43	Durchmesserverhältnis		$k = d_i / d_a$	0,000	0,045	0,091
44	Außendurchmesser	d_a [mm]	$d_a = f(k)$	59,7083055	59,7083905	59,7096650
45	Innendurchmesser	d_i [mm]	$d_i = f(k)$	0,00000	2,71402	5,42815
46						

Bild 3-24: Wertetabelle zum Beispiel *Achse*, Teil 2

Fehler in Berechnungen findet man gut mit *[Spur zum Vorgänger] und [Spur zum Nachfolger]:*

	B	C	D	E	F	G	H
1							
2	Auftragsnummer:	....	Beispiel 3-2	Datum:		....	01.09.95
3	Bearbeiter:	....	Meier	Arb. Blatt:		....	Achse
4			Ermittlung des Richtdurchmessers d'				
5			FA,FB, f(x), M(x), s(x), FQ(x)				
6	Träger auf 2 Stützen, Punktlast (maximal 3 Kräfte) Roloff/Mateck Maschinenelemente (TB 11-6, Zeile 2)		Bemerkungen:				
7			überschlägige Berechnung				
8–10							
11	***Wertetabellen***		Zähler	0	1	2	3
12			x	0	25	51	76
13							
14	Durchbiegung	f [mm]	$f_1(x)$	#WERT!	#WERT!	#WERT!	#WERT!
15	....		$f_2(x)$	0,0000000	0,0000000	0,0000000	0,0000000
16	....		$f_3(x)$	#WERT!	#WERT!	#WERT!	#WERT!
17	....		$f(x)$	#WERT!	#WERT!	#WERT!	#WERT!
18	....		f in µm	#WERT!	#WERT!	#WERT!	#WERT!
19	Biegespannung	σ [N(mm)$^{-2}$]	$\sigma(x)$	#WERT!	#WERT!	#WERT!	#WERT!
20	Querkraft	F_Q [N]	$F_{Qges}(x)$	#WERT!	#WERT!	#WERT!	#WERT!
21	Biegemoment	M [Nm]	$M_1(x)$	0,0000000	-210,0000000	-420,0000000	-630,0000000
22	....		$M_2(x)$	0,0000000	0,0000000	0,0000000	0,0000000
23	....		$M_3(x)$	#WERT!	#WERT!	#WERT!	#WERT!
24	....		$M(x)$	#WERT!	#WERT!	#WERT!	#WERT!
25	***Lastfall I***						
26	Durchbiegung für $0 \le x \le a$	[mm]	$f_1(x)$	#WERT!	#WERT!	#WERT!	#WERT!
27	Durchbiegung für $a \le x \le l$	[mm]	$f_1(x)$	0,0000000	#WERT!	#WERT!	#WERT!

Bild 3-25: Spuren zum Vorgänger bzw. zum Nachfolger

Damit kann man den „Fehlerverursacher“ sowie die „Fehlerfolge“ gut kontrollieren und beseitigen. Folgende Icone sind von Bedeutung:

Spur zum Nachfolger entfernen

Spur zum Nachfolger anzeigen

Spur zum Vorgänger entfernen

Spur zum Vorgänger anzeigen

alle Spuren entfernen und

Spur zum Fehler anzeigen

Weitere Werte für Hilfsgrößen, wie z.B. Flächenmoment und Elastizitätsmodul, werden im Zellbereich D13:F44 der Tabelle ***Hilfsgrößen*** berechnet bzw. vorgegeben.
Beispielsweise könnte man durch Ändern des Werts für den Elastizitätsmodul E in Zelle D15 einen anderen Werkstoff als Stahl für eine Achse festlegen.
Aufgrund der vorliegenden Wertetabellen können die Durchbiegung, die Biegespannung, die Querkraft und das Biegemoment für die Achse grafisch dargestellt werden.

	A	B	C	D	E	F	G
1							
2		Auftragsnummer:		Beispiel 3-2		Datum:	
3		Bearbeiter:		Meier		Arb. Blatt:	
4		Ermittlung des Richtdurchmessers d'					
5		F_A,F_B, f(x), M(x), s(x), F_Q(x)					
6		Träger auf 2 Stützen, Punktlast		Bemerkungen:			
7		(maximal 3 Kräfte)					
8		Roloff/Matek Maschinenelemente		überschlägige Berechnung			
9		(TB 11-6, Zeile 2)					
10							
11		*Hilfsgrößen*					
12							
13		Flächenmoment	mm^4	623891,24			
14		Widerstandsmoment	W [$(mm)^3$]	20897,97			
15		Elastizitätsmodul	E [N/mm^2]	210000			
16		Biegedauerfestigkeit	s_D [N/mm^2]	206,80000			
17		maximale und minimale Durchbiegung		0,00000	0,21446		
18		maximales und minimales Biegemoment		0,00000	1120,00000		
19					Kraft		
20							
21				Lastfall I	Lastfall II	Lastfall III	
22							
23		Abstand b=l-a	b	420	560	560	
24		für a>b	f_m	-0,20528	0,00000	0,00000	

Bild 3-26: Tabelle Hilfsgrößen zum Beispiel ***Achse***, Teil 1

	A	B	C	D	E	F
22						
23		Abstand b=l-a	b	420	560	560
24		für a>b	f_m	-0,20528	0,00000	0,00000
25		in Abstand	x_m [mm]	213,85353	0,00000	0,00000
26		für a<b	f_m	-0,21465	0,00000	0,00000
27		in Abstand	x_m [mm]	246,95048	236,68385	236,68385
28		tan α'		0,00144	0,00000	0,00000
29		tanβ'		0,00103	0,00000	0,00000
30		....			durch die Kräfte	
31		....				
32		....		Lastfall I	Lastfall II	Lastfall III
33		....				
34		....			ergeben sich:	
35						
36		Kraft in y-Richtung		-11000,0	0,0	0,0
37		Kraft in x-Richtung		0,0	0,0	0,0
38		Lagerteilkraft F_A		8250,0	0,0	0,0
39		Lagerteilkraft F_B		2750,0	0,0	0,0
40		Biegemoment		1155,00	0,00	0,00
41		Biegespannung		55,26852	0,00000	0,00000
42		maximale Durchbiegung		-0,21465	0,00000	0,00000
43		in Abstand von Lager A		246,95	0,00	0,00
44		Durchbiegung unter F		-0,17000	0,00000	0,00000

Bild 3-27: Tabelle Hilfsgrößen zum Beispiel ***Achse***, Teil 2

Für die Gesamtverläufe des Beispiels ergeben sich folgende Grafiken:

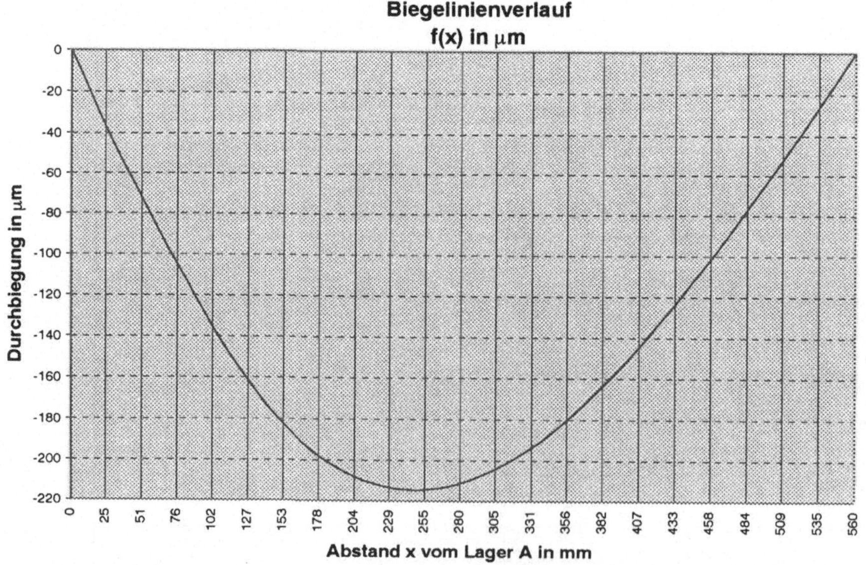

Bild 3-28: Biegelienenverlauf

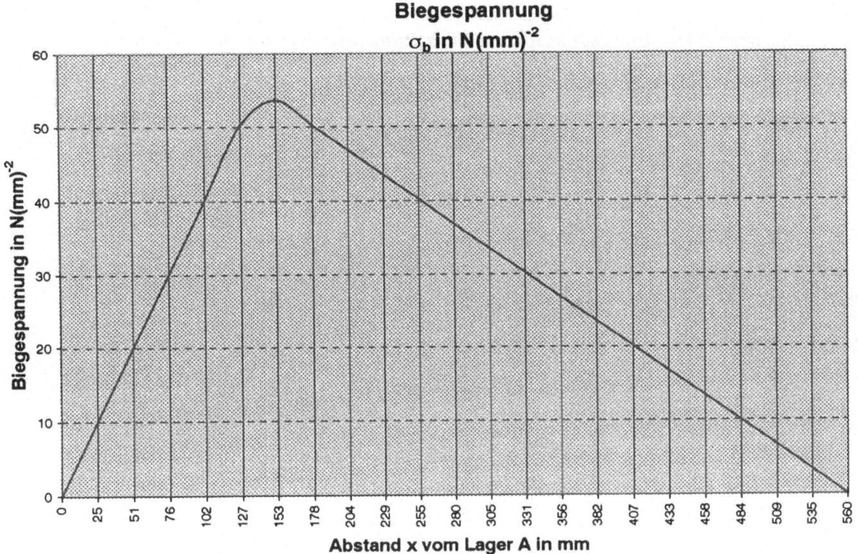

Bild 3-29: Verlauf der Biegespannung

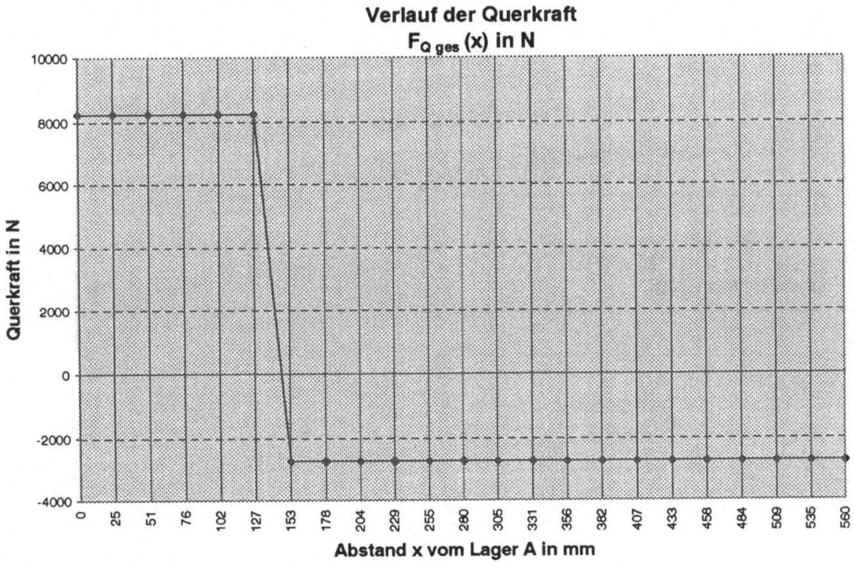

Bild 3-30: Querdruckverlauf

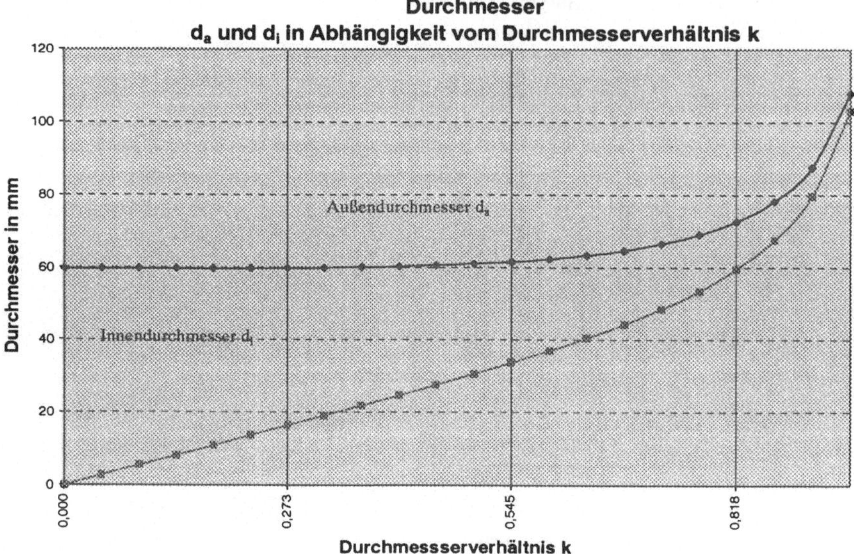

Bild 3-31: Durchmesser

Für das Arbeiten mit dem Arbeitsblatt Achse ist nach folgendem Ablaufplan vorzugehen:

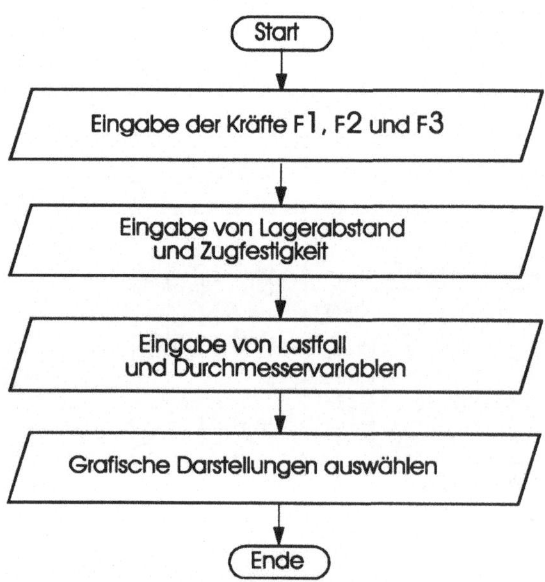

Bild 3-32: Arbeiten mit der Tabelle ***Achse***

■ Beispiel 3-3: Feststehende Achse mit 3 Einzelkräften

Eine feststehende Achse aus St 50-2 wird mit den Kräften F_1 = 1,1 kN, F_2 = 500 N und F_3 = 1,5 kN schwellend auf Biegung belastet. Die Kräfte greifen unter den Winkeln α_1 = 90 °, α_2 = 270 ° und α_3 = 210 ° an. Der Lagerabstand beträgt l = 2200 mm. Die Abstände der Kräfte vom Lager A sollen a_1 = 600 mm, a_2 = 1000 mm und a_3 = 1600 mm betragen. Die Achse hat ein Durchmesserverhältnis von k = 0,5.

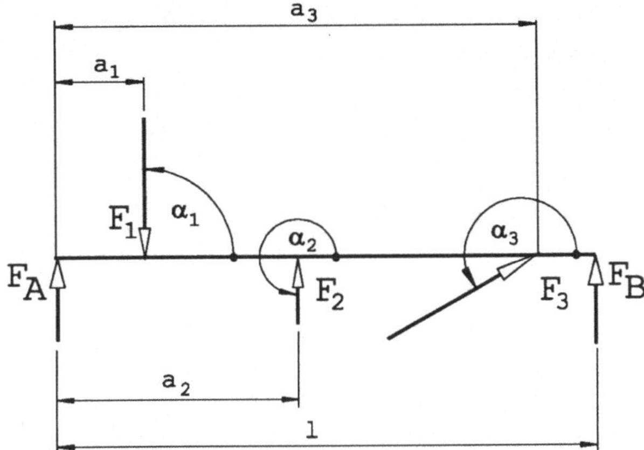

Bild 3-33: Belastungsfall der *Achse* vom Beispiel 3-3

Hierfür sind folgende Eingaben erforderlich:

Auftragsnummer:		Beispiel 3-3	Datum:		01.09.95
Bearbeiter:		Meier	Arb. Blatt:		Achse
Ermittlung des Richtdurchmessers d' FA,FB, f(x), M(x), s(x), FQ(x)					
Träger auf 2 Stützen, Punktlast (maximal 3 Kräfte) Roloff/Matek Maschinenelemente (TB 11-6, Zeile 2)		Bemerkungen: überschlägige Berechnung			
Eingabe		**1**	**2**	**3**	
Kraft	F [N]	1100	500	1500	
Winkel zur pos. x-Achs	α [°]	90	270	210	
Abstand WL F - Lager	a [mm]	600	1000	1600	
Lagerabstand	l [mm]	2200	....		
Zugfestigkeit	R_m [N/mm²]	470	....		
Lastfall II <2> oder III <3>		2	bei Vollwelle		
Durchmesser-Verhältnis $k=d_i/d_a$		0,5	ist k=0		

Bild 3-34: Tabelle ***Eingabe*** zum Beispiel 3-3

Man erhält als Ergebnisse:

Auftragsnummer:		Beispiel 3-3	Datum:	06.09.95
Bearbeiter:		Meier	Arb. Blatt	Achse
Ermittlung des Richtdurchmessers d' F_A, F_B, f(x), M(x), σ(x), $F_Q(x)$				
Träger auf 2 Stützen, Punktlast (maximal 3 Kräfte) Roloff/Matek Maschinenelemente (TB 11-6, Zeile 2)		Bemerkungen: überschlägige Berechnung		
Ausgabe		resultierende Werte	Hinweise	
minimaler Außendurchmesser	d_a	32,3	Nutschwächung	
maximaler Innendurchmesser	d_i	16,2	berücksichtigen!	
Lagerkraft	F_A [N]	322,7		
Lagerkraft	F_B [N]	-472,7		
Axialkraft	F_a [N]	1299,0		
maximales Biegemoment	M_b [Nm]	283,6	Näherungswert	
Maximale Biegespannung	σ_b [N/mm²]	91	Näherungswert	
maximale Durchbiegung	f_m [mm]	6,020266	Näherungswert	
Neigung in Lager A	tanα	-0,000310	Näherungswert	
Neigung in Lager B	tanβ	-0,012177	Näherungswert	

Bild 3-35: Tabelle ***Ausgabe*** zum Beispiel 3-3

Die Durchbiegungen aufgrund der einzelnen Kräfte und die Gesamt-Durchbiegung der Achse liefern die Grafik im Bild 3-36:

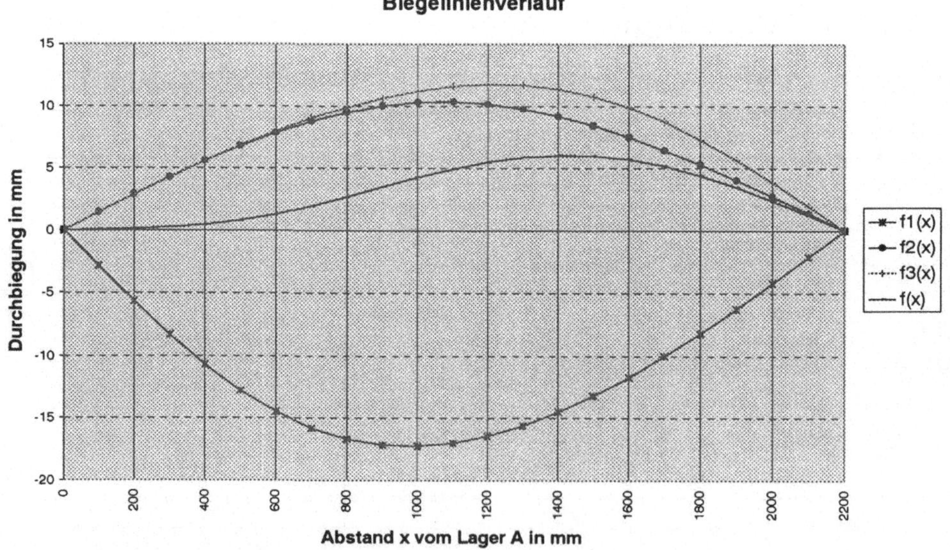

Bild 3-36: Diagramm zum Beispiel 3-3

♦ Aufgabe 3-2: Entwurfsberechnung einer Getriebewelle

Eine zweifach gelagerte Getriebewelle trägt zwei Zahnräder, welche die Welle mit den senkrechten Kräften F_1 = 6,5 kN und F_2 = 2 kN belasten. Die Abstände vom Lager A betragen a_1 = 0,22 m und a_2 = 0,91 m. Der Lagerabstand beträgt 1 = 1,2 m. Es sollen

- der Außendurchmesser d bei einer Zugfestigkeit von R_m=500 N/mm^2,
- die Auflagerkräfte F_A und F_B,
- das maximale Biegemoment M_b,
- die maximale Durchbiegung f_m,
- die maximale Biegespannung σ_b,
- die Neigungen in den Lagern

bestimmt werden.

3.3 Bestimmung der Grenzmaße und der Paßtoleranz

3.3.1 Aufgabenstellung und Aufbau der Arbeitsmappe

Die im Zusammenhang mit Toleranzen und Passungen wichtigsten Grundbegriffe sind: Nulllinie, Nennmaß N, Grenzmaß G, Mindestmaß G_u (K), Höchstmaß G_o (G), Istmaß I, Abmaß A, unteres Grenzmaß A_u, oberes Grenzmaß A_o, Grundtoleranz T_g, Maßtoleranz T. Mit der untenstehenden Abbildung nach Bild 2-1 aus [1] sollen die obigen Begriffe kurz verdeutlich werden.

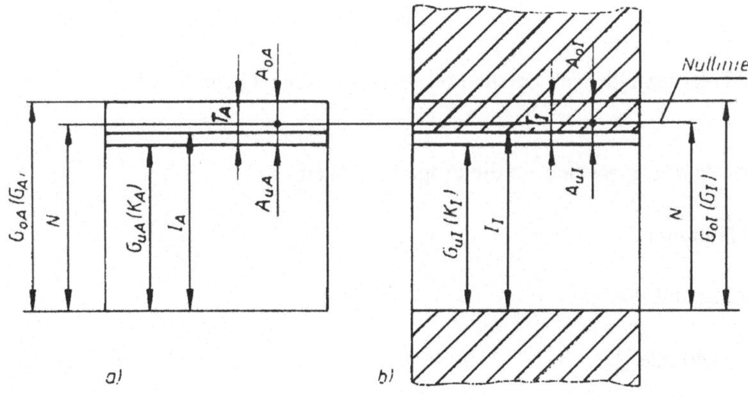

Bild 3-37: Maße und Abmaße a) Außenmaß (Index A), dargestellt an einer Welle
b) Innenmaß (Index I), dargestellt an einer Bohrung

Eine ausführliche Behandlung dieser und weiterer Begriffe findet sich ebenfalls in (1). Hierzu gehört u.a. die Angabe der Lage des Toleranzfeldes durch Großbuchstaben für Innenmaße, z.B. Bohrungen, und durch Kleinbuchstaben für Außenmaße, z.B. Wellen. Im ISO-Toleranzsystem wird ein Toleranzfeld vollständig mit dem sogenannten ISO-Toleranzkurzzeichen beschrieben. Beispielsweise wird mit h7 für eine Welle durch den Buchstaben h die Lage mit der Kennziffer 7 der Toleranzklasse die Größe des Toleranzfeldes angegeben.

Man versteht allgemein unter Passung die Beziehung zwischen gefügten und mit bestimmten Fertigtoleranzen versehenen Teilen, die sich aus den Maßunterschieden der Paßflächen ergibt. Beispiele hierfür sind eine Gleitlagerung von Welle und Lager oder eine Klemmverbindung von Hebel und Nabe. Aufgrund der Lage der zugehörigen Toleranzfelder können die Höchstpassung P_o und die Mindestpassung P_u bestimmt werden. Die Paßtoleranz P_T ergibt sich aus der Differenz dieser beiden Größen.

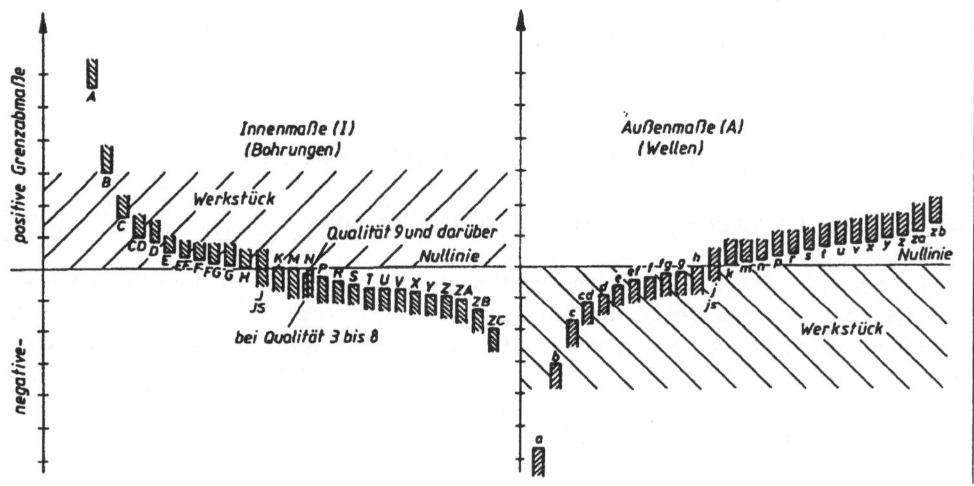

Bild 3-38: Lage der Toleranzfelder für gleichen Nennmaßbereich (schematisch)

Mit der Arbeitsmappe ***Passung*** werden für die Eingangsgrößen:

- Nennmaß N in mm

und jeweils für Bohrung und Welle:

- ISO-Toleranzklasse,
- Grundtoleranz T_g in mm,
- Toleranzfeldlage,
- oberes oder unteres Abmaß A_o bzw. A_u in µm

aufgrund der in [1] behandelten Rechenschritte folgende Ausgangsgrößen ermittelt:

- Höchstpassung P_o in µm,
- Mindestpassung in P_u in µm,
- Paßtoleranz P_T in µm

und jeweils getrennt für Bohrung bzw. Welle:

- oberes und unteres Abmaß A_o und A_u in mm und
- Mindest- und Höchstmaß G_u und G_o in mm.

Der Aufbau der Arbeitsmappe ***Passung*** ist wie folgt festgelegt:

Tabellenkopf
Eingabeteil
Ausgabeteil

Bild 3-39: Grundsätzlicher Aufbau der Arbeitsmappe ***Passung***

3.3.2 Arbeiten mit der Arbeitsmappe Passung

Die Arbeitsmappe ***Passung*** ist nicht sehr umfangreich und wenig kompliziert, so daß das Arbeiten mit ihr relativ einfach ist. Mit der Berechnung der an einem Hebelgelenk auftretenden Passungen soll dies dargestellt werden.

■ Beispiel 3-4: Berechnen von Passungen

Für das in Bild 3-40 abgebildete Hebelgelenk ist zwischem dem Hebel A und der Gabel B ein Zylinderstift 16 m 6 x 50 vorgesehen. Der mit einer Lagerbuchse versehene Hebel dreht sich um den in der Gabel festsitzenden Stift, wobei die Buchsenbohrung die ISO-Toleranz E8 besitzt. Die ISO-Passung zwischen Buchse und Hebelbohrung sei H7/r6. Die Gabelbohrungen haben die ISO-Toleranz H7. Das Nennmaß für die Hebelbohrung ist d_1 = 25 mm. Man ermittle jeweils die Abmaße, die Mindest- und Höchstpassungen und die Paßtoleranz für die einzelnen Passungen an folgenden Stellen:

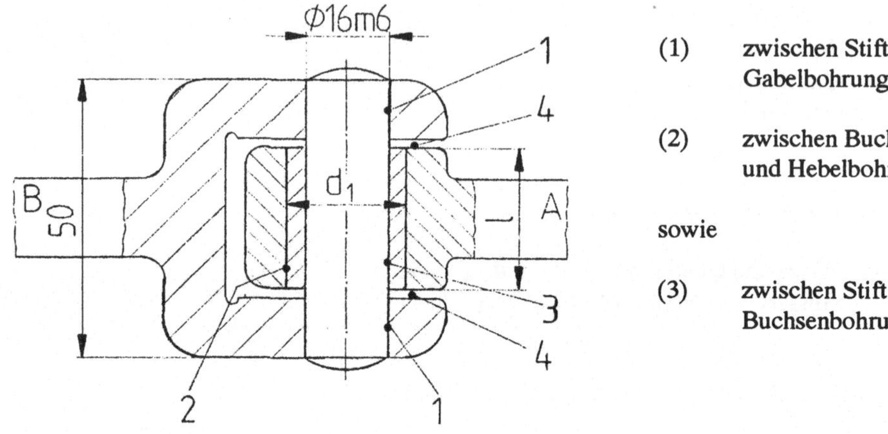

(1) zwischen Stift und Gabelbohrungen,

(2) zwischen Buchse und Hebelbohrung

sowie

(3) zwischen Stift und Buchsenbohrung.

Bild 3-40: Hebelgelenk

Nach der Eingabe der durch die Aufgabenstellung und der Zeichnung festgelegten Werte besitzt die Tabelle ***Eingabe*** folgendes Aussehen:

Auftragsnummer:		Beispiel 3-4	Datum:	02.09.95
Bearbeiter:		Meier	Arb. Blatt:	Passung

Passungen Abmaße, Mindest- und Höchstwerte Paßtoleranz		Bemerkungen Alle Hinweise beziehen sich auf Roloff/Matek Maschinenelemente 12. Auflage		
Eingabe		**Variante**		
		A	**B**	**C**
Nennmaß	N [mm]	16,00	25,00	16,00
Bohrung				
Toleranzklasse		7	7	8
Grundtoleranz (TB2-1)	Tg [µm]	18	21	27
Toleranzfeldlage		H	H	E
Grenzabmaß (TB2-3)	AI [µm]	0	0	32
oberes «1» bzw. unteres «2» Abmaß		2	2	2
Welle				
Toleranzklasse		6	2	6
Grundtoleranz (TB2-1)	Tg [µm]	11	13	11
Toleranzfeldlage		m	r	m
Grenzabmaß (TB2-2)	AA [µm]	7	28	7
oberes «1» bzw. unteres «2» Abmaß		2	2	2

Bild 3-41: Tabelle ***Eingabe*** zur Berechnung von Passungen

Offensichtlich werden die Passungen an den Stellen (1), (2) und (3) mit den drei Varianten A, B bzw. C berechnet. Die Eingabe der drei Nennmaße erfolgt in den Zellen D13, E13 und F13. In den Bereichen D15:F19 und D21:F25 werden die weiteren Daten für die Bohrungen bzw. Wellen eingegeben.

Die Grundtoleranzen in D16:F16 und D22:F22 ergeben sich aus den darüberstehenden Toleranzklassen durch Auswerten der Tabelle TB 2-1 in [2]. Unter Berücksichtigung der im Kapitel 2.5 behandelten Methoden kann die Arbeitsmappe so erweitert werden, daß die Tabelle TB 2-1 in das Arbeitsblatt übernommen und automatisch ausgewertet wird. Dies gilt entsprechend für die Ermittlung der Grenzabmaße in D18:F18 und D24:F24 aus den in der Zeile darüber stehenden Lagen der Toleranzfelder nach der Tabelle TB 2-2 aus [2].

Aus den eingegebenen Werten erhält man die Ergebnisse, die in der Tabelle ***Ausgabe*** entsprechend Bild 3-41 dargestelt sind:

Auftragsnummer:		Beispiel 3-4	Datum:		02.09.95
Bearbeiter:		Meier	Arb. Blatt:		Passung
Passungen Abmaße, Mindest- und Höchstwerte Paßtoleranz		Bemerkungen Alle Hinweise beziehen sich auf Roloff/Matek Maschinenelemente 12. Auflage			
Ausgabe		**Variante**			
		A	**B**	**C**	
Bohrung					
oberes Abmaß	A_{oI} [µm]	18	21	59	
unteres Abmaß	A_{uI} [µm]	0	0	32	
Mindestmaß	G_{uI} [µm]	16,000	25,000	16,032	
Höchstmaß	G_{oI} [µm]	16,018	25,021	16,059	
Welle					
oberes Abmaß	A_{oA} [µm]	18	41	18	
unteres Abmaß	A_{uA} [µm]	7	28	7	
Mindestmaß	G_{uA} [µm]	16,007	25,028	16,007	
Höchstmaß	G_{oA} [µm]	16,018	25,041	16,018	
Höchstpassung	P_o [µm]	11	-7	52	
Mindestpassung	P_u [µm]	-18	-41	14	
Paßtoleranz	P_T [µm]	29	34	38	

Bild 3-42: Tabelle ***Ausgabe*** zur Berechnung von Passungen

Anhand dieser Ergebnisse kann der Konstrukteur leicht überprüfen, ob die gewählten Toleranzgrößen und Abmaße die für die Funktion und die Austauschbarkeit gewünschten Passungen liefern. Aufgrund der Werte für die Mindestpassung P_u und die Höchstpassung P_o unterscheidet man folgende Passungsarten:

– Spielpassung	für	$P_u \geq 0$	und	$P_o > 0$,
– Übergangspassung	für	$P_u < 0$	und	$P_o > 0$ und
– Preßpassung	für	$P_u < 0$	und	$P_o \leq 0$.

Offensichtlich ergeben sich für das Beispiel die geeigneten Passungen, und zwar Übergangspassungen an den Stellen (1), Preßpassungen an (2) und Spielpassungen an (3).

Mit der Arbeitsmappe ***Passung*** können ferner für die einzelnen Varianten die zugehörigen Abmaße und Passungen grafisch dargestellt werden:

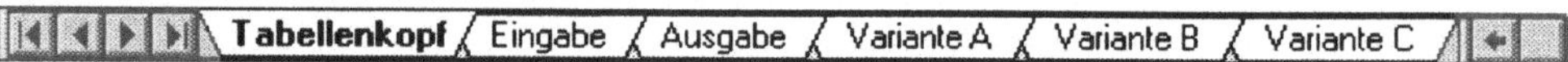

Bild 3-43: Tabellen und Diagramme zum Beispiel ***Passungen***

Es ergeben sich die folgenden Säulendiagramme (Bilder 3-44, 3-45 und 3-46):

Für die Variante A, d.h. für die Stellen (1), erhält man die Darstellung:

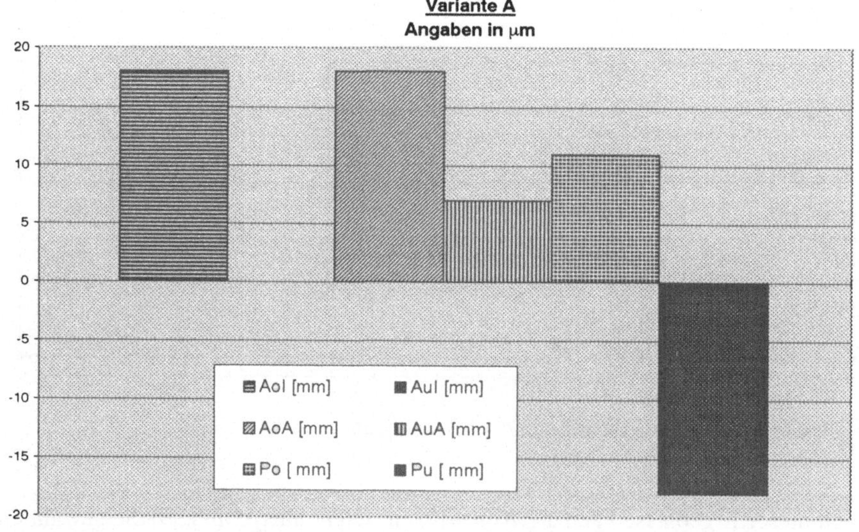

Bild 3-44: Diagramm ***Variante A*** zum Beispiel ***Passungen***

Für de Variante B, d.h. für die Stellen (2), erhält man die Darstellung:

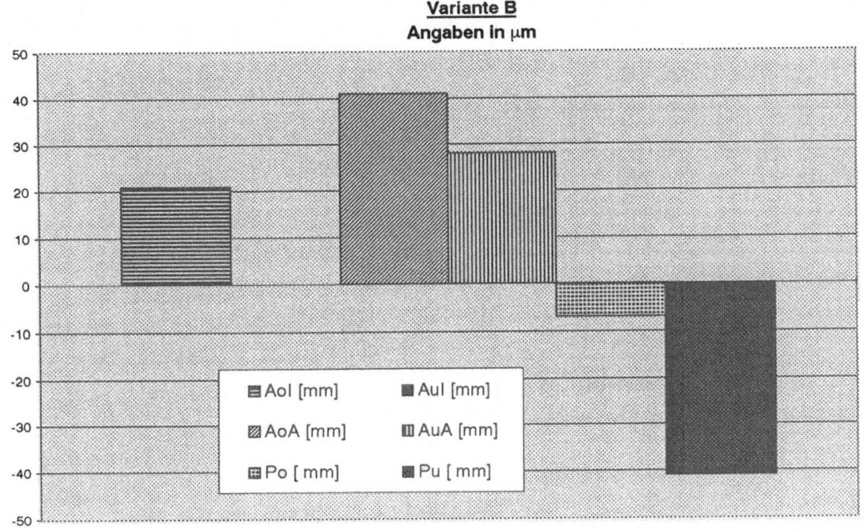

Bild 3-45: Diagramm ***Variante B*** zum Beispiel ***Passungen***

Für die Variante C, d.h. für die Stellen (3), erhält man diese Darstellung:

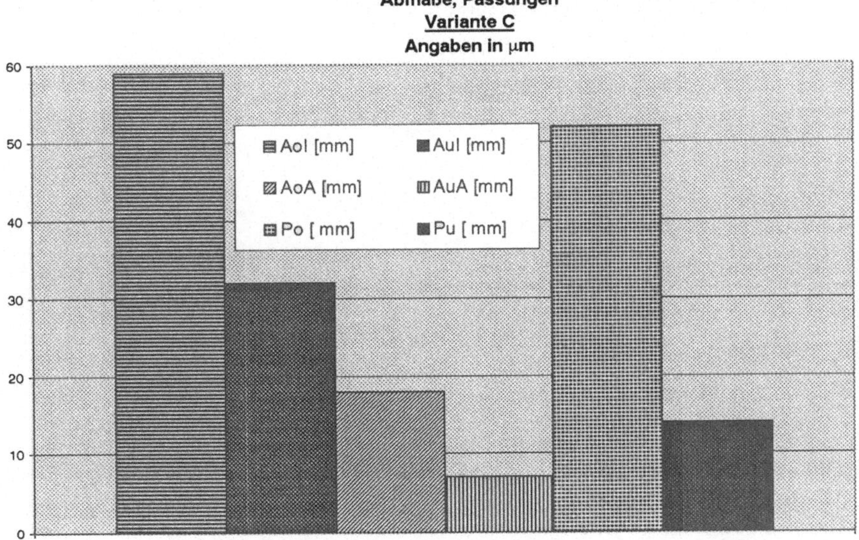

Bild 3-46: Diagramm ***Variante C*** zum Beispiel ***Passungen***

Beim Arbeiten mit dem Arbeitsblatt wird man im Regelfall wie folgt vorgehen:

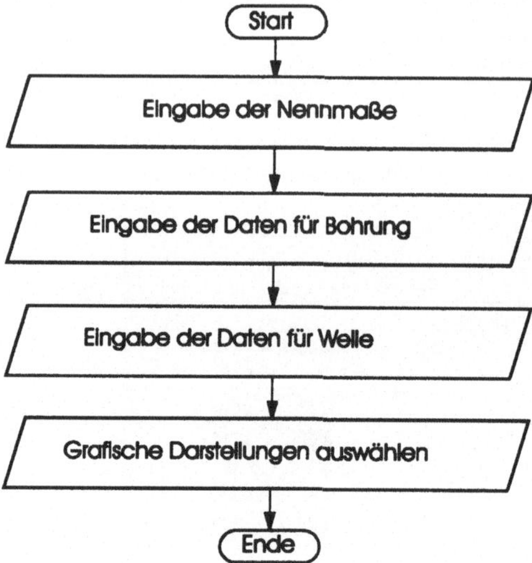

Bild 3-47: Arbeiten mit der Mappe ***Passungen***

Ist man mit den erhaltenden Ergebnissen nicht zufrieden, so lassen sich durch Änderungen bei den einzugebenen Toleranzgrößen und Abmaßen Varianten durchrechnen. Um bessere Vergleichsmöglichkeiten bei den Lösungen zu haben, kann man durch zusätzliches Kopieren einer der Spalten D, E oder F Platz für weitere Varianten vorsehen.

A Die EXCEL-Funktionen

A

ABRUNDEN	Rundet die Zahl auf Anzahl_Stellen ab
ABS	Liefert den Absolutwert einer Zahl
ACHSENABSCHNITT	Liefert den Schnittpunkt der Regressionsgeraden
ADRESSE	Liefert einen Bezug auf eine Zelle einer Tabelle als Text
AMORDEGRK	Liefert den für eine Abrechnungsperiode anzusetzenden Abschreibungsbetrag auf Basis des französischen Buchführungssystems
AMORLINEARK	Liefert den für eine Abrechnungsperiode anzusetzenden Abschreibungsbetrag auf Basis des französischen Buchführungssystems
ANZAHL	Berechnet, wie viele Zahlen eine Liste von Argumenten enthält
ANZAHL2	Berechnet, wie viele Werte eine Liste von Argumenten enthält
ANZAHLLEEREZELLEN	Zählt die leeren Zellen in einem Zellbereich
ARBEITSTAG	Liefert die fortlaufende Zahl des Datums, vor oder nach einer bestimmten Anzahl von Arbeitstagen
ARCCOS	Liefert den Arkuskosinus einer Zahl
ARCCOSHYP	Liefert den umgekehrten hyperbolischen Kosinus einer Zahl
ARCSIN	Liefert den Arkussinus einer Zahl
ARCSINHYP	Liefert den umgekehrten hyperbolischen Sinus einer Zahl
ARCTAN	Liefert den Arkustangens einer Zahl
ARCTAN2	Liefert den Arkustangens ausgehend von einer x- und einer y-Koordinate
ARCTANHYP	Liefert den umgekehrten hyperbolischen Tangens einer Zahl
AUFGELZINS	Liefert die aufgelaufenen Zinsen (Stückzinsen) eines Wertpapiers mit periodischen Zinszahlungen
AUFGELZINSF	Liefert die aufgelaufenen Zinsen (Stückzinsen) eines Wertpapiers, die bei Fälligkeit ausgezahlt werden
AUFRUFEN	Ruft eine Prozedur in einer DLL (Dynamic Link Library) oder Coderessource auf
AUFRUNDEN	Rundet die Zahl auf Anzahl_Stellen auf
AUSZAHLUNG	Liefert den Auszahlungsbetrag eines voll investierten Wertpapiers am Fälligkeitstermin

B

BEREICH.VERSCHIEBEN	Liefert einen Bezug, der gegenüber dem angegebenen Bezug versetzt ist
BEREICHE	Liefert die Anzahl der innerhalb eines Bezuges aufgeführten Bereiche
BESSELI	Liefert die modifizierte Besselfunktion In(x)
BESSELJ	Liefert die Besselfunktion Jn(x)

BESSELK	Liefert die modifizierte Besselfunktion Kn(x)
BESSELY	Liefert die Besselfunktion Yn(x)
BESTIMMTHEITSMASS	Liefert das Quadrat des Pearsonschen Korrelationskoeffizienten
BETAINV	Liefert Quantile der Betaverteilung
BETAVERT	Liefert Werte der Verteilungsfunktion einer betaverteilten Zufallsvariablen
BININDEZ	Wandelt eine binäre Zahl (Dualzahl) in eine dezimale Zahl um
BININHEX	Wandelt eine binäre Zahl (Dualzahl) in eine hexadezimale Zahl um
BININOKT	Wandelt eine binäre Zahl (Dualzahl) in eine oktale Zahl um
BINOMVERT	Liefert Wahrscheinlichkeiten einer binomialverteilten Zufallsvariablen
BRTEILJAHRE	Wandelt die Anzahl der ganzen Tage zwischen Ausgangsdatum und Enddatum in Bruchteile von Jahren um
BW	Liefert den Barwert einer Investition

C

CHIINV	Liefert Quantile der Chi-Quadrat-Verteilung
CHITEST	Liefert die Teststatistik eines Chi-Quadrat-Unabhängigkeitstests
CHIVERT	Liefert Werte der Verteilungsfunktion (1-Alpha) einer Chi-Quadrat-verteilten Zufallsgröße
CODE	Liefert die Codezahl des ersten Zeichens in einem Text
COS	Liefert den Kosinus einer Zahl
COSHYP	Liefert den hyperbolischen Kosinus einer Zahl

D

DATUM	Liefert die fortlaufende Zahl des jeweils angegebenen Datums
DATWERT	Wandelt ein als Text vorliegendes Datum in eine fortlaufende Zahl um
DBANZAHL2	Zählt die Zellen einer Datenbank, deren Inhalte mit den Suchkriterien übereinstimmen und die nicht leer sind
DBANZAHL	Zählt die Zellen einer Datenbank, deren Inhalte mit den Suchkriterien übereinstimmen
DBAUSZUG	Liefert den Datensatz in einer Datenbank, der mit den angegebenen Suchkriterien übereinstimmt
DBMAX	Liefert den größten Wert aus den ausgewählten Datenbankeinträgen
DBMIN	Liefert den kleinsten Wert aus den ausgewählten Datenbankeinträgen
DBMITTELWERT	Liefert den Mittelwert ausgewählter Datenbankeinträge

DBPRODUKT	Multipliziert die Werte eines bestimmten Feldes der Datensätze, die innerhalb einer Datenbank mit den Suchkriterien übereinstimmen
DBSTDABW	Schätzt die Standardabweichung, ausgehend von einer Stichprobe aus bestimmten Datenbankeinträgen
DBSTDABWN	Berechnet die Standardabweichung, ausgehend von der Grundgesamtheit aus bestimmten Datenbankeinträgen
DBSUMME	Summiert Zahlen, die in einer Datenbank abgelegt sind
DBVARIANZ	Schätzt die Varianz, ausgehend von einer Stichprobe aus bestimmten Datenbankeinträgen
DBVARIANZEN	Berechnet die Varianz, ausgehend von der Grundgesamtheit aus bestimmten Datenbankeinträgen
DELTA	Überprüft, ob zwei Werte gleich sind
DEZINBIN	Wandelt eine dezimale Zahl in eine binäre Zahl (Dualzahl) um
DEZINHEX	Wandelt eine dezimale Zahl in eine hexadezimale Zahl um
DEZINOKT	Wandelt eine dezimale Zahl in eine oktale Zahl um
DIA	Liefert die arithmetisch-degressive Abschreibung eines Wirtschaftsgutes für eine bestimmte Periode
DISAGIO	Liefert den in Prozent ausgedrückten Abschlag (Disagio) eines Wertpapiers
DM	Wandelt eine Zahl in einen Text im Währungsformat um
DURATION	Liefert die jährliche Duration eines Wertpapiers mit periodischen Zinszahlungen

E

EDATE	Liefert die fortlaufende Zahl des Datums, das eine bestimmte Anzahl von Monaten vor bzw. nach dem Ausgangsdatum liegt
EFFEKTIV	Liefert die jährliche Effektivverzinsung
ERSETZEN	Ersetzt eine bestimmte Anzahl Zeichen ab einer bestimmten Stelle innerhalb eines Textes
EXP	Potenziert die Basis e mit der angegebenen Zahl
EXPONVERT	Liefert Wahrscheinlichkeiten einer exponentialverteilten Zufallsvariablen

F

FAKULTÄT	Liefert die Fakultät einer Zahl
FALSCH	Liefert den Wahrheitswert FALSCH
FEHLER.TYP	Liefert eine Zahl entsprechend dem Fehlertyp
FEST	Formatiert eine Zahl als Text mit einer festen Anzahl an Nachkommastellen
FINDEN	Sucht eine Zeichenfolge innerhalb einer anderen (Groß-/Kleinschreibung wird beachtet)
FINV	Liefert Quantile der F-Verteilung

FISHER	Liefert die Fisher-Transformation
FISHERINV	Liefert die Umkehrung der Fisher-Transformation
FTEST	Liefert die Teststatistik eines F-Tests
FVERT	Liefert Werte der Verteilungsfunktion (1-Alpha) einer F-verteilten Zufallsvariablen

G

GAMMAINV	Liefert Quantile der Gammaverteilung
GAMMALN	Liefert den LN der Gammafunktion, G(x)
GAMMAVERT	Liefert Wahrscheinlichkeiten einer gammaverteilten Zufallsvariablen
GANZZAHL	Rundet eine Zahl auf die nächstkleinere ganze Zahl ab
GAUSSFEHLER	Liefert die Gausssche Fehlerfunktion
GAUSSFKOMPL	Liefert das Komplement zur Gaussschen Fehlerfunktion
GDA	Liefert die degressive Doppelraten-Abschreibung eines Wirtschaftsgutes für eine bestimmte Periode
GDA2	Liefert die geometrisch-degressive Abschreibung eines Wirtschaftsgutes für eine bestimmte Periode
GEOMITTEL	Liefert das geometrische Mittel
GERADE	Rundet eine Zahl auf die nächste gerade ganze Zahl
GESTUTZTMITTEL	Liefert den Mittelwert einer Datengruppe, ohne seine Werte an den Rändern
GGANZZAHL	Überprüft, ob eine Zahl größer ist, als ein gegebener Schwellenwert
GGT	Liefert den größten gemeinsamen Teiler
GLÄTTEN	Löscht Leerzeichen in einem Text
GRAD	Wandelt Bogenmaß (Radiant) in Grad um
GROSS	Wandelt einen Text in Großbuchstaben um
GROSS2	Wandelt den ersten Buchstaben aller Wörter einer Zeichenfolge in Großbuchstaben um
GTEST	Liefert die zweiseitige Prüfstatistik für einen Gausstest (Normalverteilung)

H

HARMITTEL	Liefert das harmonische Mittel
HÄUFIGKEIT	Liefert eine Häufigkeitsverteilung als einspaltige Matrix
HEUTE	Liefert die fortlaufende Zahl des heutigen Datums
HEXINBIN	Umwandlung hexadezimale Zahl in binäre Zahl (Dualzahl)
HEXINDEZ	Wandelt eine hexadezimale Zahl in eine dezimale Zahl um
HEXINOKT	Wandelt eine hexadezimale Zahl in eine oktale Zahl um
HYPGEOMVERT	Liefert Wahrscheinlichkeiten einer hypergeometrisch-verteilten Zufallsvariablen

I

IDENTISCH	Prüft, ob zwei Zeichenfolgen identisch sind
IKV	Liefert den internen Zinsfuß einer Investition ohne Finanzierungskosten oder Reininvestitionsgewinne
IMABS	Liefert den Absolutbetrag (Modul) einer komplexen Zahl
IMAGINÄRTEIL	Liefert den Imaginärteil einer komplexen Zahl
IMAPOTENZ	Potenziert eine komplexe Zahl mit einer ganzen Zahl
IMARGUMENT	Liefert den Winkel im Bogenmaß zur Darstellung der komplexen Zahl in trigonometrischer Schreibweise
IMCOS	Liefert den Kosinus einer komplexen Zahl
IMDIV	Liefert den Quotient zweier komplexer Zahlen
IMEXP	Liefert die algebraische Form einer in exponentieller Schreibweise vorliegenden komplexen Zahl
IMKONJUGIERTE	Liefert die konjugiert komplexe, zu einer komplexen Zahl
IMLN	Liefert den natürlichen Logarithmus einer komplexen Zahl
IMLOG10	Liefert den Logarithmus einer komplexen Zahl zur Basis 10
IMLOG2	Liefert den Logarithmus einer komplexen Zahl zur Basis 2
IMPRODUKT	Liefert das Produkt komplexer Zahlen
IMREALTEIL	Liefert den Realteil einer komplexen Zahl
IMSIN	Liefert den Sinus einer komplexen Zahl
IMSUB	Liefert die Differenz zweier komplexer Zahlen
IMSUMME	Liefert die Summe komplexer Zahlen
IMWURZEL	Liefert die Quadratwurzel einer komplexen Zahl
INDEX	Verwendet einen Index, um aus einem Bezug oder einer Matrix einen Wert zu wählen
INDIREKT	Liefert den Bezug eines Textwertes
INFO	Liefert Informationen zu der aktuellen Betriebssystemumgebung
ISTBEZUG	Liefert WAHR, wenn der Wert ein Bezug ist
ISTFEHL	Liefert WAHR, wenn der Wert ein Fehlerwert ungleich #NV ist
ISTFEHLER	Liefert WAHR, wenn der Wert ein Fehlerwert ist
ISTGERADE	Liefert WAHR, wenn die Zahl gerade ist
ISTKTEXT	Liefert WAHR, wenn der Wert ein Element ist, das keinen Text enthält
ISTLEER	Liefert WAHR, wenn der Wert eine leere Zelle ist
ISTLOG	Liefert WAHR, wenn der Wert ein Wahrheitswert ist
ISTNV	Liefert WAHR, wenn der Wert der Fehlerwert #NV ist
ISTTEXT	Liefert WAHR, wenn der Wert ein Text ist
ISTUNGERADE	Liefert WAHR, wenn die Zahl ungerade ist
ISTZAHL	Liefert WAHR, wenn der Wert eine Zahl ist

J

JAHR	Wandelt eine fortlaufende Zahl in eine Jahreszahl um
JETZT	Liefert die fortlaufende Zahl des aktuellen Datums und der aktuellen Uhrzeit

K

KAPZ	Liefert die Kapitalrückzahlung einer Investition für die angegebene Periode
KGRÖSSTE	Liefert den k-größten Wert einer Datengruppe
KGV	Liefert das kleinste gemeinsame Vielfache
KKLEINSTE	Liefert den k-kleinsten Wert einer Datengruppe
KLEIN	Wandelt einen Text in Kleinbuchstaben um
KOMBINATIONEN	Liefert die Anzahl der Kombinationen ohne Wiederholung von k Elementen aus einer Menge von n Elementen
KOMPLEXE	Wandelt den Real- und Imaginärteil in eine komplexe Zahl um
KONFIDENZ	Ermöglicht die Berechnung des 1-Alpha Konfidenzintervalls für den Erwartungswert einer Zufallsvariablen
KORREL	Liefert den Korrelationskoeffizient zweier Reihen von Merkmalsausprägungen
KOVAR	Liefert die Kovarianz, den Mittelwert der für alle Datenpunktpaare gebildeten Produkte der Abweichungen
KRITBINOM	Liefert den kleinsten Wert, für den die kumulierten Wahrscheinlichkeiten der Binomialverteilung größer oder gleich einer Grenzwahrscheinlichkeit sind
KUMKAPITAL	Berechnet die aufgelaufene Tilgung eines Darlehens, die zwischen zwei Perioden zu zahlen ist
KUMZINSZ	Berechnet die kumulierten Zinsen, die zwischen zwei Perioden zu zahlen sind
KURS	Liefert den Kurs pro 100 DM Nennwert eines Wertpapiers, das periodisch Zinsen auszahlt
KURSDISAGIO	Liefert den Kurs pro 100 DM Nennwert eines unverzinslichen Wertpapiers
KURSFÄLLIG	Liefert den Kurs pro 100 DM Nennwert eines Wertpapiers, das Zinsen am Fälligkeitsdatum auszahlt
KURT	Liefert die Kurtosis (Exzeß) einer Datengruppe
KÜRZEN	Schneidet die Kommastellen der Zahl ab und liefert als Ergebnis eine ganze Zahl

L

LÄNGE	Liefert die Anzahl der Zeichen einer Zeichenfolge
LIA	Liefert die lineare Abschreibung eines Wirtschaftsgutes pro Periode
LINKS	Liefert die äußeren linken Zeichen einer Zeichenfolge
LN	Liefert den natürlichen Logarithmus einer Zahl
LOG	Liefert den Logarithmus einer Zahl zu der angegebenen Basis
LOG10	Liefert den Logarithmus einer Zahl zur Basis 10
LOGINV	Liefert Quantile der Lognormalverteilung
LOGNORMVERT	Liefert Werte der Verteilungsfunktion einer lognormalverteilten Zufallsvariablen

M

MAX	Liefert den größten Wert innerhalb einer Argumentliste
MDET	Liefert die Determinante einer Matrix
MDURATION	Liefert die modifizierte Macauley-Duration eines Wertpapiers mit 100 DM Nennwert
MEDIAN	Liefert den Median der angegebenen Zahlen
MIN	Liefert den kleinsten Wert innerhalb einer Argumentliste
MINUTE	Wandelt eine fortlaufende Zahl in eine Minute um
MINV	Liefert die Inverse einer Matrix (die zu einer Matrix gehörende Kehrmatrix)
MITTELABW	Liefert die durchschnittliche absolute Abweichung einer Reihe von Merkmalsausprägungen und ihrem Mittelwert
MITTELWERT	Liefert den Mittelwert der Argumente
MMULT	Liefert das Produkt zweier Matrizen
MODALWERT	Liefert den häufigsten Wert einer Datengruppe
MONAT	Wandelt eine fortlaufende Zahl in einen Monat um
MONATSENDE	Liefert die fortlaufende Zahl des letzten Tages des Monats, der eine bestimmte Anzahl von Monaten vor bzw. nach dem Ausgangsdatum liegt
MTRANS	Liefert die transponierte Matrix der angegebenen Matrix

N

N	Liefert den in eine Zahl umgewandelten Wert
NBW	Liefert den Nettobarwert (Kapitalwert) einer Investition auf Basis eines Abzinsungsfaktors für eine Reihe periodischer Zahlungen
NEGBINOMVERT	Liefert Wahrscheinlichkeiten einer negativbinomialverteilten Zufallsvariablen
NETTOARBEITSTAGE	Liefert die Anzahl der Arbeitstage in einem Zeitintervall
NICHT	Kehrt den Wert ihres Argumentes um
NOMINAL	Liefert die jährliche Nominalverzinsung
NORMINV	Liefert Quantile der Normalverteilung
NORMVERT	Liefert Wahrscheinlichkeiten einer normalverteilten Zufallsvariablen
NOTIERUNGBRU	Konvertiert eine Notierung in dezimaler Schreibweise in einen gemischten Dezimalbruch
NOTIERUNGDEZ	Konvertiert eine Notierung, die als Dezimalbruch ausgedrückt wurde, in eine Dezimalzahl
NV	Liefert den Fehlerwert #NV

O

OBERGRENZE	Rundet eine Zahl betragsmäßig auf das kleinste Vielfache von Schritt auf
ODER	Liefert WAHR, wenn ein Argument WAHR ist
OKTINBIN	Wandelt eine oktale Zahl in eine binäre Zahl (Dualzahl) um
OKTINDEZ	Wandelt eine oktale Zahl in eine dezimale Zahl um
OKTINHEX	Wandelt eine oktale Zahl in eine hexadezimale Zahl um

P

PEARSON	Liefert den Pearsonschen Korrelationskoeffizienten
PI	Liefert den Wert pi.
POISSON	Liefert Wahrscheinlichkeiten einer poissonverteilten Zufallsvariablen
POLYNOMIAL	Liefert den Polynomialkoeffizienten einer Gruppe von Zahlen
POTENZ	Liefert als Ergebnis eine potenzierte Zahl
POTENZREIHE	Liefert die Summe von Potenzen (zur Berechnung von Potenzreihen und dichotomen Wahrscheinlichkeiten)
PRODUKT	Multipliziert die Argumente

Q

QIKV	Liefert einen modifizierten internen Zinsfuß, bei dem positive und negative Cashflows mit unterschiedlichen Zinssätzen finanziert werden
QUADRATESUMME	Summiert die quadrierten Argumente
QUANTIL	Liefert das Alpha-Quantil einer Gruppe von Daten
QUANTILSRANG	Liefert den prozentualen Rang (Alpha) eines Wertes
QUARTILE	Liefert die Quartile der Datengruppe
QUOTIENT	Liefert den ganzzahligen Anteil einer Division

R

RADIANT	Wandelt Grad in Bogenmaß (Radiant) um
RANG	Liefert den Rang, den eine Zahl innerhalb einer Liste von Zahlen einnimmt
RECHTS	Liefert die äußeren rechten Zeichen einer Zeichenfolge
REGISTER.KENNUMMER	Liefert die Registrierkennung der angegebenen DLL (dynamic link library), bzw. der Coderessource, wenn diese bereits registriert ist
RENDITE	Liefert die Rendite eines Wertpapiers, das periodisch Zinsen auszahlt
RENDITEDIS	Liefert die jährliche Rendite eines unverzinslichen Wertpapiers, beispielsweise ein Schatzwechsel (Treasury Bill)
RENDITEFÄLL	Liefert die jährliche Rendite eines Wertpapiers, das Zinsen am Fälligkeitsdatum auszahlt

REST	Liefert den Rest einer Division
RGP	Liefert die Parameter eines linearen Trends
RKP	Liefert die Parameter eines exponentiellen Trends
RMZ	Liefert die konstante Zahlung einer Annuität pro Periode
RÖMISCH	Wandelt eine arabische Zahl in eine römische Zahl als Text um
RUNDEN	Rundet eine Zahl auf eine bestimmte Anzahl an Dezimalstellen

S

SÄUBERN	Löscht alle nicht druckbaren Zeichen aus einem Text
SCHÄTZER	Liefert den Schätzwert für einen linearen Trend
SCHIEFE	Liefert die Schiefe einer Verteilung
SEKUNDE	Wandelt eine fortlaufende Zahl in eine Sekunde um
SIN	Liefert den Sinus einer Zahl
SINHYP	Liefert den hyperbolischen Sinus einer Zahl
SPALTE	Liefert die Spaltennummer eines Bezuges
SPALTEN	Liefert die Anzahl der Spalten eines Bezuges
SQL.REQUEST	Fordert eine Verbindung an und führt eine SQL-Abfrage aus
STABW	Schätzt die Standardabweichung ausgehend von einer Stichprobe
STABWN	Berechnet die Standardabweichung ausgehend von der Grundgesamtheit
STANDARDISIERUNG	Liefert den standardisierten Wert
STANDNORMINV	Liefert Quantile der Standardnormalverteilung
STANDNORMVERT	Liefert Werte der Verteilungsfunktion einer standardnormalverteilten Zufallsvariablen
STEIGUNG	Liefert die Steigung der Regressionsgeraden
STFEHLERYX	Liefert den Standardfehler der geschätzten y-Werte für alle x-Werte der Regression
STUNDE	Wandelt eine fortlaufende Zahl in eine Stunde um
SUCHEN	Sucht eine Zeichenfolge innerhalb einer anderen (Groß-/Kleinschreibung wird nicht beachtet)
SUMME	Summiert die Argumente
SUMMENPRODUKT	Multipliziert die sich entsprechenden Komponenten der angegebenen Matrizen und gibt die Summe dieser Produkte zurück
SUMMEWENN	Addiert Zahlen, die mit den Suchkriterien übereinstimmen
SUMMEX2MY2	Summiert für zusammengehörige Komponenten zweier Matrizen die Differenzen der Quadrate
SUMMEX2PY2	Summiert für zusammengehörige Komponenten zweier Matrizen die Summen der Quadrate
SUMMEXMY2	Summiert für zusammengehörige Komponenten zweier Matrizen die quadrierten Differenzen
SUMQUADABW	Liefert die Summe der quadrierten Abweichungen
SVERWEIS	Durchsucht die erste Spalte einer Matrix und durchläuft die Zeile nach rechts, um den Wert einer Zelle zurückzugeben

T

T	Wandelt die Argumente in Text um
TAG	Wandelt eine fortlaufende Zahl in einen Tag des Monats
TAGE360	Berechnet, ausgehend von einem Jahr, das 360 Tage umfaßt, die Anzahl der zwischen zwei Tagesdaten liegenden Tage
TAN	Liefert den Tangens einer Zahl
TANHYP	Liefert den hyperbolischen Tangens einer Zahl
TBILLÄQUIV	Rechnet die Verzinsung eines Schatzwechsels (Treasury Bill) in die für Anleihen übliche jährliche Verzinsung um
TBILLKURS	Liefert den Kurs pro 100 DM Nennwert eines Schatzwechsels (Treasury Bill)
TBILLRENDITE	Liefert die Rendite eines Schatzwechsels (Treasury Bill)
TEIL	Liefert eine bestimmte Anzahl Zeichen einer Zeichenfolge, ab der von Ihnen bestimmten Stelle
TEILERGEBNIS	Liefert ein Teilergebnis in einer Liste oder Datenbank
TEXT	Formatiert eine Zahl und wandelt sie in einen Text um
TINV	Liefert Quantile der t-Verteilung
TREND	Liefert Werte, die sich aus einem linearen Trend ergeben
TTEST	Liefert die Teststatistik eines Student'schen t-Tests
TVERT	Liefert Werte der Verteilungsfunktion (1-Alpha) einer (Student) t-verteilten Zufallsvariablen
TYP	Liefert eine Zahl, die den Datentyp des angegebenen Wertes anzeigt

U

UMWANDELN	Wandelt eine Zahl von einem Maßsystem in ein anderes
UND	Liefert WAHR, wenn alle Argumente WAHR sind
UNGERADE	Rundet eine Zahl auf die nächste ungerade ganze Zahl
UNREGER.KURS	Liefert den Kurs pro 100 DM Nennwert eines Wertpapiers mit einem unregelmäßigen ersten Zinstermin
UNREGER.REND	Liefert die Rendite eines Wertpapiers mit einem unregelmäßigen ersten Zinstermin
UNREGLE.KURS	Liefert den Kurs pro 100 DM Nennwert eines Wertpapiers mit einem unregelmäßigen letzten Zinstermin
UNREGLE.REND	Liefert die Rendite eines Wertpapiers mit einem unregelmäßigen letzten Zinstermin
UNTERGRENZE	Rundet eine Zahl gegen Null ab

V

VARIANZ	Schätzt die Varianz, ausgehend von einer Stichprobe
VARIANZEN	Berechnet die Varianz, ausgehend von der Grundgesamtheit
VARIATION	Liefert Werte, die sich aus einem exponentiellen Trend ergeben
VARIATIONEN	Liefert die Anzahl der Möglichkeiten, um k Elemente aus einer Menge von n Elementen ohne Zurücklegen zu ziehen
VDB	Liefert die degressive Doppelraten-Abschreibung eines Wirtschaftsgutes für eine bestimmte Periode oder Teilperiode
VERGLEICH	Sucht Werte innerhalb eines Bezuges oder einer Matrix
VERKETTEN	Verknüpft einzelne Textelemente zu einer Zeichenkette
VERWEIS	Durchsucht die Werte eines Vektors oder einer Matrix
VORZEICHEN	Liefert das Vorzeichen einer Zahl
VRUNDEN	Liefert eine auf das gewünschte Vielfache gerundete Zahl

W

WAHL	Wählt einen Wert aus einer Liste von Werten
WAHR	Liefert den Wahrheitswert WAHR
WAHRSCHBEREICH	Liefert die Wahrscheinlichkeit für ein von zwei Werten eingeschlossenes Intervall
WECHSELN	Tauscht einen alten Text durch einen neuen Text in einer Zeichenfolge aus
WEIBULL	Liefert Wahrscheinlichkeiten einer weibullverteilten Zufallsvariablen
WENN	Gibt eine Wahrheitsprüfung an, die durchgeführt werden soll
WERT	Wandelt ein als Text angegebenes Argument in eine Zahl um
WIEDERHOLEN	Wiederholt einen Text so oft wie angegeben
WOCHENTAG	Wandelt eine fortlaufende Zahl in einen Wochentag um
WURZEL	Liefert die Quadratwurzel einer Zahl
WURZELPI	Liefert die Wurzel aus der mit Pi multiplizierten Zahl
WVERWEIS	Durchsucht die erste Zeile einer Matrix und durchläuft die Spalte nach unten, um den Wert einer Zelle zurückzugeben

X

XINTZINSFUSS	Liefert den internen Zinsfuß einer Reihe nicht periodisch anfallender Zahlungen
XKAPITALWERT	Liefert den Nettobarwert (Kapitalwert) einer Reihe nicht periodisch anfallender Zahlungen

Z

ZÄHLENWENN	Zählt die nichtleeren Zellen eines Bereichs, deren Inhalte mit den Suchkriterien übereinstimmen
ZEICHEN	Liefert das der Codezahl entsprechende Zeichen
ZEILE	Liefert die Zeilennummer eines Bezuges
ZEILEN	Liefert die Anzahl der Zeilen eines Bezuges
ZEIT	Liefert die fortlaufende Zahl einer bestimmten Uhrzeit
ZEITWERT	Wandelt eine als Text vorliegende Zeitangabe in eine fortlaufende Zahl um
ZELLE	Liefert Informationen zu der Formatierung, der Position oder dem Inhalt einer Zelle
ZINS	Liefert den Zinssatz einer Annuität pro Periode
ZINSSATZ	Liefert den Zinssatz eines voll investierten Wertpapiers
ZINSTERMNZ	Liefert das Datum des ersten Zinstermins nach dem Abrechnungstermin
ZINSTERMTAGE	Liefert die Anzahl der Tage der Zinsperiode, die den Abrechnungstermin einschließt
ZINSTERMTAGNZ	Liefert die Anzahl der Tage vom Abrechnungstermin bis zum nächsten Zinstermin
ZINSTERMTAGVA	Liefert die Anzahl der Tage vom Anfang des Zinstermins bis zum Abrechnungstermin
ZINSTERMVZ	Liefert das Datum des letzten Zinstermins vor dem Abrechnungstermin
ZINSTERMZAHL	Liefert die Anzahl der Zinstermine zwischen Abrechnungs- und Fälligkeitdatum
ZINSZ	Liefert die Zinszahlung einer Investition für die angegebene Periode
ZUFALLSBEREICH	Liefert eine ganze Zufallszahl aus dem festgelegten Bereich
ZUFALLSZAHL	Liefert eine Zufallszahl zwischen 0 und 1
ZW	Liefert den zukünftigen Wert (Endwert) einer Investition
ZW2	Liefert den aufgezinsten Wert des Anfangskapitals für eine Reihe periodisch unterschiedlicher Zinssätze
ZWEIFAKULTÄT	Liefert die Fakultät zu Zahl mit Schrittlänge 2
ZZR	Liefert die Anzahl der Zahlungsperioden einer Investition

B Die EXCEL-Sondertasten und Tastenkombinationen (Auswahl)

Ein „x“ in den Spalten ***SHIFT***, ***TAB***, ***STRG*** bzw. ***ALT*** bedeutet, daß diese Tasten in Verbindung mit der in der Spalte ***TASTE*** angegebenen Taste zu betätigen sind.

STRG	SHIFT	ALT	TAB	FKT.-TASTE	TASTE	BEDEUTUNG
					Ende	Die letzte belegte Zelle des aktiven Blattes wird angesprungen.
					Entf	Formeln und Daten in der aktuellen Markierung werden gelöscht.
					ESC	Die Aktion wird abgebrochen.
					Pos 1	Die erste Spalte der aktiven Zeile wird angesprungen.
					⟵	Mit der Rücktaste wird die Bearbeitungsleiste aktiviert und deren Inhalt gelöscht, wenn eine Zelle markiert ist, oder löscht das vorhergehende Zeichen in der Zelle oder in der Bearbeitungszeile.
					↵	– Die Aktion wird ausgeführt. – In einer Markierung erfolgt eine Bewegung nach unten.
					←	Eine Zelle nach links
					→	Eine Zelle nach rechts
					↓	Eine Zelle nach unten
					↑	Eine Zelle nach oben
					'	Die Daten in der Zelle werden linksbündig angeordnet.
					"	Die Daten in der Zelle werden rechtsbündig angeordnet.
					^	Die Daten in der Zelle werden zentriert angeordnet.
					\	Die Zelle wird mit dem eingegebenen Zeichen ausgefüllt.

STRG	SHIFT	ALT	TAB	FKT.-TASTE	TASTE	BEDEUTUNG
x					A	Der 2.Schritt des Funktions-Assistenten wird angezeigt, wenn eine gültige Funktion in eine Formel eingegeben wurde.
x					C	Der markierte Bereich wird kopiert.
x					R	Nach rechts wird ausgefüllt.
x					U	Nach unten wird ausgefüllt.
x					V	Der markierte Bereich wird eingefügt.
x					X	Der markierte Bereich wird ausgeschnitten.
x					Y	Die letzte Aktion wird wiederholt.
x					Z	Die letzte Aktion wird rückgängig gemacht.
x					Ä	Nur die Zellen, auf die direkt oder indirekt von Formeln im markierten Bereich zugegriffen wird, werden markiert.
x					Ö	Zellen, deren Inhalt sich von der jeweiligen Vergleichszelle in der jeweiligen Zeile unterscheiden, werden markiert. Die Vergleichszelle befindet sich in jeder Zeile in der gleichen Spalte wie die aktive Zelle.
x					Ü	Nur die Zellen, auf die von Formeln innerhalb des markierten Bereiches zugegriffen wird, werden markiert.
x					*	Ein rechteckiger Bereich um die aktive Zelle herum, der durch Leerzeilen und Leerspalten begrenzt wird, wird markiert.
x					/	Ist die aktive Zelle in eine Matrix eingebunden, wird diese markiert.
x					=	Nur das aktive Blatt wird berechnet.
x					.	Das Datum wird eingefügt.
x					#	Es erfolgt ein Wechsel zwischen der Formel- und der Wertanzeige.

STRG	SHIFT	ALT	TAB	FKT.-TASTE	TASTE	BEDEUTUNG
x					↲	Der markierte Bereich wird mit dem aktuellen Eintrag ausgefüllt.
x					'	Die Formel der Zelle über der aktiven Zelle wird in die aktive Zelle oder in die Bearbeitungsleiste kopiert.
x					:	Die Uhrzeit wird eingefügt.
x					;	Der Wert der Zelle über der aktiven Zelle wird in die aktive Zelle oder in die Bearbeitungsleiste kopiert.
x					+	Leere Zellen werden eingefügt.
x					-	Der markierte Bereich wird gelöscht.
x					←	Sprung zur letzten belegten Zelle links
x					→	Sprung zur letzten belegten Zelle rechts
x					↓	Sprung zur letzten belegten Zelle unten
x					↑	Sprung zur letzten belegten Zelle oben
x					Bild ↑	Das nächste Blatt in der Arbeitsmappe wird aktiviert.
x					Bild ↓	Das vorherige Blatt in der Arbeitsmappe wird aktiviert.
x	x				A	Die Namen der Argumente und die Klammern einer Funktion werden eingegeben, wenn eine gültige Funktion in eine Formel eingegeben wurde.
x	x				N	Alle Zellen, die Notizen enthalten, werden markiert.
x	x				Ä	Alle Zellen mit Formeln, die sich direkt oder indirekt auf die aktive Zelle beziehen, werden markiert.

STRG	SHIFT	ALT	TAB	FKT.-TASTE	TASTE	BEDEUTUNG
x	x				Ö	Zellen, deren Inhalt sich von der jeweiligen Vergleichszelle in der jeweiligen Spalte unterscheiden, werden markiert. Die Vergleichszelle befindet sich in jeder Spalte in der gleichen Zeile wie die aktive Zelle.
x	x				Ü	Alle Zellen, auf die direkt oder indirekt von Formeln im markierten Bereich zugegriffen wird, werden markiert.
x	x				↵	Die Formel wird als Matrixformel eingegeben.
x				F2		Das Info-Fenster wird geöffnet.
x				F3		Ein Name kann festgelegt werden.
x				F4		Das aktuelle Fenster wird geschlossen.
x				F5		Die Fenstergröße wird wieder hergestellt.
x				F6		Das nächste Fenster wird aktiviert.
x				F7		Das Dokument wird verschoben.
x				F8		Dokumentengröße ändern
x				F9		Die Arbeitsmappe wird minimiert.
x				F10		Die Arbeitsmappe wird maximiert.
x				F11		Eine neue Microsoft EXCEL 4.0-Makrovorlage wird eingefügt.
x				F12		Eine neue Datei wird geöffnet.
x	x			F3		Namen aus Text in Zellen werden übernommen.
x	x			F6		Das vorherige Fenster wird aktiviert.
x	x			F12		Der Befehl *Drucken* wird aufgerufen.
x		x	x			Ein Tabstop wird eingefügt.
	x		x			In einer Markierung erfolgt eine Bewegung nach links.
	x				Entf	Der Text bis zum Ende der Zeile wird gelöscht.

STRG	SHIFT	ALT	TAB	FKT.-TASTE	TASTE	BEDEUTUNG
	x				↵	In einer Markierung erfolgt eine Bewegung nach oben.
		x				Die Menüleiste wird aktiviert.
		x			Ö	Alle sichtbaren Zellen innerhalb der Markierung werden markiert.
		x			=	Die Formeln für AutoSumme werden eingefügt.
		x			↵	Ein Zeilenwechsel wird in der Bearbeitungszeile eingefügt.
		x		F4		EXCEL wird beendet.
			x			In einer Markierung erfolgt eine Bewegung nach rechts.
				F1		Die EXCEL- Hilfe wird gestartet.
				F2		Die aktive Zelle und die Bearbeitungszeile werden aktiviert.
				F3		Ein bestehender Name wird in eine Formel eingefügt.
				F4		Wechsel zwischen absoluten, relativen und gemischten Bezügen
				F5		Die Funktion ***Gehe zu...*** wird gestartet.
				F6		Wechsel zum nächsten Ausschnitt
				F7		Start der Rechtschreibprüfung
				F8		Der Erweiterungsmodus wird ein- oder ausgeschaltet.
				F9		Alle Blätter der geöffneten Arbeitsmappe werden berechnet.
				F10		Die Menüleiste wird aktiviert.
				F11		Ein neues Diagrammblatt wird eingefügt.
				F12		*Speichern unter* wird aufgerufen.
	x			F1		Die kontextbezogene Hilfe wird gestartet.
	x			F2		Eine Zellnotiz kann bearbeitet werden.

STRG	SHIFT	ALT	TAB	FKT. TASTE	TASTE	BEDEUTUNG
	x			F3		Der Funktionsassistent wird gestartet.
	x			F6		Der vorherige Ausschnitt wird aktiviert.
	x			F8		Der Hinzufügemodus wird ein- bzw. ausgeschaltet.
	x			F9		Nur das aktive Blatt wird berechnet.
	x			F10		Das Kontextmenü wird aktiviert.
	x			F11		Ein neues Arbeitsblatt wird in die Mappe eingefügt.
	x			F12		Die aktive Datei wird gespeichert.

C Verzeichnis der Beispiele und Aufgaben

D EXCEL-Referenzliste der Befehle und Optionen

Die Tabellenmenüs

Menü	Befehl	Option	Wirkung	Seite
Ansicht	**Ansichten-Manager**		Der Ansichten-Manager wird gestartet.	
Ansicht	**Bearbeitungsleiste**		Die Bearbeitungsleiste kann ausgeblendet werden.	36
Ansicht	**Ganzer Bildschirm**		Maximiert das Microsoft Excel-Fenster und blendet die *Standard*-Symbolleiste, die *Format*-Symbolleiste und die Statusleiste aus.	
Ansicht	**Statusleiste**		Die Statusleiste kann ausgeblendet werden.	36
Ansicht	**Symbolleisten**		Symbolleisten können ein- und ausgeblendet oder umbenannt werden.	153
		Benutzerdefiniert	Damit können eigene Symbolleisten zusammengestellt werden.	
		Detektiv	Symbolleiste Detektiv ein/aus	
		Diagramm	Symbolleiste Diagramm ein/aus	
		Dialog	Symbolleiste Dialog ein/aus	
		Farbige Schaltflächen	Die Schaltflächen sind farbig. Die Deaktivierung ist nur für das Arbeiten mit einem Schwarzweißmonitor interessant.	
		Format	Symbolleiste Format ein/aus	
		Große Schaltflächen	Die Schaltflächen werden vergrößert dargestellt (für Bildschirme mit höherer Auflösung).	
		Microsoft	Microsoft-Symbolleiste ein/aus	
		Name der Symbolleiste	Der Name der Symbolleiste wird dargestellt.	
		Neu	Eine neue Symbolleiste wird erstellt.	
		Pivot-Tabellen und Gliederung	Symbolleiste Pivot-Tabellen und Gliederung ein/aus	

Menü	Befehl	Option	Wirkung	Seite
		Quickinfo anzeigen	Das Info-Schild, auf dem die Bedeutung der Icone dargestellt wird, kann ein- und ausgeschaltet werden.	
		Standard	Symbolleiste Standard ein/aus	
		Tip-Assistent	Symbolleiste Tip-Assistent ein/aus	
		Visual-Basic	Symbolleiste Visual-Basic ein/aus	
		Workgroup	Symbolleiste Workgroup ein/aus	
		Zeichnen	Symbolleiste Zeichnen ein/aus	
		Zurücksetzen	Die ursprüngliche Form der Symbolleiste wird wieder hergestellt.	
Ansicht	**Zoom**		Die Bildschirmdarstellung wird vergrößert oder verkleinert.	
		200%		
		100%		
		75%	Zoom in festen Stufen	
		50%		
		25%		
		An Markierung anpassen	Der Bildschirm wird mit dem markierten Tabellenteil ausgefüllt.	
		Benutzerdefiniert	Stufenloses Zoomen	
Bearbeiten	**Ausfüllen**		Markierte Zellen werden mit dem Inhalt der Quellzelle ausgefüllt.	
		Blätter	Die markierten Blätter werden in den gleichen Zellen mit dem Inhalt ausgefüllt (*Gruppe ausfüllen*).	
		Bündig anordnen	Richtet die Inhalte von markierten Zellen, Textfeldern, Schaltflächen oder Diagrammbeschriftungen gleichmäßig aus.	
		Links	Die links befindlichen markierten Zellen werden ausgefüllt.	
		Oben	Die oberhalb befindlichen markierten Zellen werden ausgefüllt.	
		Rechts	Die rechts befindlichen markierten Zellen werden ausgefüllt.	

Menü	Befehl	Option	Wirkung	Seite
		Reihe	Eine Reihe wird gebildet: – Reihe in Zeilen oder Spalten – Reihentyp: arithmetisch geometrisch Datum: Tag Wochentag Monat Jahr AutoAusfüllen – Inkrement – Endwert – Trend.	131
		Unten	Die unterhalb befindlichen markierten Zellen werden ausgefüllt.	
Bearbeiten	**Ausschneiden**		Der Inhalt der markierten Zellen wird ausgeschnitten und in die Zwischenablage eingefügt.	71
Bearbeiten	**Blatt löschen**		Das aktive Blatt oder die markierten Blätter werden gelöscht.	73
Bearbeiten	**Blatt verschieben/ kopieren**		Markierte Blätter werden verschoben bzw. kopiert.	73
		Einfügen vor	Das Folgeblatt wird gewählt.	
		Kopieren	Die ausgewählten Blätter werden nicht verschoben, sondern kopiert.	
		Zur Mappe	Die Zielmappe wird ausgewählt.	
Bearbeiten	**Einfügen**		Der komplette Inhalt der Zwischenablage wird ab der Cursorposition eingefügt.	58
Bearbeiten	**Inhalte einfügen**		Teile der Zwischenablage werden ab der aktuellen Cursorposition eingefügt.	58
		Addieren	Der einzufügende Inhalt wird zum aktuellen Inhalt addiert.	
		Alles	Alle Zellinhalte werden in die aktive Zelle eingefügt.	
		Dividieren	Der einzufügende Inhalt wird durch den aktuellen Inhalt dividiert.	

Menü	Befehl	Option	Wirkung	Seite
		Formate	Nur Formate werden eingefügt.	
		Formeln	Nur Formeln werden eingefügt.	
		Keine Rechenoperation	Beim Einfügen wird keine Rechenoperation durchgeführt.	
		Leerzeilen überspringen	Verhindert das Einfügen leerer Zellen aus dem Kopierbereich in den Einfügebereich.	
		Multiplizieren	Der einzufügende Inhalt wird mit dem aktuellen Inhalt multipliziert.	
		Notizen	Nur Notizen werden eingefügt.	
		Subtrahieren	Der einzufügende Inhalt wird vom aktuellen Inhalt subtrahiert.	
		Transponieren	Zeilenförmige Zellinhalte werden in Spalten eingefügt und umgekehrt.	
		Verknüpfung einfügen	Der einzufügende Inhalt wird verknüpft, ändert sich also mit der Datenquelle.	
		Werte	Nur Werte werden eingefügt.	
Bearbeiten	**Inhalte löschen**		Teile einer Zelle oder eines Zellbereiches können gelöscht werden.	70,80
		Alles	Alle Inhalte der markierten Zellen werden gelöscht.	
		Formate	Nur die Formate der markierten Zellen werden gelöscht.	
		Formeln	Nur die Formeln der markierten Zellen werden gelöscht.	
		Notizen	Nur die Notizen der markierten Zellen werden gelöscht.	
Bearbeiten	**Kopieren**		Der Inhalt der markierten Zellen wird in die Zwischenablage kopiert.	70
Bearbeiten	**Rückgängig**		Die letzte Änderung wird rückgängig gemacht.	
Bearbeiten	**Suchen**		Die Tabelle oder ein markierter Bereich wird nach den eingegebenen Zeichen durchsucht.	
		Ersetzen	Die Option *Ersetzen* wird ausgewählt.	

Menü	Befehl	Option	Wirkung	Seite
		Groß-/Kleinschreibung beachten	Die Großschreibung kann berücksichtigt oder vernachlässigt werden.	
		Nur ganze Zellen suchen	Der Suchbegriff muß dem Zellinhalt entsprechen, darf also kein Teil eines Zellinhaltes sein.	
		Suchen in	Es kann in Formeln, Werten oder Notizen gesucht werden.	
		Suchen nach	Das oder die zu suchenden Zeichen wird/werden eingegeben.	
		Suchreihenfolge	In Zeilen oder Spalten kann gesucht werden.	
		Weitersuchen	Der nächste, den Suchkriterien entsprechende, Begriff wird gesucht.	
Bearbeiten	**Ersetzen**		Zellinhalte können ersetzt werden.	
		Alle ersetzen	Alle Zellinhalte, die die Suchkriterien erfüllen, werden ersetzt.	
		Ersetzen	Der gefundene Zellinhalt wird ersetzt.	
		Ersetzen durch	Der Ersatzzellinhalt wird eingegeben.	
		Groß-/Kleinschreibung beachten	Alternativ kann die Großschreibung berücksichtigt oder vernachlässigt werden.	
		Nur ganze Zellen suchen	Der Suchbegriff muß dem Zellinhalt entsprechen, darf also kein Teil eines Zellinhaltes sein.	
		Suchen nach	Der zu ersetzende Zellinhalt ist einzugeben.	
		Suchreihenfolge	In Zeilen oder Spalten kann gesucht werden.	
		Weitersuchen	Der nächste, den Suchkriterien entsprechende, Begriff wird gesucht.	
Bearbeiten	**Gehe zu**		Die angegebene Zelle wird angesprungen.	9
Bearbeiten	**Verknüpfungen**		Verknüpfungen können bearbeitet werden.	

Menü	Befehl	Option	Wirkung	Seite
		Aktualisierung	Die Art der Aktualisierung (automatisch oder auf Befehl) wird festgelegt.	
		Jetzt aktualisieren	Die Verknüpfung wird jetzt aktualisiert.	
		Objekt	Ein eingefügtes Objekt kann bearbeitet werden.	
		Quelle öffnen	Das gewählte Quelldokument wird geöffnet.	
		Quelle wechseln	Die Verknüpfung kann geändert werden.	
Bearbeiten	**Wiederholen**		Die letzte Änderung wird wiederholt.	
Bearbeiten	**Zellen löschen**		Ganze Zellen oder Zellbereiche werden gelöscht.	
		Ganze Spalte	Die rechts der zu löschenden Spalte befindlichen Spalten werden nach links verschoben.	
		Ganze Zeile	Darunterliegende Zeilen werden nach oben verschoben.	
		Zellen nach links verschieben	Die umliegenden Zellen werden nach links verschoben.	
		Zellen nach oben verschieben	Die umliegenden Zellen werden nach oben verschoben.	
Datei	**Arbeitsbereich speichern**		Die Arbeitsmappe wird gespeichert.	6
		Netzwerk	Die Netzwerkoptionen sind verfügbar.	
Datei	**Bericht drucken**		Ein Bericht zur Tabelle kann, wenn er erstellt wurde, gedruckt werden (Bericht - Manager).	
Datei	**Datei-Info**		Eingabe verschiedener statistischer Informationen zu der aktiven Datei: – Titel – Thema – Autor – Schlüsselwort – Autor	
Datei	**Dateimanager**		Der Dateimanager wird gestartet.	81

Menü	Befehl	Option	Wirkung	Seite
		Datei-Info	Die Datei-Info der markierten Datei wird dargestellt.	
		Drucken	Die markierte(n) Datei(en) wird (werden) gedruckt.	
		Kopieren	Die Datei wird in ein Zielverzeichnis kopiert.	
		Löschen	Die markierte(n) Datei(en) wird (werden) gelöscht.	
		Schließen	Der Dateimanager wird geschlossen.	
		Schreibgeschützt öffnen	Die markierte Datei wird schreibgeschützt geöffnet.	
		Sortieren	Die Dateien im Verzeichnis werden sortiert.	
		Suche	Der bzw. die Suchpfade werden definiert.	
Datei	**Drucken**		Die Tabelle kann gedruckt werden.	21
		Alles	Der gesamte Tabellenbereich, bzw. der als Druckbereich definierte Tabellenteil, wird gedruckt.	
		Ausgewählte Blätter	Sind mehrere Blätter markiert, werden diese gedruckt.	
		Drucker	Die Druckereinrichtung kann geändert werden.	
		Exemplare	Die Anzahl der zu druckenden Exemplare wird eingegeben.	22
		Gesamte Arbeitsmappe	Alle Blätter der Arbeitsmappe werden gedruckt.	
		Markierung	Der markierte Teil der Tabelle wird gedruckt. Sind mehrere Bereiche markiert, werden sie auf je eine Seite gedruckt.	22,27
		Seite einrichten	Führt in das Menü *Datei, Seite einrichten.*	22
		Seiten von...bis	Die angegebenen Seiten werden gedruckt.	22
		Seitenansicht	Führt in die Seitenansicht.	22
Datei	**Neu**	Arbeitsmappe	Eine neue Arbeitsmappe wird geöffnet.	5
		Dias	Eine Dia-Tabelle wird geöffnet.	

Menü	Befehl	Option	Wirkung	Seite
Datei	**Öffnen**		Eine Datei kann geladen werden.	5,13
		Dateimanager	Eine Datei kann mit Hilfe des Dateimanagers geladen werden.	
		Dateiname	Der Name der zu öffnenden Datei wird eingegeben.	14
		Dateityp	Der Dateityp (xls, xlm, xlc, ...) ist einzugeben bzw. auszuwählen.	15
		Laufwerk	Das Laufwerk (a:, b:, c:) ist anzugeben.	14
		Schreib-geschützt	Damit kann die Datei nicht mehr unter dem gleichen Namen gespeichert werden.	15
		Verzeichnis	Das Verzeichnis, in dem sich die Datei befindet, ist anzugeben.	14,5
Datei	**Schließen**		Die aktive Datei wird geschlossen.	
Datei	**Seite einrichten**		Die Grundeinstellungen für die Seite werden vorgenommen.	
		Kopf-und Fußzeile	Definition der Kopf- und Fußzeile	
		Ränder	Einstellung der Seitenränder, der Lage der Kopf- und Fußzeile und der Zentrierung der Tabelle	
		Seite	Einstellung von Seitenformat, Vergrößerung/Verkleinerung, Seitengröße, Druckqualität und Seitenzahl.	
		Tabelle	Festlegen des Druckbereiches, der Wiederholungszeilen- und -spalten sowie der Reihenfolge der zu druckenden Seiten. Gitternetzlinien, Notizen und/oder Zeilen- und Spaltenköpfe können mitgedruckt werden. Es kann in einer Entwurfsqualität gedruckt werden, Farben können unterdrückt werden.	26
Datei	**Seitenansicht**		Der Druckbereich wird so angezeigt, wie er gedruckt würde.	
Datei	**Speichern**		Die aktive Datei wird unter dem gleichen Namen gespeichert, unter dem sie geöffnet wurde.	17
		Netzwerk	Die Netzwerkoptionen sind verfügbar.	

Menü	Befehl	Option	Wirkung	Seite
		Schreibschutz empfehlen	Beim Laden der Datei wird dem Benutzer empfohlen, auf die Datei nur im Schreibschutz-Modus zuzugreifen.	
		Schreibschutz-Kennwort	Das Kennwort bewirkt, daß die Datei nicht mehr unter dem gleichen Namen gespeichert werden kann, es sei denn, man gibt dieses Kennwort ein.	
		Sicherungsdatei erstellen	Eine Sicherungsdatei wird erstellt.	
		Sicherungs-kennwort	Ein Kennwort wird eingegeben, das beim Laden der Datei eingegeben werden muß.	
Datei	**Speichern unter**		Die aktive Datei wird unter dem Namen gespeichert, der eingegeben wird.	6,17
		Netzwerk	Die Netzwerkoptionen sind verfügbar.	
		Schreibschutz empfehlen	Beim Laden der Datei wird dem Benutzer empfohlen, auf die Datei nur im Schreibschutz-Modus zuzugreifen.	
		Schreibschutz-Kennwort	Das Kennwort bewirkt, daß die Datei nicht mehr unter dem gleichen Namen gespeichert werden kann, es sei denn, man gibt dieses Kennwort ein.	
		Sicherungsdatei erstellen	Eine Sicherungsdatei wird erstellt.	
		Sicherungs-kennwort	Ein Kennwort wird eingegeben, das beim Laden der Datei eingegeben werden muß.	
Daten	**Daten aktualisieren**		Daten einer Pivot-Tabelle oder einer Microsoft Query Datei werden mit dieser Option aktualisiert.	
Daten	**Daten importieren**		Microsoft Query wird gestartet.	
Daten	**Filter**		Datensätze werden zielgerichtet ausgefiltert.	158
		Alle anzeigen	Wurden Datensätze ausgefiltert, können mit dieser Option alle Datensätze angezeigt werden.	

Menü	Befehl	Option	Wirkung	Seite
		AutoFilter	Die automatische Filterfunktion wird ein- bzw. ausgeschaltet.	183
		Spezialfilter	Die Spezialfilterfunktion wird aktiviert: Es ist zu wählen, – ob die Liste an die gleiche Stelle oder an eine andere Stelle gefiltert werden soll, – der Listenbereich (die Datenbank), – der Kriterienbereich, – der Ausgabe- oder Zielbereich und – die Ausgabe von Duplikaten.	179
Daten	**Gliede- rung**		Die Gliederungsfunktion wird eingeschaltet.	
		Autogliederung	Der markierte Bereich oder die gesamte Tabelle werden automatisch unter Verwendung von Formeln und der Richtung der Bezüge gegliedert.	
		Detail ausblenden	Blendet in einer markierten Gruppe die Detailzeilen oder -spalten aus.	
		Detail einblenden	Blendet in einer markierten Gruppe die Detailzeilen oder -spalten ein.	
		Einrichten	Legt die Optionen fest, die beim Erstellen einer Gliederung in einer Tabelle oder einem Bereich verwendet werden.	
		Entfernen	Entfernt die Gliederung aus dem markierten Bereich oder aus der gesamten Tabelle, wenn alle Zellen markiert sind.	
		Gruppierung	Definiert die markierten Detailzeilen oder -spalten als eine Gruppe.	
		Gruppierung aufheben	Entfernt markierte Zeilen oder Spalten aus der zugehörigen Gruppe.	
Daten	**Konsoli- dieren**		Die Daten aus mehreren Quellbereichen werden zusammengefaßt und im Zielbereich dargestellt.	
		Beschriftung aus	EXCEL wird mitgeteilt, ob und welche Beschriftungen verwendet werden sollen.	
		Bezug	Enthält den Quellbereich, der zur Konsolidierung herangezogen werden soll.	

Menü	Befehl	Option	Wirkung	Seite
		Durchsuchen	Eine Datei mit Quellbereichen kann ausgewählt werden.	
		Funktion	Funktion, die EXCEL beim Konsolidieren verwenden soll: – Summe – Anzahl – Mittelwert – Maximum – Minimum – Produkt – Anzahl – Standardabweichung – Varianz	
		Hinzufügen	Fügt den im Feld *Bezug* angegebenen Quellbezug hinzu.	
		Löschen	Löscht dem im Feld *Bezug* angezeigten Bezug.	
		Verknüpfungen mit Quelldaten	Quell- und Zielbereiche werden verknüpft.	
		Vorhandene Bezüge	Alle Bezüge auf Quellbereiche werden aufgelistet.	
Daten	**Maske**		Die Standarddatenmaske von EXCEL wird aufgerufen.	161
Daten	**Mehrfachoperationen**		Unter Verwendung von Eingabewerten und Formeln wird eine Mehrfachoperation erstellt.	169
		Werte aus Spalte	Die Eingabewerte befinden sich in einer Spalte.	169
		Werte aus Zeile	Die Eingabewerte befinden sich in einer Zeile.	177
Daten	**Pivot-Tabelle**		Der Pivot-Tabellenassistent wird gestartet und erstellt in 4 Schritten die Pivot-Tabelle.	163
Daten	**Pivot-Tabellenfeld**		Ein Tabellenfeld einer Pivot-Tabelle kann editiert werden.	
Daten	**Sortieren**		Die Zeilen einer Liste werden nach dem Inhalt bestimmter Spalten angeordnet.	

Menü	Befehl	Option	Wirkung	Seite
		Anschließend nach	Zweites und drittes Suchkriterium, anzuwenden, wenn in der vorher angegebenen Spalte doppelte Elemente vorhanden sind.	
		Liste enthält	Es wird festgelegt, ob die erste Zeile der Liste, die üblicherweise einen Zeilenkopf darstellt, in den Sortiervorgang einbezogen werden soll oder nicht.	
		Optionen	Spezielle Sortieroptionen können angegeben werden: – benutzerdefinierte Sortierreihenfolge, – Groß- und Kleinschreibung unterscheiden, – Ändern der Sortierreihenfolge, anstatt von oben nach unten (in Spalten), von links nach rechts (in Zeilen).	
		Sortieren nach	Die Spalte, nach der auf- oder absteigend sortiert werden soll, wird ausgewählt.	
Daten	**Teilergebnisse**		Für die markierten Spalten wird ein Teilergebnis berechnet und in die Liste eingefügt.	
		Alles löschen	Alle Teilergebnisse werden aus der aktuellen Liste entfernt.	
		Bezogen auf	Die Spalte(n), in der die Teilergebnisse erscheinen soll, wird (werden) angegeben.	
		Gruppieren nach	Die Spalte, für deren Gruppen Teilergebnisse ermittelt werden sollen, wird angegeben.	
		Seitenwechsel zwischen Gruppen	Vor jeder Datengruppe, für die Teilergebnisse ermittelt wurden, wird ein Seitenwechsel eingefügt.	
		Teilergebnisse unterhalb der Daten	Die Teilergebnisse können unter- oder oberhalb der Detaildaten angeordnet werden.	

Menü	Befehl	Option	Wirkung	Seite
		Unter Verwendung von	Das Teilergebnis wird mit der ausgewählten Funktion berechnet: – Anzahl – Mittelwert – Maximum – Minimum – Produkt – Anzahl – Standardabweichung – Varianz	
		Vorhandene Teilergebnisse ersetzen	Ersetzt alle vorhandenen durch neue Teilergebnisse. Sollen neue Teilergebnisse hinzugefügt werden, ist diese Option zu deaktivieren.	
Daten	**Text in Spalten**		Der Textassistent wird geöffnet. Er fügt in 3 Schritten eine Textdatei in eine Tabelle ein. Verschiedenen Einstellungsoptionen helfen bei der Textformatierung.	28
Einfügen	**Diagramm**		Ein Diagramm wird eingefügt.	113
		Auf dieses Blatt	Ein Diagramm wird in dem aktuellen Blatt positioniert. Nachdem die Diagrammgröße festgelegt wurde, startet der Diagramm-Assistent.	
		Auf neues Blatt	Ein neues Diagrammblatt wird in die Mappe eingefügt, und der Diagramm-Assistent startet.	
Einfügen	**Funktion**		Der Funktionsassistent wird gestartet. In zwei Schritten fügt er eine Funktion ein.	50
Einfügen	**Grafik**		Das Dialogfeld *Grafik einfügen* wird geöffnet. Standardmäßig werden Dateien mit folgenden Extensionen dargestellt: adi, bmp, cdr, cgm, drw, dxf, eps, gif, hgl, pcd, pct, pcx, pic, plt, tga, tif, wmf und wpg	
		Vorschau	Die Vorschau auf die einzufügende Grafik wird eingeschaltet.	
Einfügen	**Makro**		Ein Makroblatt wird in die aktuelle Mappe eingefügt.	67
		Dialog	Ein neues Blatt namens „Dialog *Nr.*“ wird in die Mappe eingefügt.	

Menü	Befehl	Option	Wirkung	Seite
		MS EXCEL 4.0-Makro	Ein neues Blatt namens „Makro *Nr.*“ wird in die Mappe eingefügt.	
		Visual-Basic-Modul	Ein neues Blatt namens „Modul *Nr.*“ wird in die Mappe eingefügt.	
Einfügen	**Namen**		Arbeiten mit Namen	
		Anwenden	Im markierten Bereich wird nach vergebenen Namen gesucht, und die Bezüge werden durch die Namen ersetzt.	
		Einfügen	In der Editierzeile kann ein vorhandener Name in eine Formel eingefügt werden.	172
		Festlegen	Ein Name wird festgelegt.	26
		Übernehmen	Ein Name wird aus einer Zelle übernommen.	
Einfügen	**Notiz**		Einer Zelle kann eine Textnotiz oder eine Audio-Notiz zugeordnet werden.	
		Abspielen	Die Audio-Notiz der aktuellen Zelle wird abgespielt.	
		Audio-Notiz	Der aktuellen Zelle wird eine Audio-Notiz zugeordnet.	
		Aufzeichnen/ Löschen	Eine Audio-Notiz wird aufgezeichnet bzw. gelöscht.	
		Hinzufügen	Der aktuellen Zelle wird eine Text- oder Audio-Notiz zugeordnet.	
		Importieren	Das Dialogfeld *Klang importieren* mit den verfügbaren Klangdateien wird angezeigt.	
		Löschen	Die ausgewählte Notiz wird entfernt.	
		OK	Der aktiven Zelle wird die Notiz zugeordnet und das Dialogfeld wird geschlossen.	
		Schließen	Das Dialogfeld wird geschlossen, die geänderte oder neue Notitz wird nicht wirksam.	
		Text-Notiz	Die vorhandenen Textnotizen werden angezeigt und können bearbeitet werden.	
		Vorhandene Notizen	Alle vorhandenen Notizen werden angezeigt.	

Menü	Befehl	Option	Wirkung	Seite
		Zelle	Zeigt den Zellenbezug, wenn eine vorhandene Notiz ausgewählt wurde.	
Einfügen	**Objekt**		Ein Objekt aus einer installierten WINDOWS-Anwendung, z.B. MS-Draw oder dem Formeleditor wird eingefügt .	
Einfügen	**Seiten-wechsel**		Links und oberhalb der aktiven Zelle wird ein manueller Seitenumbruch eingefügt. Im Menü ist dann *Seitenwechsel aufheben* verfügbar.	
Einfügen	**Spalten**		Die markierte Spaltenzahl wird links der ersten markierten Spalte eingefügt.	67
Einfügen	**Tabelle**		Ein leeres Tabellenblatt wird hinter dem aktiven Blatt eingefügt.	67
Einfügen	**Zeilen**		Die markierte Zeilenzahl wird oberhalb der ersten markierten Zeile eingefügt.	67
Einfügen	**Zellen**		Zeilen, Spalten oder Zellen werden eingefügt, der markierte Bereich wird dabei verschoben.	67
		Ganze Spalte	Eine ganze Spalte wird links neben der markierten Zelle eingefügt.	
		Ganze Zeile	Eine Zeile wird oberhalb der markierten Zelle eingefügt.	
		Zellen nach rechts verschieben	Die bestehenden Zellen werden beim Einfügen von Zellen nach rechts verschoben.	
		Zellen nach unten verschieben	Die bestehenden Zellen werden beim Einfügen von Zellen nach unten verschoben.	
Extras	**Add-In-Manager**		Er enthält Add-Ins, die installiert werden können und dann beim Starten von EXCEL automatisch zur Verfügung stehen: – Analyse-Funktion – Automatisches Speichern – ODBC-Funktion – MS Query – Bericht-Manager – Dia-Show – Solver – Ansichten-Manager	

Menü	Befehl	Option	Wirkung	Seite
Extras	**Detektiv**		Der Detektiv stellt nützliche Optionen zur Verfügung, mit deren Hilfe Zusammenhänge zwischen Zellen mit Hilfe von Pfeilen dargestellt werden können.	210
		Alle Spuren entfernen	Alle Spuren werden entfernt.	
		Detektiv-Symbolleiste	Die Symbolleiste *Detektiv* wird eingeblendet.	
		Spur zum Fehler	Wenn die aktive Zelle einen Fehlerwert enthält, weisen Pfeile auf die entsprechende Vorgängerformel.	
		Spur zum Nachfolger	Durch Pfeile werden die von der aktiven Zelle abhängigen Zellen gekennzeichnet.	
		Spur zum Vorgänger	Durch Pfeile werden die Zellen gekennzeichnet, von denen die aktive Zelle abhängig ist.	
Extras	**Dokument schützen**		Der Dokumentschutz wird aktiviert. Das Paßwort ist dabei optional.	31
		Arbeitsmappe	Die ganze Arbeitsmappe wird geschützt, u.z. – die Reihenfolge der Blätter und/oder – der Fensteraufbau.	32
		Blatt	Das aktive Blatt wird geschützt. Geschützt werden können: – Inhalte und/oder – Objekte und/oder – Szenarios	74
Extras	**Makro**		Ein bestehendes Makro kann bearbeitet werden.	136
		Ausführen	Das gewählte Makro wird ausgeführt.	
		Bearbeiten	Das Makro oder die Visual-Basic-Prozedur wird zum Bearbeiten geöffnet.	
		Beschreibung	Der Name des Makro-Autors und das Erstellungsdatum werden angezeigt.	
		Löschen	Das markierte Makro wird gelöscht.	
		Makroname/ Bezug	Alle Makros der geöffneten Makroblätter und Visual-Basic-Module werden aufgelistet.	

Menü	Befehl	Option	Wirkung	Seite
		Optionen	Das Dialogfeld *Optionen* wird geöffnet. Es enthält: – den Makronamen – die Makrobeschreibung – einen Menübezug – eine Tastenkombination für das Makro – die Funktionskategorie – eine Statusleistenmeldung – eine Hilfe-Identifikation und – den Namen einer Hilfe-Datei	
		Schritt	Das Makro wird schrittweise ausgeführt.	
		Zuweisen	Dem Makro kann ein Befehl im Menü *Extras* oder/und eine Tastenkombination zugeordnet werden.	
Extras	**Makro aufzeichnen**		Ein Makro wird aufgezeichnet.	136
		Ab Position aufzeichnen	Startet den Makro-Recorder an der Position, die durch den Befehl *Position festlegen* angegeben wurde.	
		Aufzeichnen	Die Aufzeichnung wird gestartet.	
		Position festlegen	Die Position, an der die Makroaufzeichnung beginnen soll, wird festgelegt.	
		Relative Aufzeichnung	Relative Bezüge werden aus- oder eingeschaltet.	
Extras	**Optionen**		Hier werden die Voreinstellungen vorgenommen und die EXCEL-Arbeitsumgebung angepaßt.	
		Allgemein	Allgemeine Einstellungen werden vorgenommen.	6,42
		Ansicht	Die Sichtbarkeit bestimmter Elemente kann ein- bzw. ausgeschaltet werden.	36
		AutoAusfüllen	Die Liste der Auto-Einträge wird dargestellt und kann editiert werden.	37
		Bearbeiten	Die Bearbeitungs- und Editiermöglichkeiten können eingestellt werden.	39
		Berechnen	Die Berechnungsform wird angegeben.	20,48

Menü	Befehl	Option	Wirkung	Seite
		Diagramm	Wichtige Voreinstellungen für Diagramme können verändert werden.	37
		Farbe	Die Farbgrundeinstellungen werden vorgenommen.	38
		Modul Allgemein	Allgemeinste Grundeinstellungen sind veränderbar.	41
		Modul Format	Allgemeinste Formatierungseinstellungen sind veränderbar.	39
		Umsteigen	Diese Option ist für Lotus-1-2-3 - Umsteiger gedacht.	41
Extras	**Rechtschreibung**		Die Rechtschreibung von Texten in Tabellen und Diagrammen einschließlich Text in Textfeldern, auf Schaltflächen, in Kopf- und Fußzeilen, in Zellnotizen und in der Bearbeitungszeile werden überprüft.	
Extras	**Solver**		Kompexlösungen sind möglich, indem man ein Tabellenblatt-Modell mit mehreren veränderbaren Zellen erstellt und Bedingungen festlegt.	
		Ändern	Die Bedingungen können geändert werden.	
		Hinzufügen	Bedingungen können hinzugefügt werden.	
		Löschen	Alle ausgewählten Nebenbedingungen werden gelöscht.	
		Lösen	Der Vorgang der Problemlösung wird gestartet.	
		Nebenbedingungen	Die aktuellen Nebenbedingungen werden aufgelistet.	

Menü	Befehl	Option	Wirkung	Seite
		Optionen	Weitergehende Festlegungen für den Lösungsvorgang können vorgenommen werden: – Höchstzeit – Iterationen – Genauigkeit – Toleranz – Lineares Modell voraussetzen – Interationsergebnisse anzeigen – Automatische Skalierung anwenden – Schätzung (linear, quadratisch) – Differenzen (vorwärts, zentral) – Suchen (Newton, Gradient) – Modell laden – Modell speichern	
		Schätzen	Schätzt alle formellosen Zellen.	
		Schließen	Schließt den Solver, ohne das Problem zu lösen.	
		Veränderbare Zellen	Dies sind die Zellen, die vom Solver geändert werden können, bis die Bedingungen für das Problem erfüllt sind und die *Zielzelle* den *Zielwert* erreicht hat.	
		Zielwert	Wert, den die *Zielzelle* annehmen soll: – Minimum – Maximum oder – ein bestimmter Wert.	
		Zielzelle	Zelle, die den *Zielwert* annehmen soll.	
		Zurücksetzen	Löscht die aktuellen Problemeinstellungen und setzt alle Optionen auf ihre Standardeinstellungen zurück.	
Extras	**Szenario-Manager**		Verschiedene Datengruppen werden als getrennte Szenarios erstellt und gespeichert.	
		Anzeigen	Die veränderbaren Zellwerte für das gewählte Szenario werden angezeigt.	
		Bearbeiten	Der Szenarioname, die Bezüge auf veränderbare Zellen und Szenariokommentare können verändert werden.	
		Bericht	Es können Übersichtsberichte und Pivot-Tabellenberichte erstellt werden.	

Menü	Befehl	Option	Wirkung	Seite
		Hinzufügen	Werte für die veränderbaren Zellen können eingegeben werden.	
		Kommentar	Das Erstellungsdatum, der Name des Autors und ein möglicher Kommentar werden angezeigt.	
		Löschen	Das Szenario wird gelöscht.	
		Schließen	Der Szenario-Manager wird geschlossen.	
		Szenarios	Eine Liste der vorhandenen Szenarion wird angezeigt.	
		Veränderbare Zellen	Die Zellen mit den Daten, die in jedem Szenario geändert werden sollen, werden angezeigt.	
		Zusammenführen	Szenarios aus verschiedenen Blättern und geöffneten Arbeitsmappen können zusammengefaßt werden.	
Extras	**Zielwertsuche**		Verändert den Wert der angegebenen Zelle solange, bis die Formel, die auf diese Zelle zurückgreift, das gewünschte Ergebnis liefert.	
		OK	Das Dialogfeld *Status* der Zielwertsuche wird geöffnet: – Abbrechen – OK – Pause – Schritt – Weiter	
		Veränderbare Zelle	Zelle, deren Wert von EXCEL verändert werden soll, um das gewünschte Ergebnis zu erzielen.	
		Zielwert	Wert, der erzielt werden soll	
		Zielzelle	Zelle, die die Formel enthält, für die eine Lösung gesucht wird	
Extras	**Zuweisen**		Weist dem ausgewählten Objekt, einer Schaltfläche auf einer Symbolleiste oder einem Befehl in dem Menü Extras einen Makro zu.	
Fenster	**Anordnen**		Alle Fenster lassen sich auf verschiedene Art anordnen.	

Menü	Befehl	Option	Wirkung	Seite
		Fenster der aktiven Arbeitsmappe	Alle Fenster werden angeordnet, oder nur die Fenster der aktiven Arbeitsmappe.	
		Horizontal	Alle Fenster werden gleichmäßig nach unten angeordnet.	
		Unterteilt	Alle Fenster werden so verkleinert, daß sie gleichzeitig am Bildschirm dargestellt werden können.	
		Vertikal	Alle Fenster werden gleichmäßig von links nach rechts angeordnet.	
		Überlappend	Die Fenster überlappen sich.	
Fenster	**Ausblenden**		Das aktuelle Fenster bleibt im Arbeitsspeicher, wird aber nicht angezeigt.	
Fenster	**Einblenden**		Ausgeblendete Fenster können eingeblendet werden.	
Fenster	**Fixieren**		Rechts und unterhalb der aktiven Zelle erfolgt eine Fensterfixierung. Dann ist im Menü Extras der Befehl *Fixierung aufheben* verfügbar.	
Fenster	**Neues Fenster**		Ein neues Fenster wird geöffnet. Es enthält die gleiche Tabelle.	
Fenster	**Teilen**		Das aktive Fenster wird in vier Teilfenster geteilt, in denen die gleiche Tabelle enthalten ist.	
Format	**Autoformat**		Dem markierten Tabellenbereich wird eine der integrierten AutoFormate zugewiesen: – Standard 1, 2 oder 3 – Finanzen 1, 2, 3, oder 4 – Farbig 1, 2 oder 3 – Liste 1, 2 oder 3 – 3D-Effekt 1 oder 3D-Effekt 2 – Ohne In den *Optionen* können diese Autoformate verändert werden.	
Format	**Blatt**		Die Formatierungsmöglichkeiten beziehen sich nur auf markierte Blätter.	

Menü	Befehl	Option	Wirkung	Seite
		Ausblenden	Die markierten Blätter werden ausgeblendet.	
		Einblenden	Ein ausgeblendetes Blatt kann markiert und wieder eingeblendet werden.	
		Umbenennen	Ein markiertes Blatt wird umbenannt. Sind mehrere Blätter markiert, wird nur das erste Blatt umbenannt.	
Format	**Formatvorlage**		Eine Formatvorlage kann erstellt werden. Entweder man führt erst alle gewünschten Formatierungen aus und definiert dann die Formatvorlage (nach Beispiel) oder definiert erst die Vorlage und wendet die Formatierung dann an (nach Definition).	
		Festlegen	Das Dialogfeld *Zellen formatieren* wird eingeblendet, in dem die entsprechenden Formatierungen ausgewählt werden können.	
		Formatvorlage enthält	Alle Formatierungsarten, die eine Formatvorlage enthalten können, werden aufgeführt: – Ausrichtung – Muster – Rahmen – Schriftart – Zahlenformat – Zellschutz	
		Formatvorlagenname	Die Namen aller Formatvorlagen werden angezeigt, der Name der Formatvorlage der aktiven Zelle ist der aktuelle Name.	
		Hinzufügen	Die neu erstellte Formatvorlage wird den bereits bestehenden Vorlagen hinzugefügt.	
		Löschen	Die markierte Vorlage wird gelöscht.	
		Zusammenführen	Eine Vorlage aus einer anderen geöffneten Mappe kann in die aktuelle Mappe hinzugefügt werden.	
Format	**Objekt**		Ein eingefügtes Objekt wird formatiert. Die Option ist nur bei markiertem Objekt verfügbar.	

Menü	Befehl	Option	Wirkung	Seite
		Ausrichtung	Die Textausrichtung wird bestimmt. Außerdem wird festgelegt, ob sich die Objektgröße an die Schrift automatisch anpassen soll oder nicht.	
		Eigenschaften	Damit wird festgelegt, wie ein Grafikobjekt mit Zellen verknüpft werden sollen: – von Zellposition und -größe abhängig, – nur von Zellposition abhängig, – von Zellposition unabhängig. Außerdem kann festgelegt werden, ob das Objekt mitgedruckt werden soll oder nicht.	
		Schriftart	Die Schriftart für das markierte Objekt kann formatiert werden.	
		Schutz	Das Objekt kann geschützt werden.	
Format	**Objekteigenschaften**		Die Eigenschaften von mehreren Objekten können festgelegt werden.	
		In den Hintergrund	Das markierte Objekt wird in den Hintergrund geschoben.	
		In den Vordergrund	Das markierte Objekt wird in den Vordergrund geschoben.	
		Objektgruppierung	Mehrere markierte Objekte werden zu einer Gruppe zusammengefaßt. Existiert eine Objektgruppe und ist sie markiert, steht der Befehl *Gruppierung aufheben* zur Verfügung.	
Format	**Spalte**		Die ganze Spalte wird formatiert.	
		Breite	Die Spaltenbreite kann manuell bestimmt werden.	6,43
		Ausblenden	Die Spalte wird ausgeblendet, d.h. die Spaltenbreite wird auf 0 gesetzt.	27,43
		Einblenden	Die Spalte wird mit der vorherigen Spaltenbreite eingeblendet.	43
		Optimale Breite	Die Breite der Spalte wird optimiert, d.h. dem breitesten Zelleintrag angepaßt.	43

Menü	Befehl	Option	Wirkung	Seite
		Standardbreite	Die Standardbreite (10,71) wird eingestellt.	43
Format	**Zeile**		Die ganze Zeile wird formatiert.	
		Ausblenden	Die Zeile wird ausgeblendet, d.h. die Zeilenhöhe wird auf 0 gesetzt.	27
		Einblenden	Die Zeile wird mit der vorherigen Zeilenhöhe wieder eingeblendet.	
		Höhe	Die Zeilenhöhe kann manuell bestimmt werden.	43
		Optimale Höhe	Die Höhe der Zeile wird optimiert, d.h. der größten Schriftart angepaßt.	43
Format	**Zellen**		Die Zellformatierung wird realisiert.	
		Ausrichtung	Die Ausrichtung von Text und Labels in Zellen oder Zellbereichen werden festgelegt: – Ausrichtung – horizontale Ausrichtung Ausfüllen Bündig anordnen Linksbündig Rechtsbündig Standard Zentriert Zentriert über Markierung – Vertikal Bündig anordnen Mitte Oben Unten – Zeilenumbruch	8,45
		Muster	Die Schraffur der markierten Zellen wird festgelegt. Folgende Optionen sind möglich: – Farbe – Muster und – Vorschau	

Menü	Befehl	Option	Wirkung	Seite
		Rahmen	In den markierten Zellen werden Rahmenlinien eingefügt oder entfernt. Möglich sind verschiedenfarbige Rahmen unterschiedlicher Art: – gesamt – links – oben oder/und – rechts – unten	
		Schriftart	Die Schrift des Textes in den markierten Zellen kann formatiert werden. Zur Verfügung stehen folgende Änderungsmöglichkeiten: – Schriftart – Schriftstil – Schriftgröße – Unterstreichung – Farbe – Standardschrift – Durchgestrichen – Hochgestellt – Tiefgestellt	19
		Schutz	Damit wird festgelegt, ob die markierten Zellen gesperrt werden sollen oder nicht und ob die Formeln der markierten Zellen sichtbar sein sollen. Der Schutz wird nur wirksam, wenn er im Menü *Extras, Dokument schützen* eingeschaltet wird.	30
		Zahlen	Das Zahlenformat wird eingestellt. Zur Verfügung stehen folgende Optionen: – Alle – Benutzerdefiniert – Bruch – Buchhaltung – Datum – Prozent – Text – Uhrzeit – Währung – Wissenschaft – Zahl	20,76

Menü	Befehl	Option	Wirkung	Seite
?	**Index**		Der Index (alphabetische Reihenfolge) der EXCEL-Hilfe wird gestartet.	
?	**Info**		Zeigt an, welche Version von Microsoft Excel Sie verwenden, wieviel Speicherplatz verfügbar ist und ob ein mathematischer Koprozessor installiert ist. Außerdem werden u.a. der Benutzername, die Seriennummer des Programms und andere Informationen angezeigt.	
?	**Inhalt**		Der Inhalt der EXCEL-Hilfe wird gezeigt.	
?	**Lotus 1-2-3**		In einem Dialogfeld wird eine Hilfe für Lotus 1-2-3-Umsteiger gegeben.	
?	**Multiplan**		In einem Dialogfeld wird eine Hilfe für Multiplan-Umsteiger gegeben.	
?	**Software-Service**		Zeigt eine Liste von Themen an, die Ihnen Antworten auf allgemeine Fragen geben.	
?	**Suchen**		Zielgerichtet kann nach bestimmten Stichwörtern oder Wortkombinationen gesucht werden.	

Die Diagrammmenüs (Auswahl)

Menü	Befehl	Option	Wirkung	Seite
Einfügen			Diagrammelemente können eingefügt werden.	
Einfügen	**Achsen**		Achsen können eingefügt werden.	
Einfügen	**Datenbeschriftungen**		Dargestellte Daten werden beschriftet.	104
		Beschriftung anzeigen	Die dem Datenpunkt zugewiesene Beschriftung (Kategorie) wird angezeigt.	
		Beschriftung und Prozent anzeigen	Bei Kreis- oder Ringdiagrammen wird die Beschriftung in % und als Kategoriename angezeigt.	

Menü	Befehl	Option	Wirkung	Seite
		Keine	Für die ausgewählten Datenpunkte wird keine Datenbeschriftung angezeigt, oder die eingefügte Beschriftung wird entfernt.	
		Legendensymbol neben Beschriftung anzeigen	Das Legendensymbol wird neben der Beschriftung angezeigt.	
		Prozent anzeigen	Bei Kreis- und Ringdiagrammen wird der Wert in % angezeigt.	
		Wert anzeigen	Der Wert des Datenpunktes wird angezeigt.	
Einfügen	**Fehlerindikator**		Fehlerindikatoren werden für Diagramme hinzugefügt oder geändert.	
		Darstellung	Es werden – Plus- und Minusindikatoren, – nur Plus-Fehlerindikatoren, – nur Minus-Fehlerindikatoren oder – keine Fehlerindikatoren angezeigt.	
		Fehlerbetrag	Der Fehlerbetragswert wird angegeben. Möglich sind – konstanter Wert, – prozentualer Fehlerbetrag, – Standardabweichung, – Standardfehler oder – benutzerdefinierter Fehlerbetrag.	
		Rubrik	Bei Flächen-, Balken-, Säulen- und Liniendiagrammen sind nur Y-Fehlerindikatoren verfügbar. Bei Punkt (XY)-Diagrammen sind sowohl X-Fehlerindikatoren als auch Y-Fehlerindikatoren verfügbar. Fehlerindikatoren können für eine oder beide Achsen angezeigt werden.	
Einfügen	**Gitternetzlinien**		Waagerechte oder/und senkrechte Gitternetzlinien können eingefügt werden.	
Einfügen	**Grafik**		Eine Grafik kann in das Diagramm eingefügt werden.	
Einfügen	**Legende**		Eine Legende wird eingefügt.	

Menü	Befehl	Option	Wirkung	Seite
Einfügen	**Neue Daten**		Eine neue Datenreihe kann eingefügt werden, indem sie markiert wird.	
Einfügen	**Titel**		Ein gebundener Text kann eingefügt werden.	107
		Diagrammtitel	Dem Diagramm kann eine Überschrift zugeordnet werden.	
		Größenachse (Y)	Die Y-Achse wird beschriftet.	
		Größenachse (X)	Die X-Achse wird beschriftet.	
		Größenachse (Z)	Die Z-Achse wird beschriftet.	
		Sekundäre Größenachse (Y)	Die zweite Y-Achse wird beschriftet.	
		Sekundäre Rubrikenachse (X)	Die zweite X-Achse wird beschriftet.	
Einfügen	**Trendlinie**		Zu einem Flächen-, Balken-, Säulen-, Linien- oder Punktdiagramm können Trendlinien hinzugefügt werden.	
		Typ	Ein Trend-/Regressionstyp ist zu wählen. Möglich sind – linear – logarithmisch – polynomisch (und hier von 2. bis 6. Ordnung) – potentiell – exponentiell – gleitender Durchschnitt (Wahl der Perioden)	
		Optionen	Folgende Optionen sind möglich: – Bezeichnung (automatisch oder benutzerdefiniert) – Trend (vorwärts, Periodenzahl und rückwärts, Periodenzahl) – Lage des Schnittpunktes – Formel im Diagramm darstellen (ja/nein) – Bestimmtheitsmaß im Diagramm darstellen.	
Format			Diagrammelemente können formatiert werden.	

Menü	Befehl	Option	Wirkung	Seite
Format	**3D-Ansicht**		Ein 3D-Diagramm kann formatiert werden.	
		Autoskalieren	Es erfolgt eine automatische Skalierung, wenn rechtwinklige Achsen aktiviert sind.	
		Betrachtungshöhe	Die Betrachtungshöhe ist von -90° bis +90° einstellbar (mit Ausnahmen).	
		Drehung	Die Zeichnungsfläche wird um die Z-Achse gedreht und reicht von 0° bis 360°.	
		Höhe % der Basis	Die Höhe der Z-Achse und der Diagrammwände bezogen auf die Länge der X-Achse oder der Breite der Bodenfläche wird festgelegt (bis max. 200%).	
		Perspektive	Die Perspektive für 3D-Diagramme wird festgelegt. Je größer die Gradzahl der Perspektive ist, desto besser ist das Tiefenempfinden beim Betrachten des Diagramms.	
		Rechtwinklige Achsen	Unabhängig von der Drehung des Diagramms oder der Betrachtungshöhe werden die Achsen rechtwinklig dargestellt.	
		Standard	Alle Einstellungen werden auf Standard zurückgesetzt.	
		Zuweisen	Die aktuellen Einstellungen werden dem aktiven Diagramm zugewiesen.	
Format	**Diagramm typ**		Der Diagrammtyp eines ganzen Diagramms, einer Diagrammtypgruppe oder einer einzelnen Datenreihe wird geändert.	113
		Anwenden	Angegeben wird, auf was die Formatierung angewendet werden soll, – auf die markierte Reihe, – auf die Diagrammgruppe oder – auf das ganze Diagramm.	
		Diagramm-dimension	Es kann zwischen 2D- und 3D- Diagrammen gewählt werden.	
		Optionen	Zusätzliche Wahlmöglichkeiten stehen zur Verfügung.	

Menü	Befehl	Option	Wirkung	Seite
Format	**Markierte Achse**		Die markierte Achse wird formatiert.	101
		Ausrichtung	Die Ausrichtung der Achsenbeschriftung wird gewählt.	
		Muster	Vorder- und Hintergrundmuster können bestimmt werden.	
		Schriftart	Die Schriftart der Beschriftung der markierten Achse wird definiert.	
		Skalierung	Die Skalierung wird durch Minimal- und Maximalwert, sowie die Schrittweite bestimmt. Bei bestimmten Diagrammtypen ist eine einfach- oder doppellogarithmische Skalierung möglich.	
		Zahlen	Die Zahlenformatierung der Zahlen für die markierte Achse wird festgelegt.	
Format	**Markierte Datenbeschriftung**		Datenbeschriftungen werden formatiert.	98
		Ausrichtung	Die Ausrichtung der markierten Datenbeschriftungen wird bestimmt.	
		Muster	Hinter- und Vordergrundmuster für Datenbeschriftungen werden festgelegt.	
		Schriftart	Die Schriftart der markierten Datenbeschriftungen wird definiert.	
		Zahlen	Zahlenformate für markierte Datenbeschriftungen können eingestellt werden.	
Format	**Markierte Datenreihe**		Markierte Datenreihen werden formatiert.	99
		Datenbeschriftungen	Das Dialogfeld *Datenbeschriftungen* wird aktiviert.	
		Muster	Das Muster einer markierten Datenreihe wird abweichend von der Standardfestlegung festgelegt.	
		Namen und Werte	Die Namen und Werte der markierten Datenreihe können verändert werden.	

Menü	Befehl	Option	Wirkung	Seite
Format	**Markierte Dia-gramm-fläche**		Die markierte Diagrammfläche kann formatiert werden.	101
		Muster	Das Muster der markierten Diagrammfläche wird festgelegt.	
		Schriftart	Die Schriftart der markierten Diagrammfläche kann definiert werden.	
Format	**Markierte Gitter-netzlinien**		Markierte Gitternetzlinien werden formatiert.	102
		Muster	Linienstärke, Linienart und Farbe der markierten Gitternetzlinien werden festgelegt.	
		Skalierung	Der Abstand der Gitternetzlinien wird definiert.	
Format	**Markierte Trendlinie**		Markierte Trendlinien werden formatiert.	
		Muster	Das Muster der markierten Trendlinien wird festgelegt.	
		Typ	Der Typ der Trendlinie kann verändert werden.	
		Optionen	Zusätzliche Optionen stehen zur Verfügung.	
Format	**Markierte Zeich-nungs-fläche**		Die markierte Zeichnungsfläche kann formatiert werden.	

E Literaturverzeichnis

[1] Roloff/Matek: Maschinenelemente Lehrbuch
Friedr. Vieweg & Sohn Braunschweig/Wiesbaden
12. Auflage

[2] Roloff/Matek: Maschinenelemente Tabellen
Friedr. Vieweg & Sohn Braunschweig/Wiesbaden
12. Auflage

[3] Roloff/Matek: Maschinenelemente Formelsammlung
Friedr. Vieweg & Sohn Braunschweig/Wiesbaden
2. Auflage

[4] Roloff/Matek: Maschinenelemente Aufgabensammlung
Friedr. Vieweg & Sohn Braunschweig/Wiesbaden
8. Auflage

[5] Alfred Böge: Mechanik und Festigkeitslehre
Friedr. Vieweg & Sohn Braunschweig/Wiesbaden
21. Auflage

[6] Alfred Böge: Aufgabensammlung zur Mechanik und Festigkeitslehre
Friedr. Vieweg & Sohn Braunschweig/Wiesbaden
12. Auflage

[7] Roloff/Matek: Maschinenelemente Lehrbuch
Friedr. Vieweg & Sohn Braunschweig/Wiesbaden
13. Auflage

[8] Roloff/Matek: Maschinenelemente Tabellen
Friedr. Vieweg & Sohn Braunschweig/Wiesbaden
13. Auflage

[9] Said Baloui: EXCEL 5.0 - Das Kompendium
Markt&Technik Buch- und Software-Verlag GmbH & Co.
1. Auflage

Sachwortverzeichnis

W

X

Z